知乎

有问题 就会有答案

用懂猫的方式爱猫

ALL LEARNING
IS EMOTIONAL

喜乐爸——著

台海出版社

目录

序言

我想在这里先向大家介绍一下这是一本什么样的书，应该怎么使用它。作为一本“完全指南”，它首先包含全面、系统的猫咪行为相关知识。书里的每个片段都不仅仅是让你掌握一个小知识，而是作为一片片拼图，帮助你慢慢拼出猫咪这种动物本来的样子。构建出这幅全景图，建立起对猫咪的全面了解，才能帮助我们更好地和猫咪互动。

为什么要系统性地了解猫咪呢？我举个例子。很多人都不明白为什么要让猫咪的作息规律化，小猫咪不是就应该过想吃就吃、想睡就睡的神仙日子吗？实际上，这样的日子对你和猫咪都没有好处，因为它会引起一串连锁反应，甚至造成恶性循环。简单来说，猫咪的黄金作息规律可以总结为：狩猎—吃掉猎物—整理毛发—睡觉，睡醒后再重复这一过程，如此循环。这种规律的生活意味着猫咪拥有好的环境、充足的资源，能够去狩猎，有安全的地方休息。规律作息下的猫咪不会半夜“蹦迪”、早上叫早，也不会搞破坏，还会和你有好的互动。为什么？因为互动得以实现的前提就是猫咪的作息规律，它兴奋的时候（时间可以由你来调整）你可以和它玩各种互动的游戏；它要安静休息了，你可以好好撸它。此外，也能及时发现它的异常。

而养一只作息混乱的猫咪，就好像谈一场有时差的异地恋：想要和对方互动，却总是时机不对，结果常常是渐行渐远。对于一只随意取食、作息混乱的猫咪，它兴奋时你去撸，就非常可能被它咬，因为这个时候任何“活物”在它眼中都是猎物。又如，猫咪没有充分玩耍，那么除了半夜“蹦迪”，它还很容易自己去找东西玩，咬电线、塑料袋，翻垃圾桶，等等。这些问题怎么处理？呵斥，打屁股，弹鼻头？抱歉，这样做不仅无用，还会引发猫咪更多的行为问题：开始躲你，以抓挠的方式对付你，甚至在你看不见的地方搞更多破坏。

有鉴于此，一方面，我们可以从生活规律出发，给猫咪逐步构建起一个“好的生活”，用好的生活带来好的互动、好的关系和健康等；另一方面，因为行为问题都是高度相关的，猫咪生活的各方面也是环环相扣的，一个问题的出现，可能意味着背后是一连串的“错误行为”，长此以往就会形成恶性循环。所以，“全面”了解猫咪，进而为它培养规律的生活方式，意味着你能解决养猫过程中的很多常见问题。

其次，本“指南”很实用。目前，几乎所有猫行为学知识都来自欧美国家，但由于我们国家和欧美的养猫环境完全不同，这些知识并不能直接套用。在欧美国家，特别是欧洲国家，猫咪作为伴侣动物并不是完全的室内猫（indoor-cat），大多数猫咪都可以自由出入房屋。我在意大利生活的六年多时间里，见到许多猫咪在威尼斯和佛罗伦萨密集的房子及街道中间穿梭，夜晚散步时，还会遇到附近的猫咪“聚会”，而这些猫咪并不是流浪猫，它们都有主人。国内的状况则完全不一样，猫作为伴侣动物的数量近20年来才快速增长，而且增幅大部分来自一二线城市，基本都是年轻人在空间很小的室内饲养。可以自由进出的猫理论上有更大的领地，资源也更多，有机会进行真实的狩猎活动，会与外面的猫发生领地冲突并因此出现喷尿等行为问题，这在国内基本见不到；国内的宠物猫，则更多会出现半夜“跑酷”等行为问题。正是由于我们养猫遇到的大部分问题无法求助于欧美经验，我在书里就着重结合我自己在国内外的生活经验和处理过的行为问题案例，提供了更适合国内“铲屎官”的操作方法。举一个例子，上班族白天离家的时间比较长，在实现定时定量喂食上就有困难。所以，我在书中介绍了益智玩具的使用和环境设置的办法，从而让读者了解主人不在家的情况下如何保障猫咪的活动和食物补充。

当然，本书不仅应实用，还得“易用”。书中介绍的方法，都是我过去几年中通过大量行为案例积累，在几千个小时的教学中融会贯通，并和几百位主人及小猫咪实践过的方法。所以大家放心，这些方法并没有什么门槛，也绝非专业人员限定教程，需要的只有您的耐心与细心。

了解了这是一本什么样的书，我们再来说说如何使用它吧。我希望读者朋友先通读一遍全书，结合内容建立起知识谱系。原因很简单：这本书的知识是系统性的，片段式学习容易造成理解错误或“消化不良”。我相信很多人是抱着解决具体问题的心态而阅读本书的，但正如我上面所说，一个问题的背后通常是一串问题；头疼医头、脚痛医脚的处理方式往往只能解决问题的表层，无法根除深层原因。比如，你几乎无法教会小猫咪真正明白“不”的含义——不要翻垃圾桶、不要啃电线……网上一些教程可能会教你用猫咪讨厌的味道来制止这些行为，表面上看似解决了翻垃圾桶、啃电线的问题，但实质上猫咪活动需求未满足的根本问题还存在，还可能出现抓挠窗帘、啃塑料等其他行为。要知道，绝大部分行为问题其实并不是小猫咪本身有问题，大多数行为都是猫咪正常、自然的行为，只不过是在不合适的环境因素（包含环境本身、资源、社交互动等）下表现成了我们无法接受的行为。我们完全可以引导它们转向我们可接受的行为，例如增进互动关系的训练等。因此，当你先通读一遍，头脑中形成了一个比较完整的体系，知道问题根源并能按需找到解决方法，此时再着手操作，就会像开启游戏里的全图模式一样游刃有余了。

另外，我在每个章节，特别是操作部分，都给出了指引——这个训练与哪些事情相关，需要先做好什么，该训练又会影响猫咪的哪些行为等，从而帮大家梳理出整体概念。我也会在实际操作的部分给出多种训练方法，方便读者在遇到困难时更换训练方式。

最后要强调的是，每一只小猫咪都是一个独特的生命体，都有自己的经历和个性。所以，方法、步骤只供参考；实际操作中，我们需要根据每只猫咪的具体情况灵活调整。例如有些猫咪活力旺盛，跑跳的活动就得多一点；有些猫咪比较安静，更需要一个安静的窗台。当然，如果你遇到了无法解决的问题，请一定要寻求专业人士的帮助。

希望这本书能给大家带来一个全新的视角，帮助铲屎官更精准地向小猫咪传递关爱，合理高效地安排时间、精力、金钱，了解、尊重、释放猫咪的天性，真正实现快乐撸猫的生活。

HOME RULES
★ BE HAPPY EVERY DAY
ALWAYS HAVE FUN
LOOK AT YOU

CHAPTER 1

家猫从何而来？

家猫的演化、驯化及迁徙史

生物是不断演化的，现如今在室内与人类朝夕相伴的伴侣动物——家猫，也是历经千百万年的漫漫长路才走到今日。考古发掘和现代生物学的发展，用具体的案例呈现出家猫进化的完整图景，让我们得以更加清晰地了解家猫如何走过这一趟伟人的旅程，成为今日遍布全球、成功的伴侣动物之一。

第一节
猫咪的演化史

动物界、脊索动物门、哺乳纲、食肉目、猫科、猫属、非洲野猫种、家猫亚种。从生物分类学上说，这就是家猫，本书的主角。

抬头看看书架上呼呼大睡的小猫咪，你有没有思考过它们从何而来，又是如何来到我们身边的?

想象一下，6600万年前的地球。曾经称霸地球1.4亿年的恐龙，在遥远而陌生的白垩纪末，短短时间里几近灭绝。当然，不是全部，恐龙家族的幸存者逐步演化成了今天的鸟类；但是所有非鸟类恐龙，沧龙科、蛇颈龙科、翼龙目和菊石亚纲，以及众多植物都灭绝了。这不是历史上所知最严重但绝对是最著名的一次灭绝事件。此后，哺乳纲及鸟形恐龙等动物利用这个空白期迅速发展，多样性迅速增加，辐射演化成了新生代的优势动物，并延续至今。

我们把目光聚焦于当时的欧亚大陆。茂密的森林为许多物种提供了栖息地，其中就有看起来非常像现代的貂或鼬科动物小古猫（Miacids）。对，它的外形就像《狮子王》里的丁满，身体和尾巴细细长长的，脑袋小小的，四肢短短的，体型也不大，体重在1 ~ 7千克之间。小古猫用爪子和牙齿捕捉小型猎物，且擅长爬树。特别的是，它的爪子像今天的猫爪一样可以回缩，它还能像狗一样使用臼齿咀嚼食物。小古猫身上存在着如今食肉目的一个显著特征：早期形式的犬齿，即裂肉齿。这是第一种长着全副食肉类动物牙齿的哺乳动物，也是小古猫被认作食肉目祖先的主要原因。

兼备猫、狗部分特征的小古猫在4800万年前开始分化，演化出如今种类繁多的食肉目动物。食肉目分为猫型亚目（包含7科）和犬型亚目（包含9科），一共有250种胎生动物。大到几吨重的海豹，小到几十克的伶鼬，再到人见人爱的大熊猫、闯进人类村子的完达山一号——东北虎、辛巴的原型非洲狮、西部电影故事中常见的北美灰狼，当然还有我们熟悉的猫咪（家猫）和狗（家犬）等，都归属于食肉目。

很奇妙对吧？如今我们身边最常见的小动物

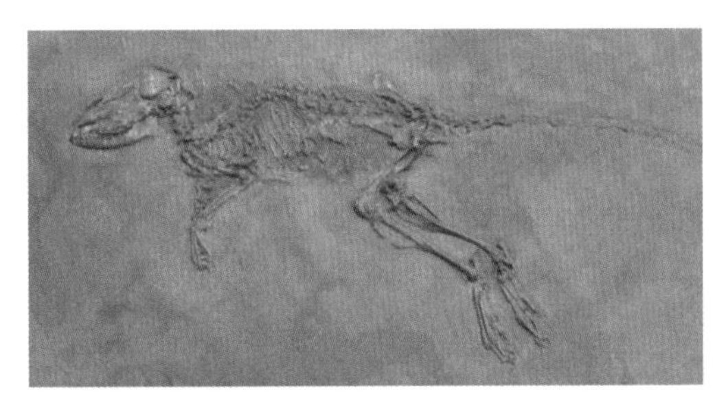

* 小古猫化石，出土于德国梅塞尔坑化石遗址，现馆藏于巴黎自然历史博物馆。

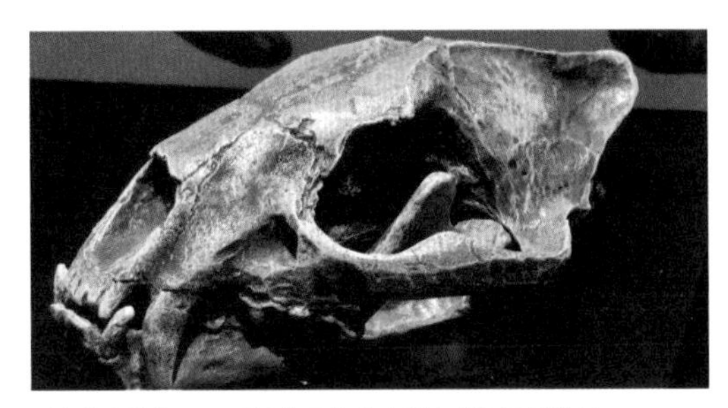

* 始猫头骨化石，现馆藏于比萨大学自然历史博物馆。

猫和狗，竟然共享同一个祖先。

小古猫在4800万年前就开始分化了，但是目前挖掘出来的化石表明，大约在3500万年至2800万年前，猫科动物（食肉目、猫科）的真正祖先才在欧洲出现，这就是最早的猫科动物：始猫，也叫原猫（*Proailurus*）。

*Proailurus*一词的字面意思就是“在猫之前的”。始猫和小古猫一样在森林里生活，可伸缩的爪子被保留下来，除了适合爬树，还能在地面行走时完全收缩起来保护爪子。始猫的体型中等，和现在的红猞猁差不多大，但依然是身子较长、腿较短。始猫的牙齿也进化得更适合剪切肉类，已经很接近现代猫科动物了。此外，臼齿减少也是始猫牙齿进化的重要方向。我们知道食草动物臼齿发达，因为要咀嚼大量植物纤维。相反地，食肉目动物的臼齿并不发达，例如完全肉食性的家猫仅有4颗臼齿、10颗前臼齿（作为对比，狗有10颗臼齿、16颗前臼齿）。另外，始猫的上下颌骨缩短以及冠状突（下颌背方的突起）的发展，可以产生更大的咬合力。这些演化都在帮助猫科动物成为如今地球上的顶级猎手。

始猫另一个重要的演化特征是它的行走方式。哺乳动物有三种的行走方式：跖行、蹄行、趾行。第一种是跗骨、跖骨和趾骨均着地的跖行，这是最原始的行走方式，人类就是跖行。第二种蹄行，用蹄子也就是指甲行走，牛、羊、马等都属此类。第三种趾行，是指脚趾着地而脚跟或脚腕不接触地面的行走方式。趾行较晚才演化出来，相比另外两种方式，它速度更快、更安静，更适合狩猎，猫、狗都属于这种。始猫的后脚介于跖行和趾行之间，前脚已经是趾行了。

说到趾行，就不得不提到已经灭绝的肉齿目（Creodonta）。肉齿目和小古猫有共同的祖先　细齿兽类（Miacidae），它们也都有可以切开肉类的牙齿。在5500万年前至3500万年前，肉齿目曾是占据霸主地位的掠食者，同时代的食肉目祖先还在以小型动物为食。然而，肉齿目最

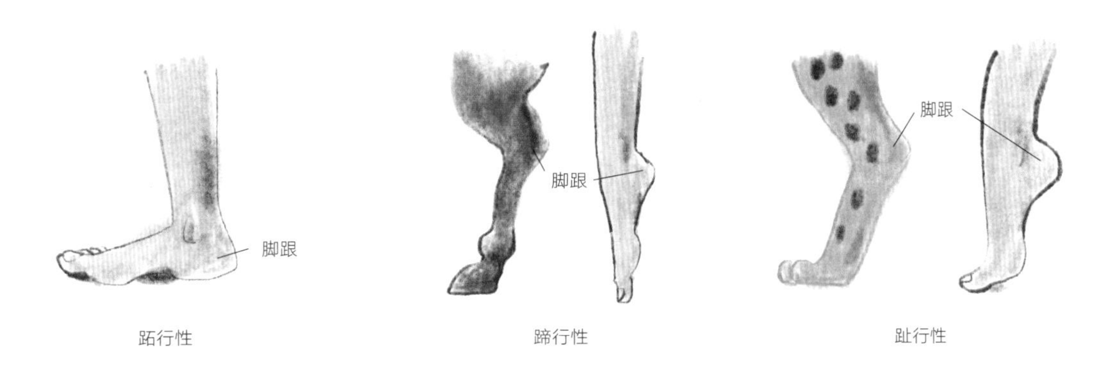

* 跖行、蹄行、趾行三种行走方式的对比。

终在和食肉目的竞争中败下阵来；大约800万年前，肉齿目最后一属灭绝了。肉齿目灭绝的原因，除了其脑部较小，据猜测还与其四肢结构有关：一是跖行方式在奔跑这样的快速运动中不够高效；二是无法使用四肢来辅助狩猎，这都是在狩猎上的巨大劣势。

大概在2000万年前，始猫开始分化成两条主要的演化路线，出现了柱猫属（*Styriofelis*）和假猫属（*Pseudaelurus*），逐步演化出10个物种。接下来，地球迎来了猫科动物的大爆发。

目前发现最早的猫科动物形态的化石是始猫，这些家猫大小的动物逐步演化出了10个物种，其中就有假猫这一属。假猫这一类群中诞生了大家熟知的剑齿虎亚科，这些超级捕食者统治了地球数百万年，一直到一万多年前致命刃齿虎（*Smilodon populator*）在南美灭绝。早期一般认为假猫分化出了现代猫科动物所属的猫亚科（Felinae）和剑齿虎所属的剑齿猫亚科（sabertooth cats），不过最新研究已经将柱猫属和瘦猫属（*Leptofelis*）从假猫中分离出来，而现在的猫亚科和豹亚科都是从其中演化而来的。2012年在西班牙发现了柱猫属的遗骸化石，2017年人们经过进一步分析认为，这些遗骸属于一个比其他柱猫属动物腿更长更细的物种，这表明该种动物更倾向于快速奔跑而不是攀爬，于是将其从柱猫属独立出来，称为瘦猫属。按照我们前面所说的猫科演化方向，瘦猫属的动物已经失去了第二个前磨牙，虽然下颌骨还略微比现代猫科动物长，但是冠状突已经充分地发展了。

始猫的后代继承了它的优点，例如修长而灵活的身体，完全趾行的行走方式，以及牙齿、下颌骨的发展等，演化成了非常成功的捕食者，也离开了茂密的森林。正在经历气候变化的欧亚大陆是开阔的草原，有蹄类动物增多，逐步演化的猫科动物适应了新的环境，成为草原猎手。

接下来的故事激荡人心，猫科动物的祖先开始向全球扩散：大约900万年前，趁海平面降低时向东通过白令海峡进入美洲；向西穿过红海进入非洲；在更新世的冰河时代，继续穿过巴拿马海峡进入南美。全球的迁徙造成了物种的进一步分化，家猫这一系的祖先也通过一座临时的陆桥从北美洲迁徙到亚洲。

最终，猫科动物形成了八大世系，包括大约1080万年前最早分化出来的豹亚科，如狮子、老虎、雪豹、云豹等；850万年前分化出来的狞猫属，该属的薮猫（serval）被称为腿最长的猫科动物，与家猫繁育出的人工品种称为“萨凡纳猫”；还有620万年前分化出来的豹猫属，该属中就有我们熟知的豹猫（Leopard cat），它与家猫的混血逐步繁育出了孟加拉猫（Bengal cat）。340万年前最后分化出来的猫属包含非洲野猫、欧洲野猫、荒漠猫、黑足猫等，以及本书的主角家猫——它在分类上属于非洲野猫的亚种。

系统发育假说认为猫谱系从豹猫谱系（Bengal leopard cat lineage）分化的时间在700万年到670万年前，而分子分析得出的结果是340万年前。但是，根据考古发掘来看，在1000万年前到400万年前，一系列目前还不明确的化石可能代表着还未完全分化的猫科（Felinae）形式，例如之前一直被视为猫谱系祖先、最早在希腊被发现的阿提卡猫（*Prostifelis attica*）。阿提卡猫的大小和现在的野猫差不多大，最早的出现时间可以追溯到740万年前，目前并不确定它是否演化成了后来的猫谱系。可以确定的是，最早属于分化出来的猫谱系的是在意大利托斯卡纳地区发现的卢那猫（*Felis lunensis*），时间在250万年前到140万年前。卢那猫和非洲野猫非常类似，下颌牙齿比较大——这也是家猫的特征，并且它的化石已经明显区别于欧洲野猫了。

值得一提的是，早期的生物分类学主要依据的是形态、解剖和化石，分子系统学则应用了生物信息学分析方法来分析基因组DNA。新技术极大地提升了我们对多物种的认知，也改变了许多过去的看法，例如过去巽他云豹一直被看作云豹的一个亚种，但是最新的研究发现，巽他云豹和大陆的云豹在冰河时期就因地理的原因而分隔了，从而在遗传学和形态学上都产生了差异。随着分析技术的进步，相信在不远的将来，关于猫科家族我们肯定能获得更多更准确的信息。

猫科动物的演化故事讲到这里暂且结束。接下来，让我们换一个视角，观察人类驯化家猫的历史，来看看“小猛兽”非洲野猫如何成了我们身边喵喵叫的“小萌兽”。

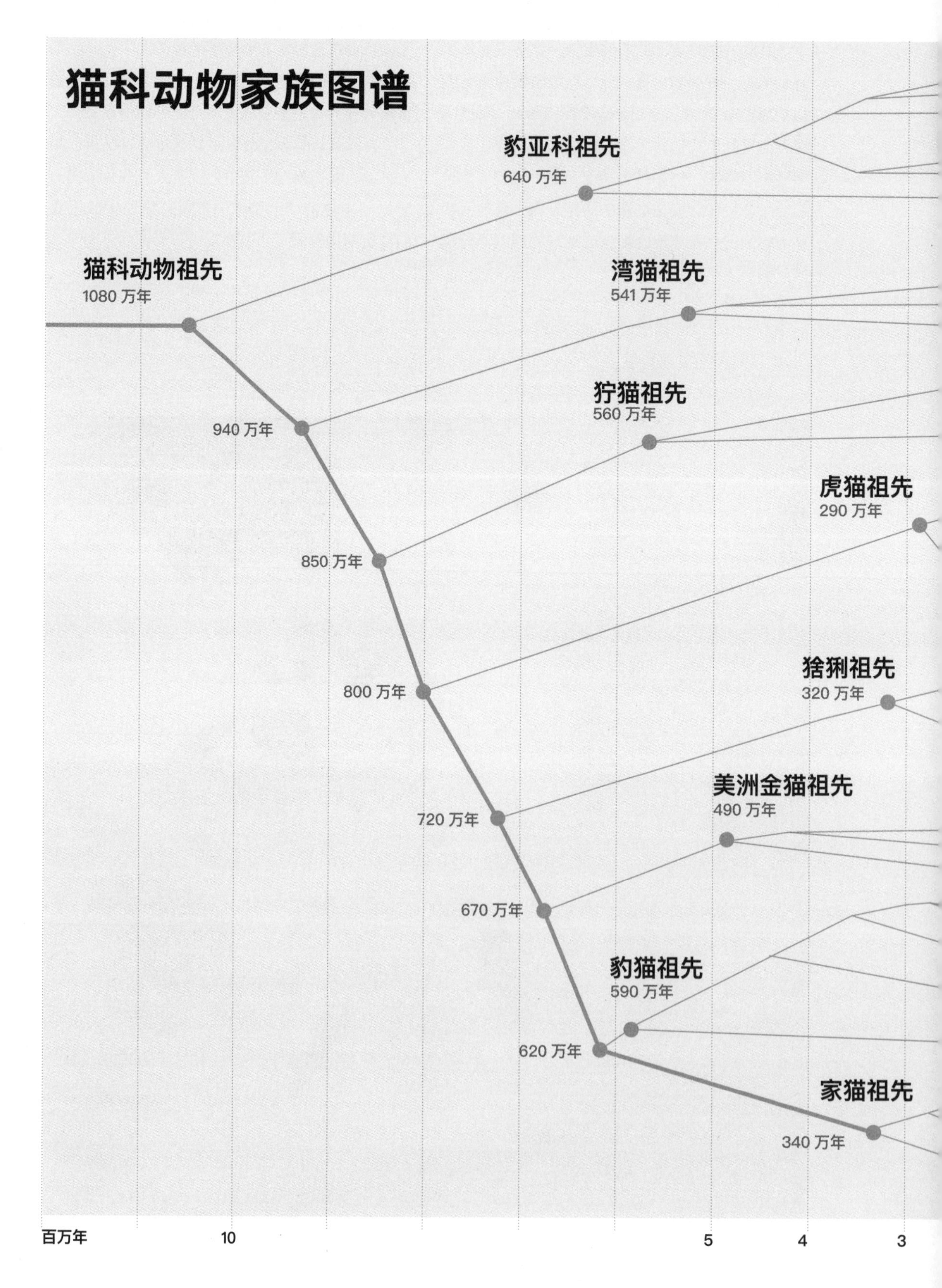
猫科动物家族图谱
豹亚科祖先
640 万年
猫科动物祖先
1080 万年
湾猫祖先
541 万年
940 万年
狞猫祖先
560 万年
虎猫祖先
290 万年
850 万年
800 万年
猞猁祖先
320 万年
美洲金猫祖先
490 万年
720 万年
670 万年
豹猫祖先
590 万年
620 万年
家猫祖先
340 万年
百万年
10
5
4
3

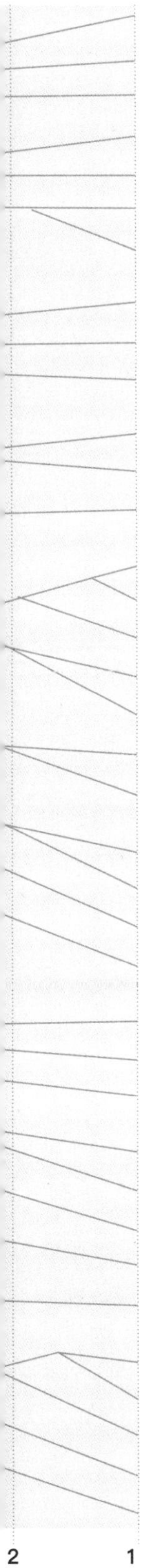

物种	类群	代表
狮子 豹 美洲豹 虎 雪豹 云豹 婆罗洲云豹	豹亚科	 虎
亚洲金猫 婆罗洲湾猫 纹猫	湾猫属	亚洲金猫 
狞猫 非洲金猫 薮猫	狞猫属	 狞猫
乔氏猫 南美林猫 小斑虎猫 山原猫 南美草原猫 长尾猫 虎猫	虎猫属	虎猫 
加拿大猞猁 欧亚猞猁 西班牙猞猁 短尾猫	猞猁属	 短尾猫
猎豹 细腰猫 美洲狮	美洲金猫属	美洲狮 
亚洲豹猫 渔猫 扁头猫 锈斑猫 兔狲	豹猫属	 锈斑猫
家猫 野猫 沙漠猫 黑足猫 丛林猫	猫属	黑足猫 

2 1

第二节
猫咪的驯化史

不严谨地说，野生状态下的非洲野猫进入人类世界变成家猫的过程，其实就是驯化的过程。虽然猫到底有没有被完全驯化目前依然是学界的争议话题，但它早已无可争议地成了人类重要的伴侣动物之一。

我们一般说的猫咪，也就是家猫，英文是domestic cat，而“驯化”的英文是domestication，所以我们从英文原词来看可能会更容易理解：驯化就是将野生的动植物以获取食物、副产品、劳动和陪伴的目的，融入人类的生活中去，即可以适合家养。人类有一万多年的驯化史；可以说，被驯化的动植物正是人类发展至今的重要推动力。

虽然距今25万年前，人类祖先就已多次走出非洲，扩散到全世界，但公元前1万年左右的新石器革命，才真正让人类从狩猎采集社会向农耕文明社会转型，出现了动植物的驯化、土地的开垦利用等技术，人类与自然的关系也从原本的被动适应转向主动利用与改造。至此，人类终于有能力提高食物来源的稳定性和量产化，这促进了人类群落的聚集壮大，社会分工体系、贸易体系、社会阶级、文化与宗教的发展。整个过程中，猫咪的身影都穿梭其间。

人们通常认为是古埃及人在三四千年前驯化了猫，但现代分子生物学告诉我们，从遗传学角度看，猫咪与人类的缘分最早可追溯到1.5万年前。

2007年，卡洛斯·德里斯科尔（Carlos Driscoll）等人在《科学》杂志上发表了一篇文章，揭示猫被驯化的近东起源。他们在979只家猫和野猫的遗传评估中发现，家猫起源于至少五个母系mtDNA单倍型。[1]该研究确定了家猫与其他地区的野猫（如欧洲野猫）没有关联，也确认了家猫的单地起源说，即源自非洲野猫（*Felis. silvestris lybica*），分化出来的时间大概在13100年（其

[1] mtDNA指的是位于线粒体内的DNA，由于动物体内mtDNA的突变速率高于细胞核DNA，比较容易测量计算且具有母系遗传的特性（父系族谱的追溯使用Y染色体），所以mtDNA现已成为追溯动物母系族谱的有效工具。

* 非洲野猫（*Felis silvestris lybica*），是一种原产于非洲、西亚和中亚多地，直至印度拉贾斯坦邦和中国新疆的小型野猫。

他估算方法得出的结果在10700年~15500年），发生在近东地区的黎凡特，这里正是人类新石器革命的核心区域。

另一项重要的研究是猫咪饮食的同位素测量，它得出了两个很有意义的结论。其一，新石器时代晚期近东地区野猫的饮食中，占比最大的是农业区域附近常出现的老鼠、田鼠、榛鸡，同时期的欧洲野猫则有着更广泛的捕猎对象，例如候鸟。从这一点上我们可以很清晰地看到，被农田吸引的猫咪显然已经被这样的方式“挑选”出来，开始接近人类。其二，在农业文明出现之前，其实已经有相对长期定居的狩猎采集者出现。因为聚落、农业等都不可能是突然出现的，长期定居才可能去驯化植物，逐步产生农业。而在农业发展之前，这些狩猎采集者已经能对生态环境产生影响，比如家鼠在1.5万年前已进入黎凡特地区，这就与早期的人类聚落生活方式有关。

以上的研究发现都表明猫咪很可能在那个时候（农业文明之前）就被这些啮齿动物吸引。对家鼠的研究也显示其数量和迁徙伴随着人类活动，而被它们吸引来的猫咪（非洲野猫）似乎才是第一批和人类建立“友谊”的“小萌兽”。

除了现代分子生物学的研究，考古学也提供了重要的证据，将家猫最早的驯化时间从原本认为的公元前2000年的古埃及时期[2]往前推至公元前7200年至7500年前。此次考古发掘点位于地中海东部的岛屿国家塞浦路斯，这里距离东边的新月沃地并不远，约公元前1万年前就有人类迁徙至此，带来了农作物和牲畜。2004年，法国国家自然博物馆的考古人员在塞浦路斯一处墓穴中发现了一具9500年前的人类骨骼，骨龄30岁左右。墓穴中有大量陪葬品，如海洋贝壳、石头吊坠、燧石制品等。更意外的是，墓葬边缘处还发现了一架几乎完整的猫咪骸骨，虽然骸骨的排列

[2] 当然家猫出现在古埃及的确切时间依然有待研究，例如，比利时皇家自然研究所的维姆·凡·尼尔（Wim Van Neer）在公元前4000年左右的古埃及贵族墓中发现的六具骸骨，其牙齿和骨骸都接近现代家猫。

方式很奇特，但显微镜检查并没有发现切割或焚烧的痕迹。

这次考古发现对猫的驯化史研究意义重大。首先，塞浦路斯是一个小岛，猫咪不是这里的原生动物，只有跟着人类坐船而来这一个可能性。加上当时的船普遍不大，且猫咪体型一般也在3～5千克左右，它们不太可能和老鼠一样是借船“偷渡”而来。也就是说，这只猫咪是被人类主动带上岛的。其次，从陪葬品来看，墓葬主人的地位较高，且猫咪没有任何外力导致死亡的迹象，合理猜测这只猫咪很有可能是作为墓葬主人心爱的宠物陪葬的。最后，相较遗传学的研究结果13000年这个时间来说，考古学上发现的9500年肯定不是猫咪驯化的最早时间，并且塞浦路斯至少在10600年前就有人类活动，所以有理由相信在黎凡特的某处，人类祖先已经在一定程度上驯化了猫咪，并使之能够跟着人类的脚步在世界范围内迁徙。

现在我们回过头，将这两条线连起来，很有可能就勾画出了人类和猫咪初遇的故事。大概在1.4万年前，两河流域及附近地区肥沃的土地被称为新月沃地，周边的黎凡特地区是自然条件优越、降水丰富的山地。也许是出于人口压力和环境资源的压力，也许是因为这个地区本身就生存着许多适合驯化的动植物如大麦、小麦、山羊等，也许是人类社会活动的影响，总之，多种因素下农业文明开始在此地萌芽发展。一方面，农业发展带来了大量农作物种植和存储；另一方面，人类的定居造成了大量垃圾的堆积。农业和人类定居点的发展由此为野生动物创造了一个全新的环境，家鼠很快适应了这种环境。这种起源于印度次大陆的啮齿动物，最早在人类储存的野生谷物中被发现，时间也大致在一万多年前。家鼠被吸引而来，紧随其后的当然就是当时生活在此区域的非洲野猫。

生态位

这里我们需要引入“生态位”这个概念。在生物学上，生态位指的是一个物种所处的环境及其生活习性的总称。每个物种都有自己独特的生态位，借以跟其他物种做出区别。生态位包括该物种觅食的地点、食物的种类和大小，还有其每日的和季节性的生物节律。定居点和农业活动的出现导致大量小家鼠聚集在人类的定居点生活，因此产生了一个新的生态位：啮齿动物是猫的主要捕猎对象，家猫的祖先——非洲野猫很自然地为了获取此生态位而来。

当然，猫咪不是该生态位唯一的竞争者。狐狸、豺狼等犬科动物，猛禽、蛇以及其他小型猫科动物，都会为了竞争食物而来，其中就有纳图夫人饲养的家犬。虽然狗的起源目前仍有待考证，但是最早驯化狗的考古证据之一便来自纳图夫人。在1.2万年前，以色列的艾因-马拉哈（Ain Mallaha）纳图夫人遗址中，发现一名老人和四五个月大的幼犬的遗体被掩埋在一起。现今的诸多犬种中，约克夏梗、西高地白梗、雪纳瑞梗等梗犬就是用于捕鼠的。

随着时间的推移，为了在人类周边捕猎、生存，更愿意接近人类的温顺的猫咪，在这个新的生态位上具有了更大优势。于是，在人类定居点周边生活的野猫与那些害怕人的野猫开始分化，驯化由此发生。这种共生模式甚至延续到了今天，在北非阿拉伯和苏丹南部的阿赞德部落都有相关记录。

不难看出，猫咪能够在农业发展初期占据生态位，发展成如此成功的伴侣动物，与农业文明发展下普遍的鼠患高度相关：猫咪抓小家鼠为食，人类容忍家猫在身边生活以换取鼠患问题的解决。可是，即便是如今的城市区域，也依然存在黄鼠狼、豹猫、猫头鹰、欧洲野猫等其他捕食者。家猫的捕鼠能力显然不足以帮助它们在生态位的竞争中占据绝对优势，并且高度的食肉化、独居等特点，从另一角度来说也是极大的缺点。因此，对照驯化对动物的影响来看，这不是唯一的因素。

驯化的定义或能为解答这个问题提供一些线索。在人类占强势地位的描述中，驯化指的是人类有意识地、有预见性地控制驯化对象——野生动植物的行动、饲养、保护、分配，以及最重要的繁殖，以实现特定的、明确的目标。野生动物的驯化过程必须适应一些人为条件、人工环境和圈养环境，这会让动物产生长期的遗传变化。对特定压力的放松选择，例如资源可用性，圈养环境下的小种群近亲繁殖和遗传漂移，人为偏好导致的“自然”选择——如繁殖能力、温顺程度、外表等，以及在圈养环境下对空间拥挤、行动限制、寄生虫和资源环境变化的压力敏感性，都是影响驯化的重要因素。驯化会大幅重塑目标动物的社会、情感认知、荷尔蒙和应激反应等生物行为特征；相应地，在驯化的过程中适应了以上因素的动物，在形态、生理和行为上会产生明显的变化。这就是人类世代控制动物的繁殖、饲养的结果，也是我们判断物种驯化的依据。

驯化与幼态延续

根据人们对天竺鼠（6000年前至3000年前被驯化）的野生和驯化个体的对比研究，成年家养天竺鼠明显比野生个体表现出更多的游戏行为，这一点在狗身上也是如此。游戏行为出现的一个重要因素是，幼崽生活在一个相对安全且食物等资源充足的环境下。野生个体由父母养育，家养个体则本来就生活在人为圈养环境中。这就很好理解为何野生个体通常只在幼年期有大量游戏行为，而家养个体成年后还会出现明显的游戏行为了——后者始终处于安全、低压力的环境。此外，这个现象实际和驯化导致的行为发展变缓有关系，这种现象被称为“幼态延续”，简单来说就是幼年期的特征被保留到性成熟之后。

关于幼态延续，有一个著名的银狐实验。由德米特里－贝尔耶夫带领的俄罗斯遗传学家团队从1959年开始的一项银狐驯化研究，是从20世纪延续到21世纪重要的生物学实验之一。实验挑选了100多只相对而言对人类不展现出攻击性的银狐，以温顺作为唯一的标准进行实验。实验银狐每年繁殖一次，到了第6代，就产生了第一群会舔实验者的手、可以被抱起抚摸、当人类离开时会呜呜叫、当人类靠近时会摇尾巴的银狐。接着，银狐开始出现耳朵松软、尾巴卷曲的外形特征。到了第15代，这些银狐的皮质醇浓度只有野生品种一半的水平了，驯化中的个体肾上腺变小，血清素水平增加。这项实验发现，驯养动物会出现一系列的特征，包括松软的耳朵、短而卷曲的尾巴、幼态的面部以及身体特征、较低的压力激素水平、出现花纹的皮毛以及繁殖季节延长等。

当然，幼态延续不仅保留了胖嘟嘟、圆脸等幼年期的外表特征，还会保留祖先幼崽形态的行为特征。比如，狗在欢迎主人回家时会跳起来舔主人的嘴角，实际上这个行为和幼狼是一致的：成年狼外出打猎后会吞下食物带回，幼狼会通过

* 银狐实验的项目经理柳德米拉－特鲁特和一只银狐，摄于1974年。此时的银狐已繁育到第10代之后，雌性银狐幼崽已出现松软的耳朵，以及尾巴缩短后翻、头骨缩短和变宽等外观上的变化。

舔父母嘴角的方式来讨要食物。又如，牧羊犬的工作是驱赶羊群到特定的地点。这一行为实际上就来自幼狼在社交玩耍阶段的合作狩猎练习。幼狼会在社交玩耍阶段练习配合驱赶的技巧，并且不会出现追逐后扑杀对方的行为。简单来说，驯化后的动物保留了野生祖先的某一种或部分行为，这本质上就是一种行为上的幼态延续。

我们来看看人类的驯化给猫带来了怎样的改变。第一，家猫的形态、生理和行为与野外的祖先相比变化不大，比如在喜欢高处、需要通过抓挠来做标记、掩埋粪便、看到鸟时会发出特殊的牙齿撞击声、对陌生人和环境变化比较敏感、完整的狩猎能力等方面，家猫与野猫的行为是极其相似的。

第二，包括非洲野猫在内，绝大部分猫科动物都是独居动物。大家可能认为家猫是群居的，但是前提是和人类活动有关。研究显示，家猫是否选择群居生活与食物富集程度密切相关。当一个区域内的食物量达到一定程度后，单只猫咪是无法独占的，那么有亲缘关系的猫就会倾向于结成团体，共同守护这片资源较充足的地区；而所有富集的食物资源都和人类有关，例如垃圾堆积吸引大量啮齿动物，或者直接的食物供给等。此外，家猫群居方式的结构较为松散，除了共同防御外敌、互助养育后代，它们大都是单独活动的，人们几乎从未观察到猫咪合作狩猎的情况（以啮齿动物为主要猎物也决定了合作狩猎没有优势）。所以，在提升家猫对同类的容忍度方面，驯化是有作用的，但作用有限。我们在带新猫进家的时候，都需要从隔离过渡开始，逐步介绍新来者与家中原有的猫咪认识、相互建立好印象，因为从本质上来说猫咪都是独居的，会本能地认为闯入的新猫是敌对的。

第三，驯化个体在陌生环境中敏感性降低。我想大家应该都知道家猫是较难适应陌生环境的，例如绝大部分未经训练的猫咪在宠物医院都会出现不同程度的应激反应，严重的甚至发生应激死亡。家猫在陌生环境下仍然保持了较高的敏感性，这也从侧面说明皮质醇水平、肾上腺素、去甲肾上腺素等压力激素在陌生环境中并未因驯化而大幅降低。

第四，在认知和记忆方面，野猫和家猫并没有太大区别。我们结合幼态延续的一些特征，来看看波斯猫的例子。波斯猫有着独特的扁圆脸型，毛茸茸的耳朵、大大的眼睛、较短的腿等外在特征，以及独特的行为认知特征：温顺、不害怕人类。这样看，它们似乎属于典型的幼态延续。曾有人认为，这些特征都是人类驯化的结果，因为绝大部分家猫的头骨形状和非洲野猫并无区别，而波斯猫作为家猫，又是人类选择繁殖的品种，在外貌、行为以及认知上都出现了典型的“驯化综合征”。但是2016年一项关于波斯猫品种特性的研究发现，波斯猫温顺的行为特征并非源于驯化，而是一种与智力低下和发育异常有关的基因遗传导致的；其外形特征则主要是人类刻意选育的结果，而非驯化的结果。所以从目前所知的情况来看，家猫并没有因驯化而在认知方面发生巨大的改变。

第五，对驯服的选择或是改变家猫基因的主要力量。2018年发表的一项研究表明，银狐实验中“驯化狐狸”的大脑前额叶皮层中有100多个基因与具有攻击性的狐狸显示出不同的基因表达模式。其中一些基因与调节行为气质的血清素受体途径有关，包括驯服和攻击性气质。猫身上是否具有这样的“驯化基因”呢？美国华盛顿大学医学院基因研究所对家猫基因组的分析显示，家猫仍然具有许多与其野生表亲相同的特征。理论上每一只家猫都保留了在野外生存和狩猎的能力，这一状况也说明了我们人类对它们的影响是多么小，也正是这个原因让我们将猫咪称为“半驯化动物”，因为猫“只有在它自己主动认为的情况下才是家养的”。在这个研究中更重要的一点是，科学家们发现家猫基因的变化与记忆、恐惧和寻求奖励等行为有关。这类行为——尤其是动物寻求奖励时的行为——通常被认为在驯化过程中起到关键作用，“由于习惯了人类的食物奖励，对驯服的选择很可能是改变第一个家猫基因组的主要力量”。1995年，剑桥大学的一项动物行为学研究也与此相印证，研究结果显示：具有大胆特质的公猫后代更有意愿和陌生人、陌生事物互动。如果这些小猫与人类互动时获得的都是积极的经验，那么在长大后它们会成为“亲近人”的猫咪，这个部分我们将在后文“幼猫的社会化”中继续阐述。

有趣的是，尽管mtDNA研究结果显示，所有家猫的祖先都是来自新月沃地附近的非洲野猫，与其他地区的野猫没有任何关联，但人类历史上其实曾多次尝试驯化非洲野猫以外的猫科动物。例如，在我国陕西省华县泉护村，考古人员发现了一个距今5300年左右的仰韶农业聚落。遗址中发现了至少2只猫的8块骸骨，经骨骼测量、测年和同位素分析，研究人员认为这两只猫以偷吃粟的老鼠为食，有可能还吃人类的残羹或是有人专门喂养。这些骸骨和现在的家猫尺寸差别不大，一开始被认为是家猫，后来经过研究确认为中国本地的豹猫（*Prionailurus bengalensis*）。虽然没有成功驯化豹猫，但是种种迹象表明当时的人们与一些猫科动物之间存在一种更紧密的互利共生关系。此外，古埃及人也曾经尝试驯服丛林猫（*Felis chaus*），中美洲的居民曾试图驯服细腰猫（*Jaguarundi*），也有过尝试驯服欧洲野猫的记载等，不过以上尝试都以失败告终。也许，只有新月沃地的居民很幸运地遇上了发生驯化易感性突变的非洲野猫，在这么一点小之又小的可

* 豹猫，是一种原产于南亚、东南亚和东亚大陆的小型野猫。豹猫和家猫差不多大，但体形更纤细、腿更长，身上有着类似豹纹的花纹。不同的亚种，毛色和花纹都不同。最早和家猫混血繁育的豹猫来自孟加拉，因此其混血的品种称为孟加拉猫（Bengal cat）。

能性作用下，这一段跨越千万年的缘分才得以展开。

最后，我们回到幼态延续这个话题，实际上，家猫的部分行为特质的确是幼态延续的结果。例如，非洲野猫其实是“哑巴”动物，除非出于性需求或遇到威胁，否则很少通过叫声交流。室内的家猫则不同，研究显示每只“话唠”猫都是独立发展出与人类“对话”的能力的，而使用喵喵叫或其他类似叫声实际始于幼年期与猫妈妈之间的互动。当然，并不是所有“话唠”猫都只是为了和你沟通才叫的，猫咪也会因为压力等原因发出焦虑性的叫声，所以具体问题需要具体评估。其他行为，例如与人类或同类互动时使用的蹭、踩奶等，也都是幼年期在和猫妈妈的互动中遗留下来的行为。

其实，我们讨论驯化过程中不同因素对猫咪形态、生理和行为带来的有限变化，并不是要纠结于猫咪是不是完全驯化动物——我个人认为，更准确的叫法是“共生关系”。在一项针对猫咪对人类友好行为的实验中，南美洲虎猫谱系的猫科动物对人类表现出的友好行为最多，甚至有接触行为，但是南美洲的人类祖先从未驯化过它们。

人类须具备驯化的需求，目标物种需要有驯化的可能性，二者缺一不可。驯化本身是多种因素影响下的复杂行为，并不是人类强制选择就能得到结果的。狗从狼演化而来重要的选择特征之一并非行为基因，而是与淀粉消化相关的基因。在这一点上，猫科动物的饮食需求是高蛋白、纯肉食性，所以即便家猫演化出了更长的肠子适应较低比例的肉类食物，早期的人类也是不可能满足的。而现实的巧合是，人类只需要接纳猫咪生活在自己周围，去捕食小家鼠一类的啮齿动物就可以了。这不仅满足家猫自身特殊的营养需求，而且对人类来说，猫具有这个功能已经足够，似乎不需要再去施加选择压力。

近几十年的城市化大潮下，家猫成为最主流的室内伴侣动物以后，选择压力才开始剧增。对我们来说，最重要的是去了解猫咪本身，它的行为特征，它的行为因何而来，它需要什么样的环境才能表现出正常的行为，我们需要怎样做才能帮助猫咪适应环境压力，等等，这才是我们作为主人去了解猫咪驯化过程的意义。

我想用动物行为学家约翰·布拉德肖的一段话来结束这一节：“猫需要我们的理解——因为作为个体，它需要我们的帮助去适应我们对猫的期待，而作为一个物种，它仍然处于从野生走向驯化的转变中。如果我们能确保给予它们这样的支持，那么猫咪不仅能保持如今这样的数量和流行的地位，还将有一个更放松而美好的未来。”

第三节
古埃及的猫

虽然考古发现和分子生物学研究将家猫的祖先线索追溯至一万年前的黎凡特地区，推翻了过去认为猫咪在古埃及时期被驯化的普遍认识，但是古埃及仍然是家猫驯化进程中重要的节点，古埃及人和家猫之间的故事也早已广为人知。

现在的埃及地区生活着至少六种猫科动物：第一种是野猫，存在*F.s. libyca*和*F.s. tristrami*两个亚种；第二种是古埃及人试图驯化的丛林猫；第三种是沙猫（又称沙丘猫或沙漠猫，*Felis margarita*）；第四种是狞猫；第五种是猎豹；第六种是豹。

古埃及时期，尼罗河地区分布的猫科动物显然和今天的很不同。比如当时该地是有狮子的，木乃伊遗骸和一些壁画中也出现了薮猫的形象（部分是由于上层社会的偏好而从外地专门运过来）。关于古埃及人的大量考古发现里都有猫的形象，但是早期很多猫的形象不同于现在的家猫，有些我们能从图案特征判断出，有些就很难确认。

埃及的前王朝（公元前6000至前3000年）、早王朝时期（公元前3150年）很少发现和猫相关的信息，传统上一般认为猫的驯化发生在公元前2000年左右。因为我们还不知道猫扩散到尼罗河流域的确切时间，并且当时古埃及区域也有其他小型猫科动物，所以在公元前2000年以前，家猫的祖先应该至多只是被允许在人类聚落边生活，尚未进入人类家庭。

考古学家曾在尼罗河西岸的希拉孔波利斯（Hierakonpolis）发现一座前王朝时期遗址，这个遗址包含了生活区、生产区、宗教中心，以及社会各阶层的墓地。在一个从20世纪70年代挖掘至今的上层人士墓地中，人们发现了大量不同种的野生和家养动物，其中既有传统的家畜如牛、羊、山羊、狗、驴，也有野生动物如狒狒、黑牛、马鹿、河马、大象等。这些动物墓主要是公元前3700年左右纳卡达二世早期上层人士墓葬的附属品。墓室群的中心是大墓，周围除了其家庭成员以及较低级别官员的小墓，还包含这

* 藏于开罗的埃及博物馆的古埃及壁画。这是一幅画在石灰石上的寓言场景，一只猫带着牧羊人挂有袋子的拐杖，看管六只鹅和一窝蛋。壁画大约创作于公元前1120年，古埃及第十九王朝。

些动物的墓穴。其中发现了一具年轻的小型猫科动物骸骨，其左肱骨和右股骨显示出已愈合的裂痕，表明它在被埋葬前至少被囚禁了4 ~ 6周，骨头显然经过照顾已经愈合了。可惜，后期的研究确认这是一只丛林猫。2008年，该墓葬群又发现了六只小型猫科动物的骸骨，包括一公一母两只成年个体和四只分属不同窝的幼猫。通过技术测量骨长度以及下颌骨的形态等比较，推测至少这两只成年猫是家猫。鉴于家猫和野猫极难从形态分辨，这个结论目前还有疑问，但是从出土墓葬的情况来看，这些猫咪很有可能在被埋葬前圈养过一段时间，从死亡的年龄也可以推断出，四只幼猫并不是自然繁殖周期内出生的。这个现象在非洲的人类饲养野猫中也有发现：和自然状态下野猫一年一次的繁殖不同，人类饲养的猫咪每年会产崽2 ~ 3窝。另外，研究显示，由于这些猫的同位素特征与人类和狗是相似的，研究人员认为它们是人工饲养的。因此，至少我们能确定的是，在这一时期，猫咪（比较可能是家猫，或者至少是非洲野猫，也可能是过渡形态）和人类不仅仅是共生而已，而是有着更密切的关系，例如圈养。这也说明，即使古埃及不是猫咪驯化发生的初始地点，也肯定是一个重要的驯化节点。

我们都知道猫在古埃及的社会中占据很重要的地位，最早在古王国时期（公元前2686年 ~ 前2181年）就有一些描绘猫的图案，但是很少见。例如第五王朝（公元前2500年 ~ 前2400年）的一座墓葬中描绘了一只猫，它的脖子上有类似项圈的东西。再如吉萨高原上佩皮一世统治期间（第六王朝）的官员Qar（也被称为Meryrenefer）的墓葬。虽然原始碎片如今已经无法找到，但是一份报告中描述了这一场景：一只猫和一只獴。在中王国时期，公元前1900年克努姆霍普特三世（Khnumhotep III）的墓中，猫被描绘成在沼泽地里与猎人一起捕鸟的形象。一方面，这些猫的特征表明它们很可能是丛林猫，另一方面，从猫的特性来说它们很难训练为狩猎助手，所以人们猜测这些画面可能是描绘猎人带猫来将水鸟吓

* 由青铜和黄金制作的猫护身符，长 2cm，高 2.93cm，宽 1.1cm，背部有可挂绳的环。根据制作风格推测其年代大约是古埃及后晚期，即公元前 664 年至公元前 332 年之间。现藏于法国卢浮宫博物馆。

出来（史宾格犬最初的功能即是如此），或者更可能是一种象征性的艺术表现。

从这个时期开始，猫的形象在各类图像资料中越来越频繁地出现，这让我们有了更多证据去判断家猫的出现时间。例如一块第十一王朝时期的石碑显示，一个女人的椅子下面有一只具有猫科动物特征的动物；同时期的铭文也提道：某只猫是曼图霍特普二世（Mentuhotep II）的最爱，这种画面也是很常见的。我们会发现，描绘猫的场景几乎都与上层贵族的生活有关系。除了前面提到的打猎的猫、椅子下的猫，还有第十八王朝法老阿蒙霍特普三世（Amenhotep III）的长子的爱猫奥西里斯——它死后，人们为它建造了石棺。虽然很难看到表现当时平民生活的资料，但是家猫在当时作为一种异国动物，很有可能是只有上层贵族才能饲养的。一份追踪家猫扩散路线的研究也发现，家猫的祖先是从古埃及北部的港口逐步进入尼罗河区域的。

另外从语言文字方面来看，古埃及人一般将所有的猫都称为“miu”或者“miut”，意为“喵叫的生物”，显然这个词是针对小型猫科动物的。中王国时期（公元前2055年 ~ 前1650年）还出现了象形文字Miw，一些研究者认为这是专门为家猫而创建的文字，而后它进一步作为女孩的名字流行，称为miut（意为“母猫”），说明当时家猫已经普遍进入古埃及社会了。

当然，猫咪不可能仅仅以伴侣动物的身份进入古埃及，捕鼠依然是猫咪的看家本领。尼罗河流域的农业依赖每年定时定量的洪水对耕地的冲刷，洪水带来的大量营养物质可以丰富土壤，使得尼罗河区域的农业非常发达。猫咪的捕鼠能力显然对农业生产，特别是谷物的储存有着巨大的帮助；在公元前1950年巴克特三世（Baqet III）的墓中，就有描绘一排动物和人类参与日常活动的画面，其中猫对应的是老鼠，除了说明当时猫已经属于家养动物，也是对其捕鼠能力的认可。

猫之所以在古埃及人中如此受尊崇，还有一个原因很可能是它们具有猎杀毒蛇的能力。据现代行为观察来看，猫其实很少以蛇为捕猎对象；但是它们被普遍视为唯一有能力杀死蛇的驯化动物（此说法并不严谨，中国贵州的下司犬也有这个能力，但是的确是相对少见的）。也许只需要目睹几次猫在面对毒蛇时不是逃跑而是攻击、压制，就足以让古埃及人再次提升家猫在其心目中的地位。所以猫的形象在早王国时期就被用作护身符，意为抵御毒蛇。

更重要的是，猫开始逐步进入古埃及人的精神世界，被赋予更多宗教上的意义。

在古埃及，许多动物被视为神的代表，例如鳄鱼、鹰和牛，但是动物本身并不是神。与这些动物不同的是，有证据表明，猫在古埃及人眼中被视为半神。公猫和太阳神有关，在《死者之书》中，太阳的夜间旅程充满了障碍和邪恶，为了让太阳在清晨再次升起，猫要杀死阿波菲斯蛇。母猫则常与女神巴斯特（Bastet）联系在一起。巴斯特是尼罗河三角洲东南布巴斯提斯城（Bubastis）的主要神灵，其最初形象可以追溯到

* 巴斯特女神像，青铜器。高14.5cm，制于古埃及后晚期，即公元前664年至公元前332年之间。现藏于法国卢浮宫博物馆。

公元前2800年，是一个额头上有蛇的标志、手持权杖，头部为狮头的女性形象。巴斯特与性能力、生育能力和母性有关。目前还不知道巴斯特从狮头转为家猫形象的确切时间，据推测很可能是在第二十二王朝（公元前945 ~前715年）。

古希腊历史学家希罗多德曾在公元前450年拜访布巴斯提斯，当时正值巴斯特崇拜的全盛时期。希罗多德将巴斯特比作希腊女神阿尔忒弥斯，并在书中描述了宏伟华丽的巴斯特神庙以及庆祝节日。尽管在书中希罗多德没有特地标注，但是根据描述，神庙附近应该有一个神圣的猫咪繁殖所，“养猫人”是一个世袭的职位，他们严格按照规定照顾喂养这些神的代表。不过这些备受照顾的猫咪并非如今天一样被当作家庭一分子，而是用来制作木乃伊祭品的。例如20世纪80年代，研究者对大英博物馆中一批捐赠的猫木乃伊进行X光检查，就发现其中大多数猫咪都是在两岁前被故意杀死或勒死的。

现代人或许难以理解这种宗教的狂热和古埃及人的矛盾之处。一方面，他们如此喜爱、尊崇猫咪，许多人都饲养猫咪当宠物，如果家中的猫咪死亡，家人还会剃掉眉毛以示悼念。另一方面，他们也会出于宗教原因杀死幼猫做成祭品。这种矛盾还体现在律法层面，例如至少在公元前1700年，古埃及就有不允许将猫咪带出该国的禁令。古埃及律法还规定，如果造成猫的死亡，即便是意外都是死罪。不过，禁止杀害猫咪的法律并不适用于负责神庙猫咪繁育的“养猫人”。

2012年，加利福尼亚大学戴维斯分校的古代DNA实验室对三只猫木乃伊进行了基因分析测序。其中一具是来自美国加利福尼亚州伯克利赫斯特人类学博物馆的幼猫木乃伊。根据对其下颌骨的分析推断，这具猫木乃伊大致形成于公元前400 ~ 前200年；另两具来自纽约布鲁克林博物馆的猫木乃伊样品，形成时间为古埃及晚期至公元前664年 ~ 前332年间的托勒密–罗马时期。研究人员将这三具猫木乃伊的DNA测序结果与现代家猫的样本对比，结果显示，这些当时被圈养用来祭祀的猫咪的确属于家猫种群，且是现代埃及和中东地区常见的家猫种群分化型。研究者还大致推断出，其种群分化时间为古埃及早王朝（公元前2920 年 ~ 前2575 年）至古埃及前王朝时期（公元前6000年 ~ 前3000年）。他们认为，这些数据第一次从遗传角度证明了古埃及人使用已驯化的家猫作为祭祀用的木乃伊，且可以合理推测，在古埃及晚期大规模将家猫制作成木乃伊之前，古埃及人就已经在驯化家猫。

除祭祀需求，上层贵族对猫的喜爱也加快了猫咪驯化的步伐。古埃及时期，进入上层贵族家庭的猫必然是相较温和的，它们能够忍受和适应人类的接触、抚摸，甚至能被抱在怀中。另一方面，出于宗教祭祀原因，大量猫咪被圈养在神庙的猫咪繁殖所，猫咪不再只是在野外自由繁殖，其繁育开始受到明确的人为控制，这是猫咪第一次被大规模圈养。

驯化的两个阶段

著名的匈牙利史前学家博科尼（Sándor Bökönyi）认为驯化分为两个阶段：（1）动物饲养，即捕捉、驯服和饲养动物，没有刻意去规范它们的行为或繁殖；（2）动物繁殖，最终与有意识、有选择地规范和控制动物的繁殖和行为有关。虽然狗和猫同属于食肉目，但家猫是人类驯化的唯一专门性食肉动物，这个特点让猫很难被完全圈养，或者说只有少数上层人士才有可能做到；缺乏大规模的圈养，就很难去控制繁殖和人工选择，那么驯化就难以完成。

出于宗教这个神圣且强力的理由，古埃及人得以进入驯化家猫的第二阶段，大规模圈养控制用于祭祀的猫咪。适应高密度圈养的限制环境、与同类共存是驯化的特征，也是它们成为家猫的标志。

虽然圈养猫咪的最终用途是作为祭祀的木乃伊，但是一定有部分猫咪逃离这种命运，成了家庭饲养的猫咪，并逐步走出埃及，扩散到全世界。

第四节
猫咪迁徙史

根据mtDNA序列的地理和年代数据对比，家猫的祖先——非洲野猫其实在新石器时代之前就已经扩散到欧洲的东南部地区。但是对比如今家猫的基因库，新月沃地的黎凡特地区和古埃及是母系基因最突出的两个地区，黎凡特是目前所知最早驯化家猫的地方，古埃及的猫咪则扩散到全世界，其模式和范围清晰地显示出扩散和海陆贸易线路有关系。

追踪mtDNA库，我们发现，红海西岸的海港贝勒尼斯（Berenike）很可能是非洲野猫进入古埃及的方向；此后，经古埃及人驯化的非洲野猫在地中海文化——包括腓尼基人（被古埃及人称为“猫贼”）、迦太基人、希腊人、伊特拉斯坎人和罗马人——当中越来越受欢迎，猫咪成为远航贸易船上控制鼠患的重要工具。尽管古埃及人有禁令猫咪不允许出口，但是繁忙的海上贸易还是引发了猫咪从地中海开始的传播。这些贸易线路包含了地中海沿岸的航海路线，往北一直到北欧维京人的港口，往南通往红海和印度洋，往东则是著名的丝绸之路。

继续追踪mtDNA库，我们发现，最早在公元前8世纪，两只在土耳其、一只在约旦和两只在保加利亚发现的猫，都属于罗马时代从古埃及扩散而来的家猫。这种扩散趋势从公元5世纪开始更为明显：研究人员检测了41只公元8世纪以前欧洲地区的猫，其中18只西南亚的猫都是从古埃及扩散而来；5世纪到13世纪欧洲地区的猫，自古埃及扩散而来的比例高达78%。

在公元前2100 ~ 前2500年，印度河流域的哈拉帕文明遗迹中也曾经挖掘出野猫的骸骨，比如查努达罗遗址（Chanudaro）的泥砖中就保存了一只被狗追赶的猫的脚印。有研究人员猜测，印度河流域的居民有可能驯化过当地的野猫，例如早在5000年前的梵文著作里就有相关描述。不过，现在印度的家猫显然是后期从古埃及扩散而来，考古学上明确发现的最早的印度家猫只能追溯到公元前200年前。在巴勒斯坦的拉吉遗址（Lachish）还发现一尊象牙雕刻的猫咪雕像，时间约为公元前1700年。历史上，古埃及和巴勒斯坦地区在这一时期有着相当紧密的商业联系，所以很有可能猫咪是跟着古埃及商人扩散到当地的。爱琴海克里特岛上也发现过一幅壁画和一个单独的猫头陶器，大约出自公元前1500～前1100年的米诺斯文明晚期。同巴勒斯坦一样，该地区当时与古埃及有着密切的商业联系。

我们知道欧洲野猫没能成功驯化，相对而言因为野猫非常害怕人类。早期的欧洲主要用欧洲雪貂、地中海雪貂、黄鼠狼或一些特殊繁育出来的狗来控制鼠患。罗马人起初对家猫并不感兴趣；夜晚活动的习惯、特立独行的个性，让猫看起来并不是最佳宠物。此外，罗马人会饲养鸟类作为宠物，而家猫会捕猎鸟类，这似乎也是古罗马人起初不喜欢猫的原因。甚至到了公元1世纪中叶，家猫还被称为 mustela（拉丁语中“黄鼠狼”之意），这表明当时家猫还没有流行或受欢迎到拥有独立命名的程度。

虽然7700年前东南欧就已经发现从新月沃地扩散而来的非洲野猫，但是我们知道现代的家猫主要是从古埃及再次驯化的结果。在意大利，人们从公元前5世纪至前4世纪初（2400～2500年前）的伊特拉斯坎考古遗址中（主要范围在亚平宁半岛的中北部）发现了驯养猫或早期家养猫的历史证据，它们可能是由腓尼基商人进口的；同时期，希腊人将猫引入意大利南部，公元前1世纪的那不勒斯，一幅马赛克壁画描绘了猫捕捉一只鸟的画面。总的来说，在公元4世纪以前，猫对欧洲人来说主要是一种异国宠物，而不是用来控制鼠患的。但是由于地中海文化繁忙的海上贸易，家猫在欧洲南部沿海地区似乎已经是比较常见的动物。

猫通往欧洲大陆的传播之路，则是罗马人将古埃及变为其行省、猫开始与宗教脱离关系之后开启的，后期的大部分家猫遗骸也主要是在罗马人定居点发现的。公元4世纪中期，家猫出现在英国，到了10世纪，整个欧洲和亚洲大部分地区基本都有猫的身影了。我们从猫的花色中也能窥见这种迁徙历程。科学家检测了和性别有关的橙色突变体，原始的非洲野猫、早期的家猫主要长有灰褐色鲭鱼纹，这样的花色在野外有很好的保护作用。但是古埃及开始出现橙色的猫（即橘猫、橘白、三花、玳瑁等花色），可能是出于人类的偏好，这种本不占优势的花色被保留下来，并被维京人扩散到其他地方去，例如后来的英国北部、北欧地区、德国、法国等地。类似的例子还有，一种斑点状虎斑变种的基因曾沿着塞纳河和罗纳河河谷在10世纪的法国传播。

我们换一个方向，将目光移向东方。随着遍及欧亚大陆甚至远达北非和东非的长途贸易线路网——丝绸之路的发展，猫咪一路到达中国，时间大约是公元前200年。最早对“猫”的记载出现在西周《诗经》的《大雅·韩奕》中：“有熊有罴，有猫有虎。”但此处“猫”和熊虎并列，一般认为这里指的并不是家猫。战国的《庄子·秋水》中提到“骐骥骅骝，一日而驰千里，捕鼠不如狸狌”，这里的狸狌在古代一般指的是野猫，不过也有人认为日驰千里显然指的是千里马，那么对应的就不应该是野猫，而是家猫。到了西汉时期，《礼记·郊特牲》中记载：“古之君子，使之必报之，迎猫，为其食田鼠也。”结合考古证据来看，这里的猫很可能指的就是现代家猫了。1974年，北京大葆台西汉墓就出土了猫骨，经研究认为其符合家猫特征，且个体较大，推测其很可能是人为饲养的宠物。这是国内首次出土的家猫猫骨。

目前关于中国人驯养猫的早期文献资料，比较可靠的见于唐代。如《旧唐书·五行志》记载，“陇右汧源县军士赵贵家，猫鼠同乳，不相害，节度使朱泚笼之以献。”《朝野佥载》是唐代张鷟所撰笔记小说，多为武后朝事，其中就记载了武则天将猫和鹦鹉一起喂养：“猫儿饥，遂咬杀鹦武以餐之。”《魏书·太武五王传》记载，在“太武皇帝十一男”中，有名“猫儿”的，由此可见当时很可能已经将猫当作宠物来饲养。

宋代也有大量与猫有关的诗文，例如黄庭坚的《乞猫》：

夜来鼠辈欺猫死，窥瓮翻盘搅夜眠。
闻道狸奴将数子，买鱼穿柳聘衔蝉[1]。

刘一止也在《从谢仲谦乞猫一首》中写到捕鼠大将：

君家得猫自拯溺，恩育几岁忘其勤。
屋头但怪鼠迹绝，不知下有飞将军。

清代，《猫乘》《猫苑》俨然成了当时的吸猫宝典。例如《猫乘》中《便民图·相猫法》一篇就记载了如何挑选猫：

猫儿身短最为良，眼用金银尾用长，面似虎威声要喊，老鼠闻之自避藏。露爪能翻瓦，腰长会走家，面长鸡绝种，尾大懒如蛇……

现在我们将目光继续往东。直到公元1400年左右，家猫才从中国传至日本；在此之前，日本的考古发掘没有关于家猫的记录。在太平洋其他地区，家猫的扩散则较晚。中世纪末期，家猫随着印度尼西亚的商船达到澳大利亚西北部和新几内亚，18世纪末的欧洲移民则将家猫带到了澳大利亚东部和新西兰。

[1] 衔蝉是古人对猫的别称，也特指通体纯色但嘴边有异色花纹的猫咪。

CHAPTER 2

家猫的生理特征与感官

猫咪“小猛兽”的一面，通过其高度特化的肌肉骨骼结构、感官系统、神经系统展现出来。这也正是猫咪演化适应的关键——特化纯肉食狩猎者。一个常见的狩猎画面是：猫咪先听见老鼠的声音，再利用视觉匹配画面、定位猎物，安静地迂回靠近老鼠，最后发起致命一击，整个过程即是猫咪在高效地协调使用这一身“武器”。认识到猫咪是顶级掠食者这一点，是我们了解它们的关键之一。在这一章，我们将会从这个角度来认识猫咪独特的感官和生理特征。

第一节
生理特征

肌肉与骨骼

猫咪的许多生理特点都和它演化为专门性的食肉动物有关。与同属食肉目的犬科动物具有杂食性不同，猫咪是完全以肉食为主的顶级掠食者。

首先，家猫的骨骼结构和肌肉组织与其野外的祖先几乎没有区别。虽然整体的骨架还是主流哺乳动物的模式，但是部分结构的“改造”让猫咪演化得更加适合狩猎。例如，所有哺乳动物都有脊椎骨，脊椎骨从头部连接至尾巴构成脊柱。猫咪的脊柱修长柔软，并且脊椎骨中间的椎间盘比起人类，具有更大的弹性和缓冲能力。这样的

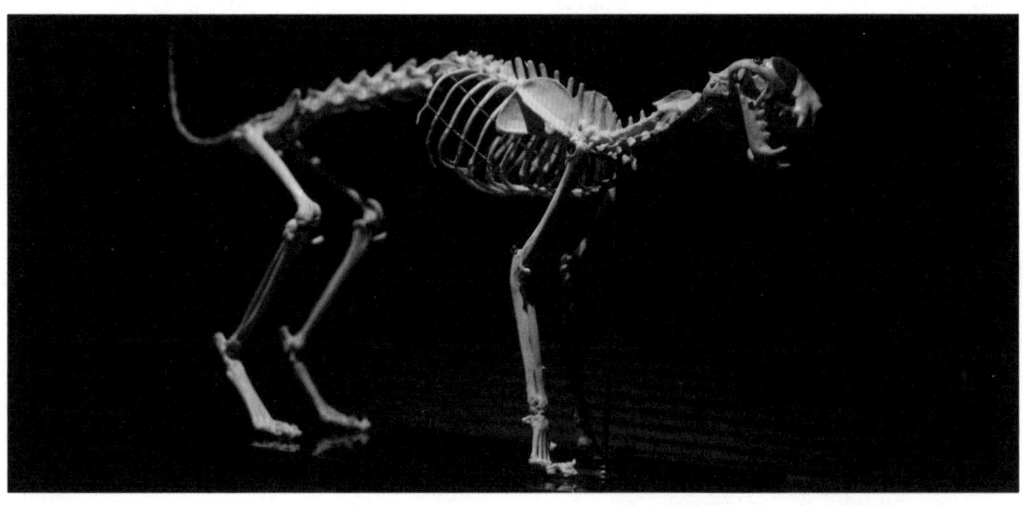

* 家猫骨架。

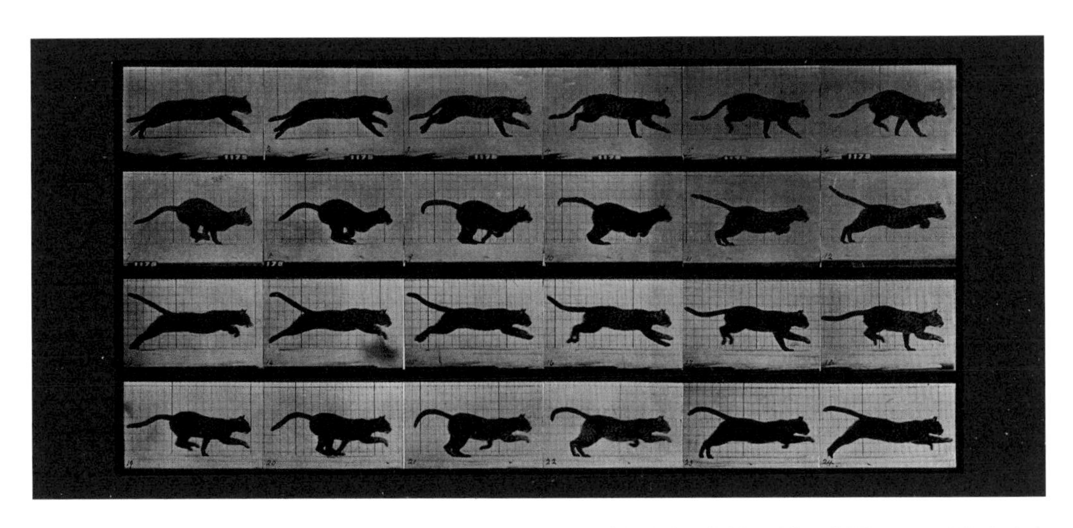

* 猫咪的运动。英国摄影师埃德沃德·迈布里奇（Eadweard Muybridge）的代表作《动物运动》，共拍摄了 781 种类型，包含有马、猫、人类等不同类型的运动。项目缘起于“马在奔跑时是否四脚离地”这个争论。迈布里奇改进了 19 世纪 70 年代的技术，并于 1884 年 ~1885 年在美国宾夕法尼亚大学进行这个系列的拍摄。

构造让猫咪在奔跑时更舒展，并带来了极致的敏捷性，使它们得以在逼仄的环境中闪转腾挪，追捕猎物，或应对猎物突然的转向逃跑。我们总戏称“猫是液体”，平时也常见到猫咪放松后呈现各种奇怪别扭的睡姿，这正是原因之一。另外，猫咪著名的翻正反射也与此结构有关。

翻正反射

翻正反射（righting reflex），指的是猫在背朝下掉落时，身体能迅速发生翻转，从而四脚落地的现象。翻正反射在猫 3 ~ 4 周龄开始出现，7 周龄左右完善。

其次，猫咪的部分生理结构发生极端演化，进一步提升了其运动能力。比如，相比于连接胸骨和肩胛骨、整体较长的人类锁骨，猫咪的锁骨极致缩小，并由强壮的肌肉来代替连接，从而获得了极高的灵活性和强大的运动能力。这种用肌肉来代替部分骨骼支撑的结构，让猫咪不仅能在奔跑时最大限度地伸展，延长步幅，而且能以各种“别扭”的姿态缩小身体迅速通过狭小空间。又如，猫咪的尾巴发展出丰富的神经系统，可通过精确的神经控制来调整姿态，帮助它们在各种运动状态下保持平衡。有了这样的身体结构，猫咪发展出了独特的运动模式：前腿主要负责支撑较重的上半身以及“刹车”，后腿提供强大的“动力”，有多种前后腿同步方式，身体可极致收缩和延展，切换多种奔跑模式以减少单个肢体疲劳，等等。当然，这种模式也有缺点，由于缺乏部分骨骼结构的支撑，如果猫咪肥胖或者肌肉不足，就容易因为负担过重出现关节炎等问题。

与狗相比，猫咪的耐力更差，但是骨骼和关节结构更适于高效和精准的运动，比如奔跑，以及追踪、跳跃、扑击和攀爬等精细动作。在这一点上，猫咪反而更像它们和狗共同的祖先——小古猫。强壮的后腿和灵活的脊柱是猫咪跳跃和攀爬的有力武器，但由于爪子的结构退化，猫咪爬树时不像云豹那样能够调整方向，无法头朝下爬下树，通常只能用上树的姿势再退下来，并且这个技能需要后天的环境和学习。

* 猫咪下树和豹下树。与豹不同，猫咪无法调转方向，需要用上树的姿势退下来。

皮毛及其他

对大多数主人来说，大大的眼睛，柔软的毛发和皮肤是猫咪“萌”的体现，殊不知这恰恰是猫咪又萌又猛的表现：从头骨来看，猫咪有着巨大的眼窝，这是视觉捕食者的特征；猫咪与同类或大型猎物搏斗时，其柔软的毛发、较厚的皮肤则有助于将伤害降到最低，所谓的“发腮”也是这个作用。不过，与狗的“萌化”更多来自驯化导致的幼态延续（比如与身体不成比例的圆形头骨、较短的嘴吻、柔软的耳朵等）不同，[1] 猫咪中只有少数例子来自近现代个别高度选择繁殖的品种，例如圆脑袋、大眼睛、耳朵弯折的苏格兰折耳猫。要注意的是，无论是苏格兰折耳猫还是法国斗牛犬，在乖萌的外表下，它们都承受着基因病痛的折磨。

牙齿结构

猫一生中有两套牙齿。26颗乳齿在幼猫长到21天时开始萌发，5 ~ 6周大时完全长成。30颗恒齿在小猫4个月大时开始萌发，大多数猫在6个月大时完成换牙。虽然数量较少，但猫的恒齿显示了大多数食肉动物的主流结构：上颌和下颌有三对门齿和一对较长的犬齿。犬齿在闭合的下颌中交错排列，下犬齿直接靠在上犬齿的前面。门齿的功能是梳理毛发，抓取、撕裂猎物，拔出羽毛、毛发等；犬齿则适合于抓取和杀戮，例如精准定位并穿透脊椎骨切开脊髓。犬齿后面是前臼齿和臼齿。猫有三对上前臼齿和两对下前臼齿，以及一对上臼齿和一对下臼齿。上颌的最后一颗上前臼齿与下臼齿一起构成了肉齿，肉齿侧面扁平，发挥剪切作用，在吞咽前将食物切成小块。这是一个极其重要的功能，因为其他几颗臼齿咀嚼食物的能力非常有限。

[1] 这里指的是对比狼而言，驯化导致了狗整体而言有这一类改变趋势，但部分犬种同猫咪一样也是性状选择繁殖的结果，例如斗牛犬。

猫咪的下巴较短，但是非常强壮。猫咪咬住猎物时，下颌的力量足以咬碎后者的骨头。不过，猫咪的上下颌是简单的铰链式连接，所以是无法像人类这样运动下颌来咀嚼食物的；下颌闭合时，牙齿会并列啮合像剪刀一样将食物切断成合适大小再吞下。

第二节
感官系统

在肌肉和骨骼之外，猫咪最重要的演化即是其感官能力。早先有一种看法认为，哺乳动物特别是家猫这种我们如此熟悉的动物，其感官能力例如嗅觉、听觉等都与人类的类似；其实，它们与我们感受到的是完全不一样的世界。更重要的是，这些感官并不是独立的，如何与这个世界互动是感官和神经系统与行为乃至整个生态联结的过程。接下来，首先让我们来看看猫咪这套独特的感官系统是如何运作的。

前庭系统

猫咪有着惊人的平衡能力。如果你认真观察，就能发现它们在狩猎（例如玩逗猫棒）过程中对身体运动，特别是头部运动的控制高度精细。这种平衡能力是猫成为顶级掠食者的重要原因，而这套精密系统背后运作的主要器官就是前庭系统。

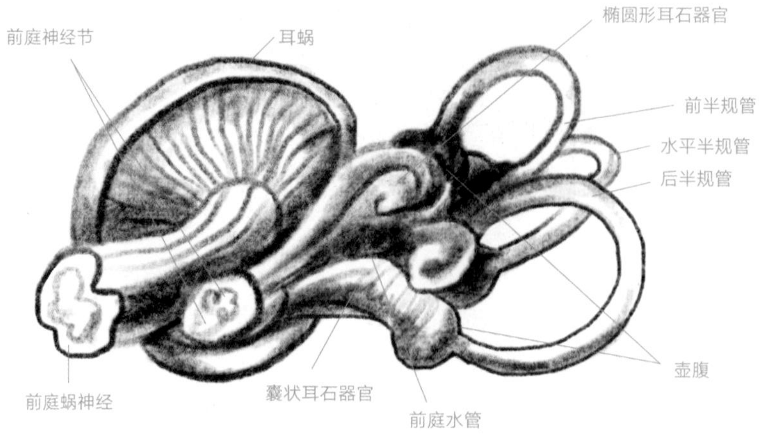

家猫内耳中的前庭系统，有和听力有关的耳蜗、和平衡相关的半规管以及耳石。耳蜗和半规管都连接到前庭耳蜗神经，后者再和大脑的髓质相连。

简单来说，前庭系统是内耳的一部分，由充满液体的管道组成，三条管道大致呈直角排列，可以探测头部在三个维度上的运动，这个结构类似于摄像中会用到的三轴稳定器。当头部因突然运动而改变角度时，液体仍然保持在原位，管壁检测到这种相对的运动并提供感觉信息给大脑。同时，猫咪还能通过耳石来检测重力和直线运动，当头部运动时，耳石上的纤毛会因重力或运动而变形，检测这种变形的感觉信息一样会传递给大脑。通过这套前庭系统，猫能够进行非常精确的头部运动，这也是许多食肉动物（比如猛禽）的共同特点。当然，前庭系统输出的信息主要与颈部、身体肌肉和视觉系统的反射性运动有关，更复杂的行为则由大脑整合控制。

猫咪还有一种众所周知的平衡能力，就是可以在跌倒时纠正身体，即翻正反射。翻正反射的发生前提是足够的反应时间，大多数猫需要至少70毫秒才能及时调整它们在半空中的位置，从而在摔倒后脚先着地。如果一只猫咪在跌落时，脚的位置比躯干高，猫的头部（前庭装置所在的位置）会首先转动，围绕其轴线旋转近180度，灵活的脊椎骨会连带着立即弯曲。前腿紧贴面部，接下来转动180度，使身体的前半部分朝向地面，后躯跟随着最后转动。猫咪在落地时会将背部拱起，以吸收落地的冲击力。正是这种能力，再加上灵活的脊柱结构，降低了猫咪从几层楼的高度坠落时受伤的概率，但是注意，这并不意味着猫咪不会因此受伤甚至死亡，所以不应神化猫咪的平衡能力，切勿让猫咪在未封闭的高楼阳台一类的地方玩耍。

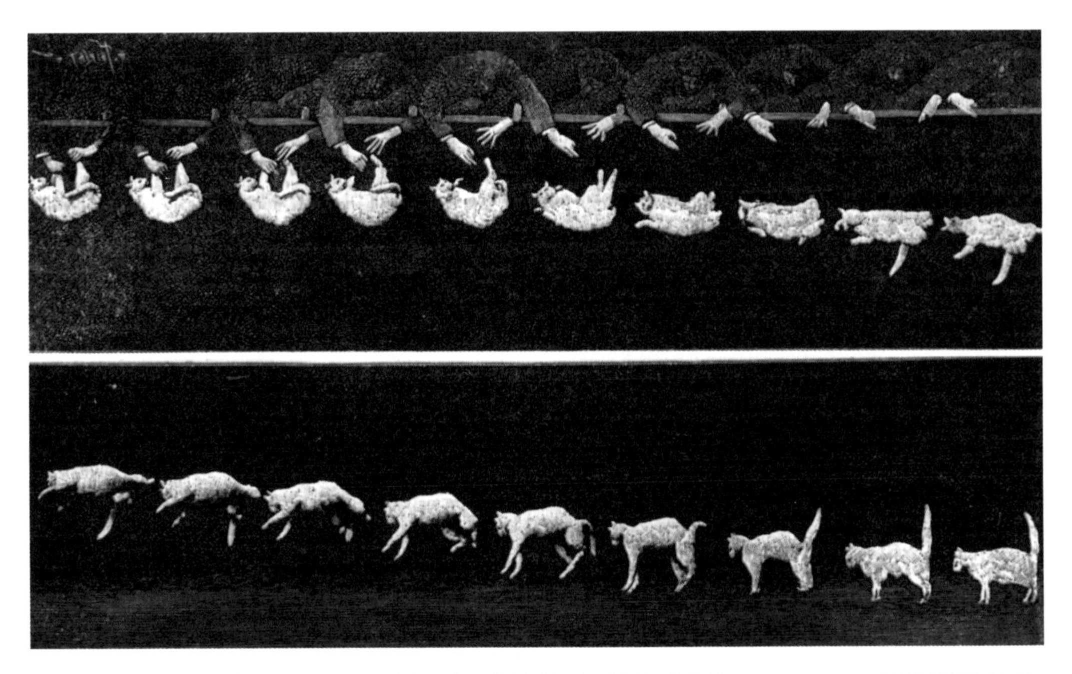

*《坠落的猫》(*Falling Cat*)，拍摄于1894年。这部由法国科学家埃蒂安·朱尔斯·马雷(Étienne-Jules Marey)制作和导演的短片，完整展示了家猫坠落时是如何完成翻正反射的，这是历史上第一步展示活猫的电影。马雷组装了一台可每秒连续拍摄12帧的计时摄影枪来完成拍摄。他还用这台摄影枪拍摄了马、鸟、狗、羊、驴、大象、鱼、微观生物、软体动物、昆虫、爬行动物等一系列相片，并将所有帧都记录在同一张照片上，被人们称为马雷的“动画动物园”。

触觉系统

猫咪的触觉和人类是非常相似的，能感受到冷热、疼痛等。从神经生理学来说，二者都是将产生的信息通过脊髓和大脑皮层传输的机制。

猫的感受器官主要分为三类：第一，感受触摸和压力敏感的机械感受器；第二，感受温度的热感受器；第三，感受疼痛的痛觉感受器。施予猫的外界刺激决定了它们感知世界的界限。简单来说，如果每次伸手过来都是粗暴地撸，那么通过这些感受器传递给猫咪大脑的信息会将“手”视为刺激物，且刺激程度越来越强，猫咪对“手”越来越敏感，再次看见手的时候，猫咪就会溜之大吉。

猫的鼻子和前爪的肉垫是机械感受器最多的部位，这当然也和猫咪的狩猎能力有关。肉垫上密集分布的感受器相互连接，使猫咪能在运动的过程中感受速度和方向、肉垫下物体的质地等。爪子底部的软组织中还有高度敏感的SA（慢速调节器）细胞，在刺激开始时，这些细胞就会激活多个方位细微移动程度的信号，并且每只爪子的信号传递都是独立运作的。这让猫咪在狩猎时对奔跑其上的地面、攀爬的树和抓住的猎物都能获取极其精确的感受信息。这也是猫咪极不喜欢人类触碰其爪子的原因之一。

* 猫咪前爪的肉垫密集分布着机械感受器。

*M：神秘毛簇，随运动和行为而变化
S：眉毛簇
G1：颊簇一
G2：颊簇二
颊簇关联的皮肤腺体同时作为气味传播器官

鼻子的感受器官主要分布在鼻腔内，有感受快慢的机械感受器、感受冷热的温度感受器等，这些感受器能让猫咪在狩猎的时候探测风向，定位风中的气味来源等。

猫咪的触觉能力还和触须有关。触须的毛囊比普通毛发的大5倍，每个毛囊至少有一个皮脂腺和部分用于自主运动的横纹肌。这些触须分布在眉毛处（眉须）、脸颊处（颊须）、嘴唇上部（胡子）、前肢后侧（腕须）等。每根触须都有单独的机械感受器，能够将感知到的外界刺激传到根部，最后这些涉及移动、方向和速度的信息会传导至中枢神经系统。例如猫咪在夜晚狩猎时，不需要触碰到物体就能够通过上唇的胡须来探测身前物体的信息，因为胡须底部的毛囊和神经受体等能够感受胡须与自然位置相对的运动，最低只需要2毫克的重量或者5埃（Å，一埃为1/10纳米）的方向运动即可。这让猫有能力对气流进行探测，也是一种对其近距离视觉能力的补偿。另外，触觉感受器输入的信息会与视觉信息相互协调配合，有大量的神经系统专门来处理这些信息。

有趣的是，与人类相比，猫对温度的适应范围要大得多。当皮肤暴露在高于44摄氏度的温度下时，人类会感到不适，而猫不但可以忍受甚至还寻求较高的温度，直到皮肤表面温度达到52摄氏度时才会出现不适。这种差异也解释了为什么许多家猫睡在热暖气片上、贴近电烤炉或者长时间躺在太阳下而不会表现出任何不适的迹象，甚至毛发烧焦了都没察觉到。虽然猫咪的确喜欢温暖的环境，但是超过30摄氏度的气温会让猫咪的活力明显下降。因此，一般夏季的白天，它们会选择长时间休息，晚间温度较低后才开始活跃；相应地，白天的食欲也较低。

听觉能力

纯音是听力检测中常用的声音信号，猫咪有着自然界中最广泛的检测纯音的能力，达到10.5个八度，人类是9.3个。大部分哺乳动物只有高频或低频的测听能力较强，而猫咪在高频和低频的测听能力都得到了拓展。猫咪的这种能力是相当了不起的演化成就，主要是通过中耳的骨质隔膜来实现的。

下图是人类、家猫和老鼠的纯音听觉阈值。阈值以声压级（SPL）表示，数字越低，说明在该频率下的听力越敏感。注意，家猫和老鼠的听力范围基本重叠。

人类和猫咪对低频声音（50Hz以下）的探测能力不相上下；对中频声音（1 ~ 20kHz），猫咪则有着最灵敏的耳朵，低至-25 db都能听见，而人类的阈值仅为-5 db；在高频声音中，猫咪可以探测到60kHz的声音，如果达到60dB SPL以上，即我们的正常说话音量，它们甚至可以探测到高达80kHz、极限接近100kHz的声音。这种高频声音的探测能力与猫咪的猎物——小型啮齿动物发出的超声波叫声有关，特别是母鼠和幼崽交流时的叫声频率通常在17kHz到148kHz

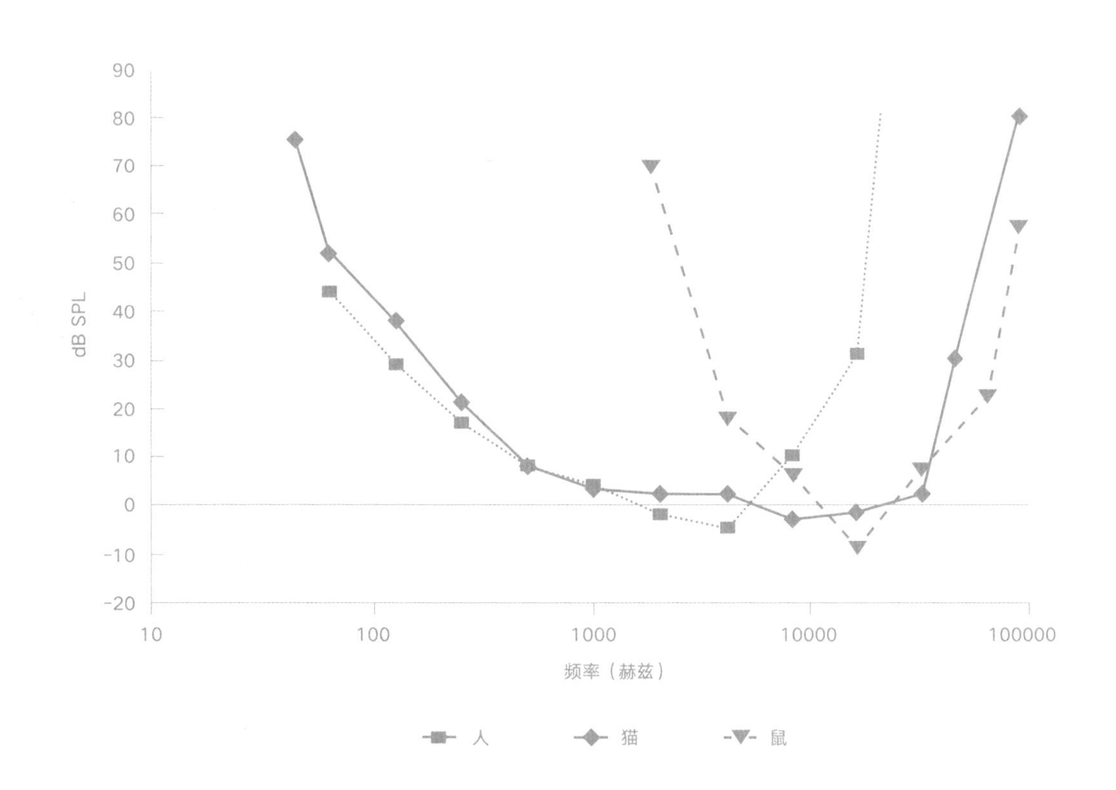

（一般在80kHz以下）。猫咪对高频声音的反应出自本能，毫无狩猎经验的幼猫听到这种声音也很容易直接引发狩猎性攻击行为。遗憾的是，年老的猫会逐渐丧失部分听觉能力，特别是对高频声音，这意味着狩猎能力的下降。

当然，对于狩猎来说，单纯听到某个频率或者响度的声音是不够的，狩猎者还要具备声音的定位能力。尽管和具备完全听觉能力的猫咪有很大差距，但单耳失聪的猫咪也能学会定位声音。这种能力主要是通过改变头部位置的运动来实现的，而完全听力的猫咪则是通过两只耳朵协作来完成的。

声音的位置可以分为水平面和垂直面。在区分水平面的声音时，猫咪的两只耳朵会朝不同的方向转动，其漏斗状的耳郭可以独立旋转约180度，这样便可根据声音到达耳朵的先后来实现定位。当声音由于波长的原因，到达的时间差不足时，猫咪则依据头部位置和耳郭方向所接收声音的强度差异来辨位——更靠近音源的耳朵接收的强度更大。当然，实际捕猎时听到的声音不可能是纯音，而会包含各种频率的噪音，这些因素都会影响猫咪的定位能力。而对于垂直面传来的声音，比较两只耳朵接收信息的先后或强度就无法定位了，而需要通过耳郭反射来实现定位——这一点与人类相似。得益于耳郭的形状以及可控的移动，猫咪拥有非常高效的定位能力。和人类相比，猫耳蜗中的毛细胞少了将近一半，却与更多的神经节细胞相连，大约4万根耳蜗神经纤维从神经节细胞将信号通过特定的神经通路传至听觉皮层，并进行声音信号分析。位于中脑的上丘也参与声音定位，根据视觉、听觉和触觉的刺激来协调眼睛、耳朵和头部的位置方向，其中就包括上文说到的胡须作为感受器官接收并传递给中枢神经的信息。

视觉能力

视杆细胞是最敏感的视觉感受器，猫咪眼睛中这种细胞的数量是人类的三倍以上。而在负责颜色探测的视锥细胞数量上，则是人类取胜。猫咪的视觉能力有三个特点：第一，猫咪没有中央凹。中央凹在视野中心对应的视网膜上，为人类提供了清晰的中央视觉，密集分布着视锥细胞。猫咪没有中央凹，只有一条被称为“视觉条纹”的中央带，其中主要是视杆细胞；第二，猫视网膜上和视杆细胞连接的神经节密度更高，这也是一种为提高运动侦测灵敏度和夜视能力而发生的适应；第三，猫视网膜后面还有一层薄膜状的反光膜“照膜”（tapetum lucidum），它会将第一次没有被视觉细胞吸收的光线反射回来，使光线再次被吸收。这就是为什么我们在黑暗中给猫咪拍照或是在关灯时通过摄像头观察猫咪，会发现闪光灯让猫咪形成“钛合金猫眼”的状况。猫眼反黄光或蓝绿光的特性与锌和核黄素的含量有关。核黄素即维生素B2，缺乏核黄素会导致猫咪白内障、食欲减退、脱毛等病症。

猫咪的眼睛相当迷人，这很大程度上归功于其瞳孔随光线强弱而变化的特点。这种竖直状的瞳孔可以从一条竖线变成杏仁状再变成圆形，一般出现在家猫、蛇等夜间捕猎的掠食者身上，是保护眼睛免受强光过度刺激而发生的适应。与人眼相比，猫眼的晶状体和角膜都更大，弯曲度也更高，这样就能收集更多光线，拥有更大的视野，激活较大的视网膜区域。

不过，猫咪对颜色的感知较弱。从解剖结构来看，猫咪的眼睛并不适合感知颜色。不像人类拥有红绿蓝三种视锥细胞，猫只有绿蓝两种，具有二色视觉。猫咪的眼睛对波长554纳米的黄绿色光和波长447纳米的蓝紫色光最敏感，所以猫咪只能看到这两种颜色以及它们的组合，并且由于连接视锥细胞的神经节密度原因，能看到的颜色饱和度比较低。许多研究者试图训练猫咪分辨颜色都失败了，从认知科学角度这很好理解：无论日常生活还是狩猎，颜色对猫咪来说其实都不太重要。

* 猫瞳孔随光线强弱而变化。

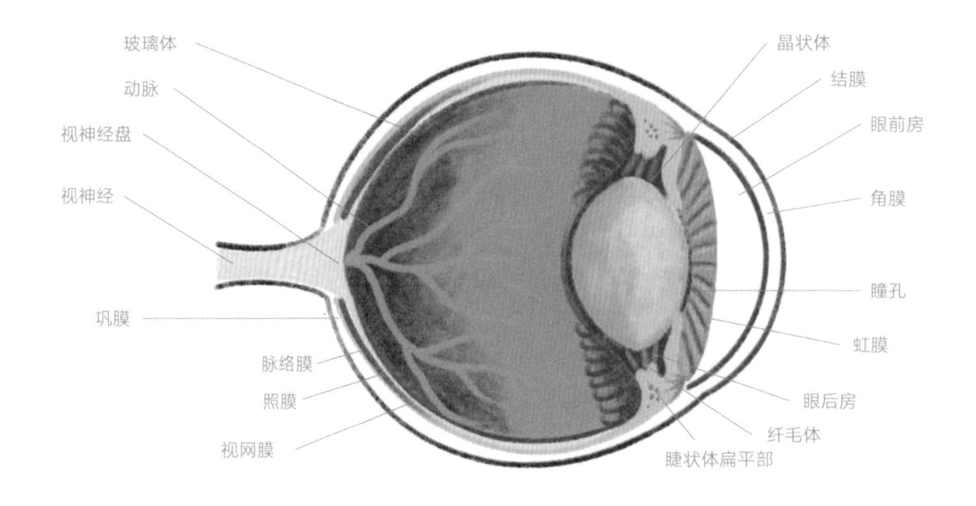

猫咪狭长的瞳孔其实也是因色觉发生的适应。猫咪的瞳孔很大，可以增加进光量；如果它们的瞳孔像人类的一样收缩以后呈圆形，那么就只能看到一个波长的光，也就只能看到一种颜色，于是猫咪演化出了多焦点的晶状体。狭长的瞳孔实际上能用到晶状体的全部焦点，但是这会造成猫咪切换焦点的速度没有人类那么快。更有意思的是，研究表明，猫咪的焦点切换能力与后天的学习有关，完全生活在户外的猫通常略微远视，而室内猫咪由于活动空间较小，则会略微近视。我们经常能见到猫咪刚醒时眯着眼看我们，这时常被解读为猫咪被打搅后轻蔑生气的表情，其实猫咪在睡眠等较放松的时候，眼睛呈远视状态，要切换焦点、看清近处的物体时，就会呈现一种略眯眼的表情。这与我们交替观看远处和近处，或者近视的人摘下眼镜却想看清远一点的物体时是一样的。

就猫咪的视觉辨别能力而言，相较于颜色，亮度更重要。在暗光环境中，猫能检测到大约十分之一的亮度差异，猫咪还能“看出”每秒60次的闪烁周期，也就是说有些电灯的频闪猫咪是能看到的。这些视觉能力都是帮助猫咪在夜间狩猎啮齿动物的重要特性。

尽管训练猫咪分辨颜色的诸多尝试都失败了，但猫咪是具有立体视觉能力的，所以我们能够训练它们分辨不同形状或相同形状但不同大小的物体。实际上，狩猎中除了侦测移动，对物体形态的判断也极其重要。猫咪对物体的判断基于大小、形状、轮廓等。视觉皮层中的神经元对物体的方向、大小、形状和运动是有着选择性敏感的，而这种敏感性来自早期的学习。换言之，猫咪在幼年期学习狩猎阶段就会学习认识猎物，例如对某种啮齿动物的形态、轮廓、运动模式等建立一套高敏感的机制，形成高效的狩猎偏好。猫咪也具备根据图像中部分隐藏的轮廓在认知中将其补足为完整形状的能力，以及区分不同纹理形成的图案的能力。这实际上是一套复杂的运动、轮廓识别机制，能够帮助猫咪在复杂的环境中识别猎物。

猫咪对物体形态的敏感性还体现在中枢神经对新鲜刺激的高度敏感。曾有实验观察猫咪玩耍玩具（即狩猎游戏）时的行为变化，只要一个细微的形态改变就会引发猫咪更多的狩猎行为，如扑咬等，所以“喜新厌旧”可能是猫咪作为狩猎者的必要能力，而不是一种性格。

视觉能力的下一个重点是：视野。一种动物

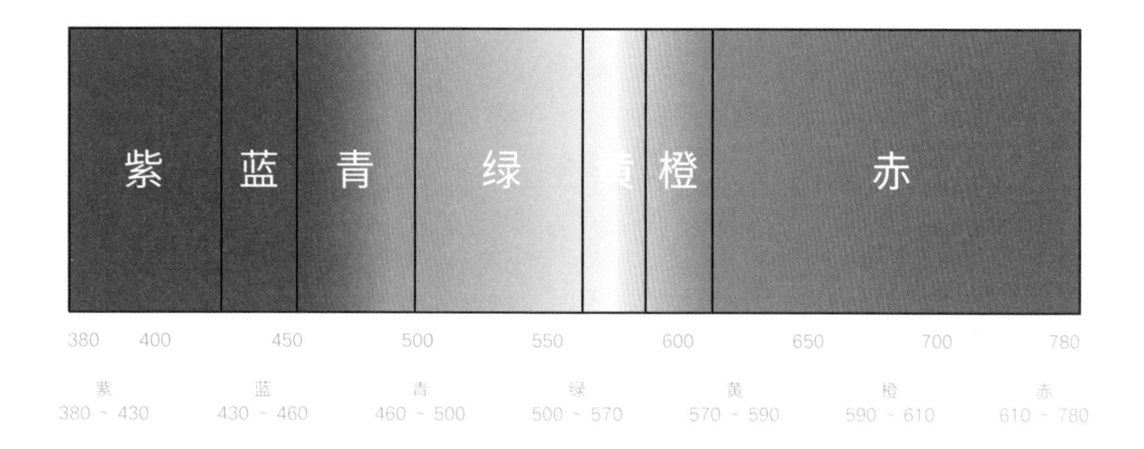

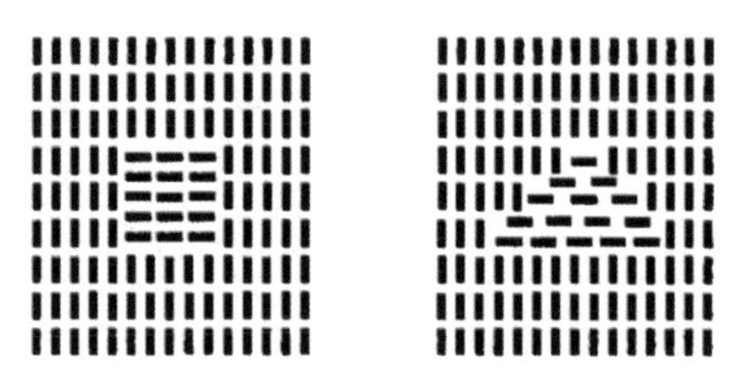

* 猫能够在不连续纹理的视觉图像中区分出轮廓信息。

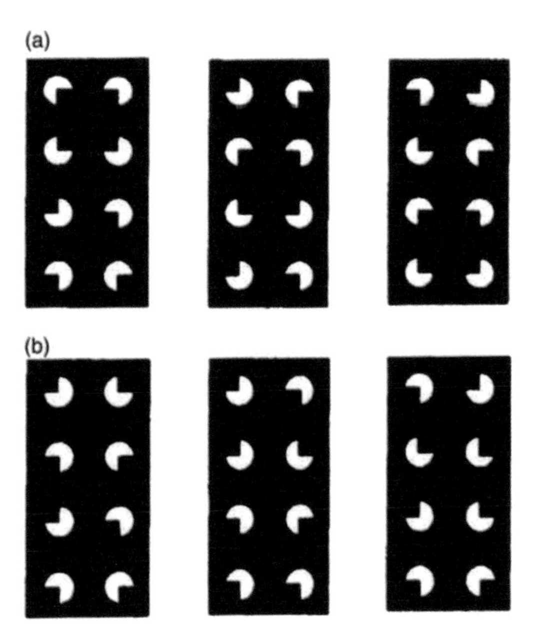

* 主观轮廓感知试验，猫能够辨别虚拟轮廓所形成的形状。

的视野范围与该物种在食物链中的位置有关系，猫咪的眼球位置与中线偏离的角度大约是8度，狮子是5度；而绝大部分哺乳动物都远大于此。这是因为猫科动物作为顶级的掠食者，需要将双目视觉的区域放置在利于狩猎的正前方，被捕猎的动物要观察环境、逃离危险，当然就需要更宽的视域。猫咪的视野覆盖范围大约200度，还有额外的侧视能力，每侧80度，因此总的视觉范围可以到280度。双目重合视域有100度左右，在这一点上其实猫咪和人类很类似。

不过，猫咪的视线在近距离的极限是10 ~ 20厘米，在这个范围以内，猫咪无法对焦看清物体，对物体的感知需要由触觉感官来补充。这也是为什么我们建议与猫咪打招呼的时候，伸手指的距离至少在20厘米以外；特别是对陌生猫咪来说，更需要给它一个看清楚你的机会。

值得一提的是，在部分暹罗猫以及暹罗猫参与繁育的关联品种中，会出现一种双目视觉异常。一般来说，猫咪双眼各有一部分神经纤维在视丘中交叉，并支配大脑的相对两侧。这种交叉使大脑能够比较来自两只眼睛的略有不同的图像，从而提供立体视觉。与其他猫相比，暹罗猫视神经中交叉的神经纤维较少，这就造成它们双

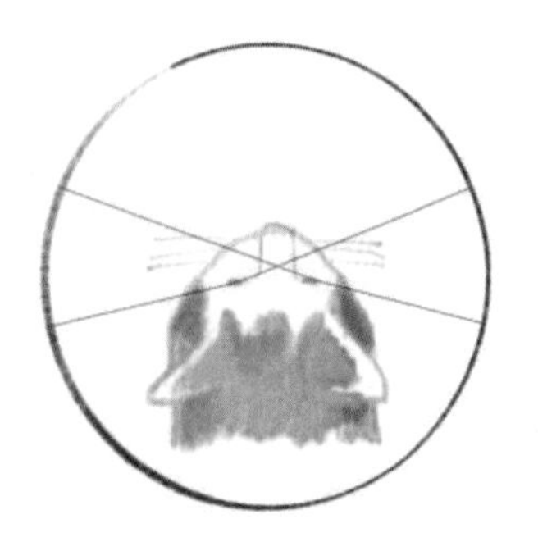
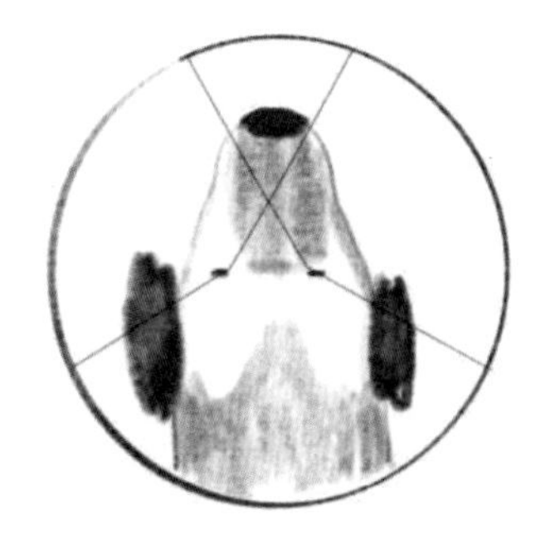

* 猫、狗、兔的视野对比。

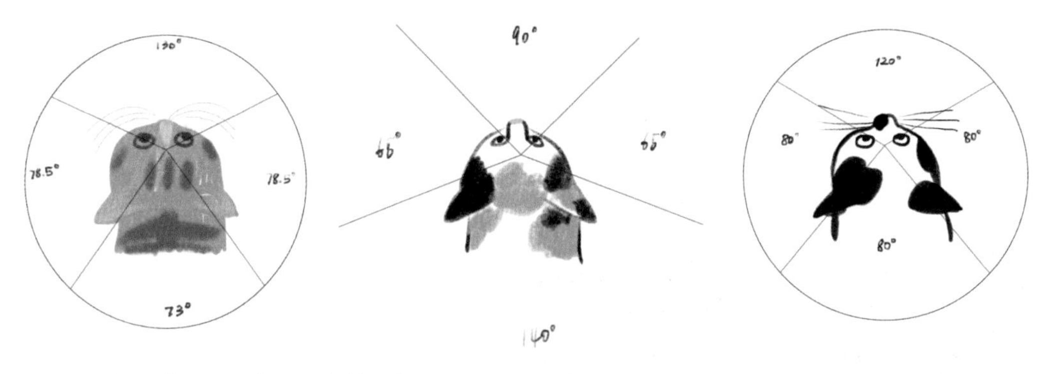

* 不同猫咪的视野范围对比，脸型不同会略有不同。

目视觉障碍，通常会有斜视或“斗鸡眼”的状况，有些暹罗猫甚至会通过特有的抽搐来产生汇聚的图像。

猫咪另一项优越的视觉能力是定位和跟踪快速移动的物体。虽然猫咪的眼球比较大，但是它们看到快速移动的物体，眼球能够快速运动。当猫咪的视域中出现快速移动的物体时，视网膜中的高度敏感区域就会被激活，输入获取的感觉信息，由脑干不同区域控制的眼外肌肉调动眼睛在水平和垂直方向极高速移动，神经系统基于物体在视网膜上的位置和空间相对位置进行计算。这就保证猫咪不但能发现猎物，还具备追踪猎物的能力。有意思的是，猫对缓慢运动物体的侦测能力却很差。最低的速度角范围在1 ~ 3度/秒，大概相当于0.4厘米/秒的移动速度，而猫能做出最精确反应（如扑击等）的速度角在25 ~ 60度/秒。大家都可以在使用逗猫棒和猫咪玩耍时试一下，比如在猫咪身前一米左右，测试猫咪对静止的逗猫棒头和慢慢远离它的逗猫棒头，分别会做出什么反应。

从以上多个侧面，我们能看出猫咪具备强大的视觉能力，但是这种“强大”实际是建立在特定条件下的，即对在晨昏、夜晚暗光环境下狩猎的适应，因为猫咪的捕猎对象啮齿动物几乎都是在这样的时间和环境下出没。当然，这种对专门化狩猎者身份的适应也有“代价”，比如看不清物体细节，也看不到人类眼中的多彩世界，以及更高亮度环境下视觉能力下降。作为人类，我们可能很难去理解猫咪眼中这种既“清晰”又“模糊”的世界。

嗅觉系统

如果根据影响嗅觉的因素来做个简单的量化对比，那么在嗅觉能力上狗>猫>人类。对比鼻子里的气味受体，狗的气味受体数量高达2亿个以上，猫咪的大约是2000万个，我们人类大约只有500万个；再如嗅觉上皮细胞，狗高达每平方厘米18 ~ 150个，猫咪可以达到每平方厘米20个，人类则大约是每平方厘米2 ~ 4个。虽然猫的嗅觉能力与狗狗有一定的差距，但这个差别其实主要在嗅觉的功能上：狗和猫都使用气味来交流、探索环境等；但是在定位和追踪猎物时，大部分狗高度依赖嗅觉，猫则对气味的依赖度较低，但综合感官能力更强。

猫咪还有一个和嗅觉有关的器官——犁鼻器。这是我们人类已经退化的一种器官，位于上颚处，通过鼻腭管与口腔和鼻腔相连。我们可以在猫咪打哈欠时试着观察它上门齿后这条细细的缝隙。和主动进入鼻子的气味不一样，从结构上看，犁鼻器是用于主动接收非挥发性有机化合物的，并通过直接连接大脑的神经来检测其中特定的化学物质。猫在使用犁鼻器的时候会张开嘴，呈现打开上唇露出门齿的“鬼脸”表情，吸气并持续几秒，有时候还会舔舐探索的区域，这个行为称为裂嗅反应（flehmen response）。实际上，猫咪鼻子和犁鼻器所接收到的气味信息有不同的神经通路，犁鼻器连通下丘脑杏仁核部位的神经，该区神经处理与性行为、进食和社会行为有关的气味信息。猫咪在狩猎时对气味依赖度较低，但涉及性相关行为、社交行为时，猫咪有特化的嗅觉基因来识别气味和其他化学物质的小分子，进行信息素（费洛蒙）的分析。猫咪是独居动物，它们需要广泛地使用信息素进行社会交流，最重要的是寻找繁殖的机会。

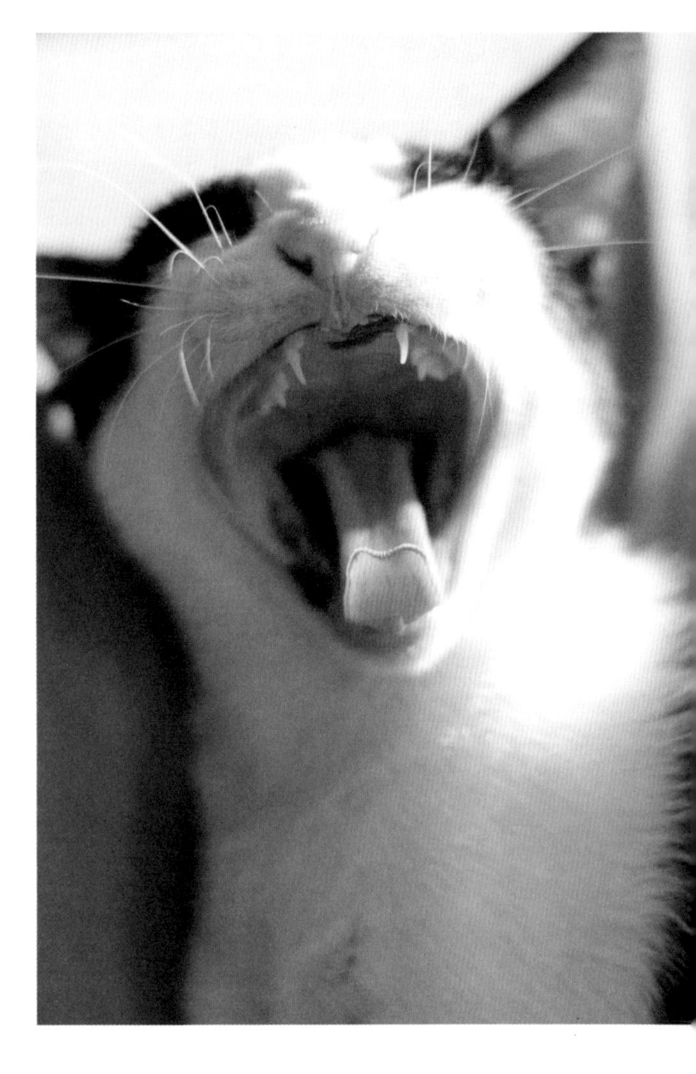

对猫咪而言，嗅觉功能远不止闻气味找食物这么简单。例如，位于前脑的神经结构嗅球主要接收气味信息的神经输入，气味信息不仅会传入处理情绪、记忆和行为的边缘系统，而且会达到和意识、思考有关的大脑皮层，所以气味信息实际上以我们难以想象的复杂方式影响着猫咪的行为。2015年一项对20只猫的研究发现，如果犁鼻器受到炎症病变影响，会导致猫咪行为变化，显著提高种群内的攻击行为。因为气味是猫咪交流的重要信号，犁鼻器的炎症病变会导致交流改变，减少或错误感知种群间的化学信号，进而导致猫之间的攻击行为。我们将在介绍猫咪天性需求的章节中进一步阐述气味在猫咪的社交和交配行为中的作用。

味觉系统

猫咪的味觉系统是我们研究最少、对猫而言重要性较低的感官系统。猫咪在进食时以气味偏好而非食物尝起来的味道为首选。不过，利用产生味道的化学物质来刺激味蕾，并对味觉接受中心——舌前区进行记录，我们就能知道猫咪对哪些味道有反应：舌尖和舌前外侧边缘对咸味敏感，舌基部和后外侧则对苦味敏感，中间以外的部位则对酸味敏感。目前所知，许多人嗜好的甜味，猫咪是尝不出来的，所以很多猫咪对甜品的喜好应该不是出于甜味，而是食物本身。猫咪对味道的适应性来自食肉性，非洲野猫只以肉为食；肉类中含有大量脂肪和蛋白，几乎不含任何单糖，但富含氨基酸、硫和氮、三氮，猫的味蕾对这些元素是非常敏感的。

CHAPTER 3

人类社会中
家猫的角色与行为问题

在第一章“家猫从何而来”中，我们知道了控制鼠患是几千年以来家猫在人类社会的重要功用，时至今日，依然有大量家猫依此身份生存。但随着时代变迁和城市的快速发展，“伴侣动物”突然成了家猫的新标签。环境、身份的迅速转化与“控制鼠患”能力之间的冲突，正是这批进入室内成为伴侣动物的家猫产生诸多行为问题的根源。

第一节
人工选择繁殖

人工选择繁殖指的是对动物的繁殖加以控制，标准是基于期望的外形或行为特征而进行的有意识的选择。换句话说，就是积极地选择具备我们想要的性状的个体来繁殖，排除不具备此类性状的个体。

达尔文曾写道："全世界的家犬，应该也是几个野生物种的后代，并且毫无疑问产生了大量的遗传变异。谁会相信意大利灵缇、寻血猎犬、斗牛犬、哈巴狗或布伦海姆猎犬——这些狗与所有的野生犬科动物都大为不同——曾在自然状态下存在过？……通过杂交而产生不同种族的可能性被夸张到了极致。"这正是狗与猫重要的区别之一。在狗与我们生活的数万年里，我们通过人工选择的方式挑选了不同性状加以繁殖；可以说，人类在很大程度上决定了狗的演化方向。选择的标准是功能性的，即辅助我们的社会生活。很奇妙的是，从我们和家猫相识的第一天起，它们便已经完备地拥有了我们最看重的能力：捕鼠。

在第一章里我们回顾了1.2万多年的猫咪驯养史，可以看出，人类驯养猫咪的核心原因都是猫无与伦比的捕鼠能力。在这一点上，人类从来没有，也不需要对家猫做任何人工选择繁育，这与狗经过人工繁育发展出多种多样的用途是截然不同的。然而，也许正是这一点，让转变为伴侣动物的猫咪直到今天才第一次面对环境与角色转变的巨大挑战。

当然，猫和狗是完全不同的物种，在演化和驯化的可能性上有极大的差异。例如，狗虽然也归在食肉目下，却是机会主义的杂食者，甚至可以说具备消化淀粉的基因是狗真正从狼演化为犬类最关键的原因（从牙齿结构、消化系统来说，狗依然是食肉目动物，其淀粉酶也不像一般杂食性动物或者食草动物一样存在于唾液中）。而猫咪是专门性的食肉动物，对动物蛋白有着高度需求。

首先，与狗相比，猫咪完全由人类圈养的可能性很低。现代社会以前，除了贵族等上层人士，很难想象一般家庭有能力以肉食为主来饲养猫咪。我们在古埃及人驯化猫咪的历史中也看到，早期饲养非洲野猫的大多是贵族阶层。有意思的是，猫咪的作用本来就是捕鼠，所以如果并不是作为完全伴侣动物来饲养的话，人类只需要给猫咪提供少量食物补充来增加让它们留在身边的吸引力即可，更不需要完全以肉食来饲喂猫咪。此外，"猫咪爱吃鱼"这样的概念如今似乎成为大众共识，但实际上，鱼类并不在猫咪的主要食谱里，更可能的是古时候人们拿着小鱼干来吸引猫咪。

其次，狗和人类一样是社会性群居物种，猫咪却有着截然不同的生活方式。狗和人类形成的是某种意义上的"家庭"，和人类共同守卫家园，守护家畜，合作狩猎。这种高度的社会性让狗在演化上和人类有着高度的"共鸣"，狗发展出许多"表情"与人类沟通，也发展出识别人类表情的能力。猫咪则不然。在非人为的情况下，即便家猫也是独居的（当然，这种独居不代表不具备社会性）。这种独特的生活方式决定了猫咪对人类的"依赖性"其实可以很低。决定这种低依赖性的核心在于食物的获取（狩猎）。

狗的选择繁殖很大一部分是人类在"截取"一部分狩猎能力。举个例子，我们都很熟悉的卡通形象史努比的原型比格犬，是一种专门用于猎兔的犬种，其名称Beagle很可能起源于法语beugler，意为"吼叫"，也有说法称其来自德语begele，意为"叫骂"。无论哪一种，比格犬名字的由来显然都与其高警觉性的叫声有关。它可以在找到猎物后，高声提醒主人。除此之外，比格犬的许多特征都服务于"循着气味找到猎物并提醒主人"的功能：巨大的耳朵，可以帮助收集气味；白色的尾巴，在森林中也尤为醒目；擅长团体合作，所以对同类和人类相当亲和；等等。

相比于比格犬只需要"循着气味找到猎物并提醒主人"，猫咪从探索可能出现猎物的猎场，到选择合适的时机蹲点发现猎物、追踪猎物、等待时机出击杀死猎物，再到叼回猎物、处理猎物，全部独立完成，不需要与同类合作，更不会和人类合作。这种巨大的差异决定了猫咪即便每天都吃着你提供的食物，也不会认为你是食物供给者。从本质上来说，猫咪的社会生活属性里就不存在"食物供给者"的概念。

因此，猫咪没有动力去组成"家庭"，独居这一点与其祖先非洲野猫的生活方式是一致的。家猫的独居特性似乎和我们通常的认识有悖，无论是农村还是城市，抑或是著名的猫岛，我们最常见的都是一群猫咪在一起的场景。但值得注意的是，这一切的前提是人为因素。猫咪捕猎的对象以啮齿动物为主，不同环境下可能还包含鸟类、野兔和爬行动物。这些猎物的一大特点是体型都不大，基本上一只猎物仅能满足一只猫咪的需求，所以群体狩猎对猫咪来说并无优势。另外，与自然状态下食物分布零散不同，在人类环境中，食物可能是极其丰富的，例如啮齿动物聚集的谷仓、垃圾堆等，单独一只猫无法独占，一个以亲缘为基础的团体显然有助于共同守护食物资源。不过，虽然食物资源密度上升了，但是捕猎对象并没有改变。除了抵御外敌和照看后代，这样一个群体的内部合作互动需求是很低的，结果就是很难发展出较多的互动需求和方式。

所以，我们通常描述猫咪之间能和平相处，说的都是它们在资源充足的情况下"允许"彼此的存在。再延伸一点来说，这样的群体的亲缘性是以母系为主的，猫咪姐妹会相互帮忙照顾小猫，所以通常母猫的包容性更高。公猫实际上并不"归属"于某个群体，出于繁殖的原因，其领地通常会更大，甚至会包含多个母猫群体，所以公猫和领地重叠的群体之间是一种更松散的关系。这一点就与狗形成了对比：群居的狗天然有着与我们人类组成"家庭"的倾向，有高度的热情和人类合作、互动。独居的猫咪则不具备这种天然倾向。

在介绍驯化的章节，我们曾提到匈牙利史前学家博科尼将驯化分为两个阶段：第一阶段是动物饲养，即捕捉、驯服和饲养动物的过程，这个阶段不会去刻意控制它们的行为和繁殖；第二阶段则是动物的繁殖，即有意识地、有选择地调节和控制动物的繁殖和行为。从这个角度来说，家猫独居的生活方式造成的结果便是，我们很难大规模圈养猫咪，也就很难通过控制繁殖的方式对其进行人工选择，这使家猫得以用一种更“自然”的方式在人类身边自由繁衍。

尽管如此，人类的偏好依然对猫咪的演化产生了诸多影响。例如，非洲野猫通常呈现出典型的条纹状花纹——鲭鱼纹，现在家猫中常见的斑点状虎斑纹就来自其早期的突变。斑点状花纹及其后出现的其他花纹颜色，例如黑色、白色，都是突变的体现。这些性状在自然状态下并不具备演化优势，显然是人类的偏好影响了具有特殊花色性状的猫咪的繁殖。虽然这种偏好的影响始终是有限的，人工选择繁殖的难度也很大，但放在整个历史维度来看，人类依然通过人工选择的方式逐步塑造了现代家猫。

古埃及时期是历史上第一个明确对家猫进行人工受控繁殖（前文提到的“猫舍”）的时期。这种受控繁殖的主要目的是大量繁殖猫咪用于祭祀活动，因此对猫咪体型、花色、行为等的选择显然不是首要标准，更重要的标准或许是：能在小空间内容受同类、更强的生育能力、对不同类型的食物接受度高等。这种经过古埃及人“二次改造”的猫咪，随着各种商贸路线开始了新一轮的扩散之路。根据加利福尼亚大学戴维斯分校兽医学院的研究，这些陆续扩散出去的家猫在地理隔离的自然选择下，最终形成了八个种群，分别是：西欧、埃及、东地中海区域、伊朗/伊拉克、阿拉伯海区域、印度、南亚和东亚种群。

由于地理的隔绝，随着时间的推移，这些猫最终形成了极具特色的当地“品种”，例如东方品种群。东方系的猫包括暹罗猫、新加坡猫、伯曼猫、缅甸猫，以及进一步繁育出的东方短毛猫等。密苏里大学的莱斯利·里昂教授领导的小组研究发现，东方系种群是一个独立的系统发育群。

* 英国伦敦水晶宫猫展上，评委为猫咪打分。

1598年，在英国温彻斯特的圣吉尔斯博览会上举行了世界上第一场猫展。当时评选的不是最佳品种，而是最佳捕鼠奖。不过，关于这次展会的信息很少。真正具有现代规则和品种标准的猫展于1871年7月在伦敦水晶宫举行，哈里森·威尔（Harrison Weir，1824—1906）制定了第一届猫展的标准并担任评委。哈里森还在1889年出版了《我们的猫和它们的一切》，详细介绍了猫的品种、习惯、管理和品种标准。书中包含了波斯猫、安哥拉猫等品种，不过哈里森制定的标准主要以颜色为主，这与现代纯种猫的标准是不同的。德斯蒙德·莫里斯（Desmond Morris）在《猫的世界：猫科动物百科全书》中谈到威尔时认为："哈里森·威尔被称为纯种猫展之父当之无愧。"在水晶宫的展览之后，猫展开始在欧洲流行。1895年，美国纽约麦迪逊广场花园举办了美国的首届猫展，之后各个国家和地区都逐渐形成了自己的猫咪俱乐部和协会。

中世纪的欧洲视猫咪为女巫的象征，猫咪也因此经受了几百年的迫害。而后，它们逐渐回归正常的环境，成为控制啮齿动物的最佳选择。转折出现在19世纪，著名的动物爱好者和动物权利倡导者英国女王维多利亚，采取了许多今天看来依然十分超前的措施来帮助动物：

·资助学校关于善待动物的论文。

·反对活体解剖、活体动物试验，称其为"文明国家的耻辱"。

·1837年，维多利亚女王正式赞助防止虐待动物协会，1840年，允许在其名称前添加"皇家"名号。[1]

英国人民也跟随女王的脚步，爱上了猫。无论是女王饲养的波斯猫还是其他品种猫，都引起了公众极大的兴趣，原本作为"捕鼠利器"的猫咪开始大规模进入家庭，成为宠物。正是在这一背景下，水晶宫举办的第一场猫展才如此轰动。

如今，对比狗的千余个品种（绝大部分都是人工选育的），猫咪的品种依然少得多。国际猫咪协会（Cat Fanciers' Association，CFA）认可的41个品种中，至少有16个被认定为自然品种。（各大协会认可的品种数量不一，这和分类标准有关系，例如TICA认可的喜马拉雅猫在CFA中则被认定为波斯猫的颜色变种。）人类开始选育猫咪的时间不超过150年，真正意义上的选择性繁育也只出现在过去50年间。更关键的是，从这个阶段至今，猫咪选育的标准都是以外形为主，这与选育狗时的高度功能化标准非常不同。查尔斯·达尔文在《物种起源》（1859年）中承认了猫咪繁育的尝试和困难，但他对猫的选择性繁殖不屑一顾："由于猫的夜间习性，很难控制它们的交配（繁殖），尽管它深受妇女和儿童的喜爱，但我们很少看到一个独特的品种长期保存下去。"

选育的困难是一方面，更重要的问题是现代人过于看重猫咪的外形，而忘记了我们其实更应该选择性格匹配的"家庭成员"。因为从现在开始，家猫的身份已经从"控制鼠患"的"小猛兽"，转变为"家庭伴侣"的"小萌兽"了。

为了进一步说明这个问题，我们还是拿狗来做对比。就当今社会而言，大部分狗实际上只有一个作用，即充当家庭伴侣犬。根据《终极狗字典》一书，家庭伴侣犬这一分类下只有86个品种，这些狗几乎都是原本具有其他功能的犬种，由于性格适合于家庭生活才进一步繁育，逐渐转变为家庭伴侣犬的。典型的例子就是法国斗牛犬，这种狗最早可追溯到伦敦地区流行的一种较矮小的斗牛犬。工业革命时期，当地的手工蕾丝制作者受到冲击，于是带着这种狗来到法国北部寻找机会。渐渐地，这种小体型的斗牛犬开始

[1] 即RSPCA。第一个防止虐待动物协会SPCA于1824年在英格兰成立，英国女王伊丽莎白二世生前也是其赞助人。全球各地都有SPCA组织，但都是相互独立的。

在法国农村地区流行，并且据说由于和某些梗犬的杂交后代体现出一定的捕鼠能力而更受喜爱。法国斗牛犬体型较小，对老人、孩子和其他狗都很亲和，加上活动量需求较小等特点，就成了较适合的家庭伴侣犬。其他例如博美犬、意大利灵缇、贵宾犬等都是类似的情况，这些品种的狗都有很悠久的历史，都是在其原生品种上逐步发展而来的。

划入家庭伴侣犬的狗，并不是就完美适配，因为它们各自都有些“原生问题”，而这会与家庭生活有冲突。例如博美、吉娃娃这类小型犬普遍存在过度敏感、警觉的状况，如果缺少适合的训练，很容易发展出过度吠叫的行为问题。其次，许多家庭伴侣犬对人的关注度极高，在缺乏正确训练和互动的情况下，也容易发展出分离焦虑、过度寻求关注等问题。我曾经调整过一只错误寻求关注的“问题”狗，它在一年内攻击了 30 多个人。因为极度缺乏互动，它只有在攻击人类时才能得到主人的关注——即使得到的只是打骂，结果形成了极其扭曲的行为模式。

以上所有形成“家庭伴侣犬”的路径，在如今的猫咪身上从来都没有发生过：既没有这么久的时间去逐步形成某些特殊的品种，使它们先天就具备适合于家庭生活的特质，又没有针对适合于家庭的性格或行为特质做过选育。

从另一个角度来说，猫咪其实更像另一类的“家庭伴侣犬”——只是因为人类的喜欢而被选择进入家庭成为伴侣动物。金毛猎犬、拉布拉多猎犬、比格犬、哈士奇、边牧等犬种都属于这类。这些品种的狗最初被繁育都是出于具体的工作目的，并且它们至今都还在从事这些传统工作，以及因行为特质而发展出的新工作。比如，边牧在许多地区依然是牧羊犬，也由于聪明、运动能力强、团队合作度高等，常年在飞盘、敏捷、飞球等各种犬类运动中名列前茅；拉布拉多犬除了帮助猎人寻找并衔回打下的猎物，也由于对人亲和、稳定、训练度高等优势而用作导盲犬、助残犬。选育的重要结果就是，狗天生就带着对“某类工作”强烈的驱动力：金毛猎犬的寻找衔取、比格的追踪气味吠叫、梗犬对小型动物的追逐攻击；而我们说所有的猫咪都是“小猛兽”，正是因为它们基因里刻印的是顶级的猎手。

总结来说，当我们从人工选择繁殖这个角度来看待现代家猫时，会发现三个特点：第一，猫咪在出现之初便具备我们需要的能力，人工选择繁殖的动力不足；第二，猫咪公认的“低依赖性”使得人类较难对猫咪进行选择繁育；第三，作为视觉动物的人类，首选的永远是外形，而几乎未从“性格、行为”上对猫咪进行选育。这样做的结果便是：在非洲野猫逐步驯化为家猫以后的千百年里，我们眼中的“小萌兽”其实几乎没有什么变化，依然是一只“小猛兽”。

第二节
家猫在人类社会中的角色

据估算，世界上大约有6亿只家猫，其中被当作伴侣动物饲养的大约2.2亿只，还有近4亿只以各种方式生活在人类周边，扮演着不同的角色。虽然本书的主角是作为伴侣动物的猫咪，但让我们暂且把这一角色放在一边，看一看其他猫咪的生活。

需要说明的是，我们这里用的“角色”一词并不意味着它们是人为主观赋予猫咪的，“角色”实际上指的是生态位（参见第一章第二节），只不过这些生态位都是围绕着“人类”而产生的。了解其他角色的猫咪，能够帮助我们更好地认识作为伴侣动物的家猫所面临的困境与挑战。

农村 / 农场猫

这里的猫泛指生活在农业生产区域的猫咪。农村、农场区域显然是猫咪走进人类社会以后最早的生活环境，也是迄今为止猫咪最重要的生活环境。在世界各地的农业产区，至今生活着大量这样的猫咪。接下来，我们就从几个方面来观察一下农村 / 农场猫的生活。

首先是扮演的角色，它们主要的任务肯定是控制啮齿动物。其次是食物来源，显然它们会从人类那里获得食物，这类食物以家庭饮食和餐余为主，只构成猫咪食物的一部分，因为人类主要是需要它们抓老鼠的。

人们对瑞士山区农场猫做过一项调查研究，检测收集到的184份猫咪粪便样品发现，捕猎食物大约占18.8%，主要是啮齿动物，其次是占比极小的鸟类（1.1%）；最大的食物来源是占72%的家庭食物。根据可获取食物的质量和密度等关键因素来看，捕猎的食物占比也和季节有关：冬季的食物中家庭食物占比更高，秋季则是捕猎啮齿动物的高峰。

对农村 / 农场猫而言，人类提供的食物虽不够优质，但相对稳定。不够优质是因为人类的家庭食物很难满足猫咪的营养需求，例如猫咪需要的牛磺酸一般需要从鼠肉中获取，所以在现代宠物工业食品出现以前，猫咪必须倚靠捕食来均衡营养（当然，现代宠物工业食品不代表完美选择，后面我们会展开）；不过，鉴于狩猎不可能次次成功，所以人类提供的食物就是很稳定的补充来源。在一份关于农村地区家猫捕猎的研究中，当研究地区的水田鼠密度达到443只/公顷时，当地的猫咪食物组成中89%是捕猎的水田鼠，人类家庭食物只占7%；接下来的几年鼠患解除，水田鼠的密度降到20只/公顷，猫咪的饮食结构也相应改变。由此不难看出，猫咪实际具备适应食物变化的能力。不过，鉴于其高度特化的食肉属性，这种适应性是有限度的：猫咪可以消化淀粉，但是更需要超高量的动物蛋白质。

* 农场里喝牛奶的猫。

同样，农村/农场猫控制鼠患的基本作用决定了其生活环境不可能局限在室内，它们必然可以自由活动且不受限制。一部分猫会居住在人类提供的安全住所，例如可自由出入的屋子、谷仓、牛羊圈等。农村/农场猫活动范围的变化极大，在一份针对澳大利亚堪培拉周边农村地区的猫咪研究中，农村/农场猫的日间活动范围大约是0.77 ~ 3.70公顷（平均1.70公顷），夜间活动范围在1.38 ~ 4.46公顷之间（平均2.54公顷）。

猫咪活动区域的大小主要受两个因素影响。其一是资源。对母猫来说，这主要指的是食物。如果食物充足，猫咪其实是相当“恋家”的物种，特别是当它们不需要离开核心生活区域很远就可以获得食物时。不过，狩猎区域与核心生活区域必然是分开的。对公猫来说，食物以外更重要的是繁殖机会和生育资源：公猫的“游荡行为”更多，它们需要“点亮”更大的地图来获取交配机会。

其二是领地范围和群体结构。我们都知道非洲野猫是独居动物，但是在人类这个外力因素影响下，有亲缘关系的家猫会组成松散的群体来生活，共同守卫领地。在农村、农场地区，鉴于食物供应的原因，猫咪常结伴生活，但群体成员数量通常都低于10只。在堪培拉郊区农场猫群体的研究中，有亲缘关系的猫基本在同一领地内活动。群体内的猫咪完全分享这个区域，包括接受人类喂食的地点和休息睡觉的核心区域，以及农舍周围几处具有遮蔽物的屋顶等。不同群体的猫咪则完全不同：它们的领地范围基本不重叠，并且会主动避开彼此的核心区域，也几乎没有观察到它们有任何身体和眼神接触。由于繁殖的原因，公猫的活动范围会延伸到更大的区域，与其他群体的母猫领地重叠。不过总的来说，猫咪的生活方式受环境影响极大，在某些偏远的农村地区，食物较少且分散，猫咪密度也比较小。种群密度越小的地区，猫反而越可能保持独居状态。

* 英国内阁办公室首席捕鼠大臣拉里。

城市猫

生活在城市的猫咪主要分为两种类型，一种是有主人但散养的猫，它们的活动不受限制；另一种就是大家最熟悉的所谓无主的流浪猫。

城市散养猫

散养猫如今在我国城市家庭中已经相对少见了，这与城市建设发展有关系，因为在“小区”居住环境下散养比较难。欧洲城市中的散养猫咪则不在少数。这一方面是由于欧洲国家的城市建设规划早在几十年或上百年前就已完成，城区的房子基本是较低矮的老建筑，且城中心大都有社区公园；另一方面，当地居民散养猫咪的生活方式也基本延续下来，尽管出于猫咪安全和户外野生动物保护的考虑，大量专业人士和机构都呼吁不要散养猫咪，但在不少国家，允许猫咪自由活动更像是一种文化现象。

散养猫咪一天的生活通常是这样的：白天大部分时间在家中休息、吃东西；夜幕降临时外出狩猎、巡视领地。一方面，即使人类提供了充足的食物，也只会减少猫咪吃掉猎物的可能，而不会降低猫咪狩猎的欲望。比如，有摄影师曾在2017年拍到英国“首席捕鼠大臣”拉里抓住一只小老鼠，在一番“嬉戏”之后将其“放生”的画面。一项针对美国佐治亚州城市散养猫的研究也证明了这一点，研究者使用摄像机监测了55只猫7 ~ 10天的外出活动，发现每只猫咪的外出总时长在18 ~ 82小时不等。在监测中，只有16只猫成功捕获了共33只猎物，包括啮齿动物、鸟类和爬行动物等，其中只有28%被当场吃掉，28%则被带回家。

另一方面，从活动范围来说，安全舒适的人类居所是猫咪领地的核心区域。除非是多猫家庭，不然一般情况下，一户居所都是由一只猫独占，户外的领地则多有重叠。在2014年一项针对英国伯克郡雷丁市20只散养猫咪的研究中，研究者在猫咪身上安装了GPS跟踪器，结果显示，猫咪平均每日的活动范围达1.94公顷，最大可达6.88公顷。和农村/农场猫一样，这些城市散养猫的日间活动较少，夜间较多；不同之处是，城市散养猫的活动范围会小一些。此外，散养猫咪面对的情况更复杂，它们没有机会形成亲缘关系群体来保护共同活动区域，并且在整个区域中，猫咪密度大、组成复杂，有其他散养猫，也有完全的流浪猫，领地的重叠度极高。从另一个角度来说，这样的状况迫使猫咪与其他同类打照面，在某些区域形成“朋友”性质的群体，例如共享某一片草地休息。但是户外总是充满不确定性，所以猫咪之间不可避免会发生打斗，例如因争夺食物或交配资源不均而起冲突。

城市流浪猫

第二种类型的城市猫是流浪猫，这类猫咪可能来自一直生活在当地的原生猫咪，也可能是弃养、走丢的宠物猫。它们广泛利用城市设施，灵活地将公园等有大片植物的区域、地下车库、老旧城区连片的屋顶等一切安全区域作为庇护所。

流浪猫的食物来源也非常丰富：狩猎得来的啮齿动物、鸟类和爬行动物、城市垃圾、爱猫人士定点定时投喂的猫粮等。2020年《城市生态》（*Journal of Urban Ecology*）杂志发表了一份针对不同地区流浪猫生存状况的研究，该研究在澳大利亚珀斯的市区、商业中心、郊区和农村地区收集了188只被安乐死的流浪猫，并评估了不同区域流浪猫的健康状况、年龄、繁殖情况、饮食和胃肠道寄生虫状况等。研究显示，流浪猫的饮食构成触目惊心，它们生前不仅食用垃圾，还处于吃不饱的状态。

· 越接近城市，特别是商业中心，猫咪食用的垃圾越多。57.5%的猫曾进食垃圾，垃圾占胃肠道内容物总质量的44%，其中既有含肉类的垃圾，也有蔬菜水果残渣，以及各种包装如纸、塑料制品、铝箔等。研究还列举了部分猫咪的胃肠道内容物，（1）一只成年公猫：黑色塑料袋、鞋带、纸、铝箔、塑料网、编织袋；（2）一只青年猫：编织塑料袋、老鼠、腐烂的羊肉；（3）一只雌性幼猫：玻璃碎片、绷带、塑料、纸和树皮。

· 绝大部分的城市流浪猫处于吃不饱的状态。我们知道猫咪天性厌恶腐败食物，但研究结果显示，有47%的猫食用了腐烂的肉屑，30%的猫食用了水果和蔬菜，53%食用了不含肉的包装。

· 流浪猫捕猎来的食物主要是啮齿动物。研究中，96只猫共捕猎了111只猎物，其中61只是啮齿类。也就是说，在188只猫咪中，只有一半能成功捕猎，且主要为年轻的猫，研究者几乎没有发现幼猫和老年猫食用猎物。

· 只有59%的城市流浪猫胃中发现人类专门投喂的商业食品，但是平均只占食物总摄入量的10%左右。

· 城市流浪猫的总体生活状况较差，95%的猫检出绦虫，13%的猫有明显的健康问题。虽然大部分猫外表看上去是健康的，但是各种原因导致只有13%的猫咪能活过5岁。死亡原因包括交通事故、猫咪之间的打斗、寒冷、疾病等。

根据上述研究，哪怕单从食物来源和构成这一点来看，城市流浪猫的生活状况也是极其糟糕的。不仅如此，城区猫咪的种群密度极高，最高可能达100 ~ 2000只/平方千米，而农村地区的密度仅有5 ~ 50只/平方千米。这当然与城市内有相对丰富的食物资源有关系，但由于资源分布不均且质量堪忧，流浪猫个体、种群间的领地往往高度重叠甚至重合，这导致猫咪为争夺资源而打斗，传染病也会迅速传播。

总而言之，一只城市流浪猫要面对的不只是危险复杂的环境、更多更密集的同类竞争、更难捕猎的猎物、更多的低质量食物来源，还有更多不确定因素（例如流浪狗、虐待动物的人类等）。有研究者对比过来自不同区域流浪猫的皮质醇水平（反映压力水平），结果显示城市流浪猫的皮质醇水平是最高的。这也从另一个角度说明流浪猫的生活质量堪忧。当然，大量的城市流浪猫也给现代城市管理带来巨大的挑战，这个问题在这里就不展开讨论了。

独特的家猫种群

接下来我们介绍两种比较独特的猫咪种群。

猫岛

在日本，有“猫岛”之称的岛屿很多，宫城县石卷市的田代岛是其中最著名的之一。这个小岛在几百年前有着发达的养蚕业，为了防止鼠患，猫咪被带上岛。居民会喂养这些猫咪，并且岛上规定：不准养狗。后来田代岛丝绸业逐渐没落，居民变成了渔民，猫咪会跑去向渔民讨鱼吃。随着时间的推移，渔民越来越喜欢这些猫咪，还能根据猫咪的行为来推测天气变化，认为喂养猫咪会带来好运，遂在岛中央建了一座猫神社来供奉猫神。

田代岛面积3.14平方千米，人口不足百人，却有100多只猫咪。2006年富士电视台拍摄的纪录片《猫咪物语》中，田代岛的黑猫杰克因为受气包的形象成了大明星，许多游客慕名而来，田代岛因此越来越出名。现在，当地居民依然会喂养这些猫咪，渔民出海归来也会和猫咪分享渔获；还有兽医定期上岛来给猫咪打疫苗、注射芯片、治疗、提供医疗所需。

* 田代岛上的猫神社。

* 船员与船猫。收藏于澳大利亚国家海事博物馆塞缪尔·约翰逊·胡德（Sam J. Hood）展室。照片中的轮船通航悉尼和纽卡斯尔 40 年，两只猫也是船上的重要成员。

船猫

自古以来，海上船只便有携带猫咪防治鼠患的传统。早在中世纪，三大海商法之一的《康梭拉多海商法典》中就有涉及猫咪的条文：如果货物遭受鼠患，船长必须赔偿货主的损失；如果船上有猫的话，则不需要担此责任。17世纪，法国也规定所有船只必须携带两只猫咪以控制啮齿动物。这似乎与我们认知中猫咪怕水的印象相悖，但是许多猫咪的确是以“船猫”这一身份随人类扬帆远航，逐步扩散到世界各地的。

9500年前，正是船只将猫咪带到塞浦路斯这个地中海小岛的；公元前8世纪，古埃及的家猫也是通过地中海贸易线传播的，最远到达北欧的维京港；大航海时代，商人和探险家更带着猫咪远航至世界的各个角落。猫咪捕鼠不但能够保护船上的食物、货物、绳索、木制品，以及现代船只上的电气设备，更重要的是，可有效降低以老鼠为媒介的致命传染病传播风险。另外，猫咪还天然地承担起陪伴者的角色，排遣海上生活的孤独。

除了商船和私人船只，军舰也需要携带猫咪来控制鼠患。英国著名的军港朴次茅斯造船厂至今还有过去的船猫繁殖的数百只后代。尽管1975年，英国皇家海军以船舶卫生为由，禁止将猫咪和其他动物带上军舰，但时至今日，仍然有大量民用船只携带猫咪出海远航。

第三节
家猫的现代角色与行为问题

作为伴侣动物进入家庭的猫咪，在行为和生活环境上都面临着挑战。要理解它们及其面临的困境，不妨从认识现代演化论的两个角度入手。

第一是演化速度，它取决于物种所面临的演化压力；第二是渐进性，物种要出现一个演化上的改变，需要经历很多代。这个时间与物种的类型、改变的内容有关，背后也是演化压力在起作用。环境改变了，物种为了生存就必须适应改变。适应了，物种减缓甚至停止演化；适应不了，物种就会灭绝。

现在回到大家最关心的问题：作为伴侣动物进入家庭的猫咪，产生诸多行为问题的原因到底是什么？答案就是不适应。一方面，环境发生了巨大的改变；另一方面，家猫一百代下来并没有实质性的演化改变。所以，我们需要从更深的层次来理解猫咪的诸多行为问题。

首先，从猫咪扮演的角色来说，我们需要猫咪为我们做什么？我们上面提到的农村猫和城市散养猫，每天的主要工作是巡视领地、狩猎，而作为伴侣动物这个角色存在的猫咪呢？陪伴、撒娇、接受抚摸，甚至什么都不做？猫咪经过上万年演化出一套近乎完美的捕猎系统，它们的一切特征都是为了高效捕猎而准备的；然而，对作为室内伴侣动物的家猫而言，现在环境对它们的要求骤减，生活中最核心的部分——狩猎被“关闭”了。这就导致与狩猎关联的许多行为受到影响。

其次，要充分考虑环境。这里的环境包含猫咪可利用的空间、安全居所、各种类型的资源等。我们把猫咪的整个活动区域称为“家域”，通常一个家域内不会只有一只猫。一个家域内最重要的是个体的核心区域，猫咪80%的时间会在这里休息睡觉。核心区外是社交区域，即和群体内其他猫咪共享的区域。通常来说，野外的猫咪走出家域就会开始防御外敌，而社交区域的边界则是直接引发攻击的红线。当然，猫咪生活区域的大小会变，在某些研究中，在城市区域观察到的母猫最小活动范围只有0.08公顷，公猫则是0.84公顷。但是到了澳大利亚的森林，母猫的领地可达

270公顷，公猫的领地更是达到420公顷。区域中猫咪的密度会随着环境而改变，通常是从不足1只（0.05只）/公顷到120只/公顷。不过，猫咪对区域的使用模式不会变。例如一只城市散养猫，家就是它的核心区域，这个区域是它独享的，往外走就是和邻居猫共享的社交区域，再往外就是整个家域。

无论是农村猫、城市猫，还是其他类型的家猫，它们的活动面积至少在一两公顷。上一节提到的英国伯克郡雷丁市散养猫，平均的活动范围有1.94公顷。即便是船猫生活的远洋帆船，也远比室内空间大——太小的船不会用于远航，也没有控制鼠患的需求。总体来看，无论哪种类型的猫咪，不仅其生活空间比如今的伴侣猫咪大得多，空间层级也比伴侣猫咪丰富。

相比之下，伴侣猫咪的生活空间被极度压缩，缩到只有一套几十到一百多平方米的公寓，甚至一个多则几十平方米、少则几平方米的房间；所有的家域、领地、社交区域、核心区域全部压缩、重叠在同一个区域内。一只猫咪尚能独享这个空间，但如果是多猫家庭，就会出现两只、三只甚至更多猫的活动区域被挤压在同一个范围的情况，这样的环境本身就对猫咪造成了很大的竞争压力。

除了空间狭小，伴侣猫咪所处的室内环境还有一个显而易见的缺陷——太单调了。我们“宅”在家或许并不无聊，但是对猫咪来说，家中几乎完全没有它在自然状态下会遇到的环境，没有森林、草丛，也没有飞鸟、猎物，更没有任何新鲜的气味。这就好像让你待在一间没有游戏机、网络、书籍，只有白墙的房间，试想这样的环境你能待多久？而这恰恰就是绝大多数完全生活在室内的猫咪每天都在面对的。

结果就是，完全在室内生活且主要工作是陪伴的猫咪，虽然作为狩猎者的天性与特征并未改变，但角色和生活环境发生剧变。二者的矛盾即是造成室内猫咪诸多行为问题甚至身体问题的根源，甚至可以说，几乎我们能想到的所有行为问题都与这个矛盾有关。

以狩猎活动为例，狩猎不是出去抓只老鼠回来这么简单，而是涉及诸多方面。首先，猫咪需要在正确的时间通过正确的路径到达狩猎区域，而正确的时间和路径是基于之前的狩猎区域探索；其次，猫咪需要做标记，与同区域的其他猫咪交流，避免冲突；再次，进入狩猎区域后，需要巡视、蹲点等待时机，从而了解猎物的状况；猎物出现以后才是捕猎，捕猎完成还需要处理猎物，最后才是吃掉猎物。整个过程中，猫咪演化到近乎完美的狩猎系统会启动，协同配合：轻巧的步伐几乎不发出一点声音，嗅闻着猎物可能留下气味的地方寻找线索，转动耳朵搜寻声音，定位我们根本接收不到的超声波，同时身体各处触须的感受器也在探索空气中最轻微的搅动，眼睛启动搜寻模式不断捕捉画面的微小变化。定位到猎物之后，潜伏下来，悄悄靠近，等待时机；接着猛地扑出抓住猎物，迅速地用犬齿精准咬入脊柱位置将脊髓切断。最后用门齿处理猎物的毛发、羽毛，用前爪辅助撕扯或快速甩动猎物以分离骨肉，再用门齿撕开猎物，用肉齿将猎物切成小块吞下。结束这一切之后，猫咪会回到自己的核心区域，整理毛发，从头到爪每一部分都细细打理好，再去休息睡觉。几个小时的睡眠之后，再出去探索狩猎。以上就是户外猫咪生活的主要内容，根据《应用动物行为科学》杂志的一份研究，猫咪每天正常狩猎活动的时间估计至少2.5个小时。

这个研究针对的是美国佐治亚州东南的小岛——杰基尔岛。这座岛实际上是一个植被丰富多样的州立公园，岛上有 621 名居民，还生活着 9 个群体总计 120 只猫咪。研究者选择了其中 31 只进行研究（17 只公猫，12 只母猫）。最后统计的结果是，猫咪在一天之中有 89.5%（21.48 小时）的时间处于非活动状态，包括睡觉、休息等；9%（2.16 小时）的时间在游荡（巡视、探索领地）；捕猎（这里仅指发现猎物后捕获猎物的时间，不包含探索蹲点等）的时间是 0.9%（0.216 小时）。因为有专人照管，所以这些猫咪还会花 0.6%（0.144 小时）的时间在群落饲养站进食、喝水。据此估算，即使在有补充食物的前提下，猫咪通常狩猎活动的时间占比也在 10% 以上，即至少 2.5 个小时。

需要强调一下，我们说的狩猎活动不仅是看到猎物、抓到猎物，而且包含了相关的观察、探索等一系列行为。当室内猫咪无法从事这样的活动时，这 2.5 小时的活动量就可能会演变成大家遇到的各类行为问题。活力旺盛的，可能会将人类的手脚当作猎物来玩耍、扑咬；可能开始寻找家里任何可以玩的东西——滚来滚去的口红，从高处推下玻璃杯，可以撕咬的纸巾纸盒，发出窸窸窣窣声音的塑料袋等；可能会因为无聊开始叫，特别是晚上焦虑地叫；可能会开始“跑酷”，特别是半夜你睡得正香的时候；可能会开始一惊一乍，突然就奓毛开始乱跑——那是因为它想象自己在狩猎，和我们处于长久的孤独状态就自言自语一样；它也很容易挑食不好好吃饭（在下丘脑，进食行为和狩猎行为相关联）。更严重的，会开始出现刻板行为甚至强迫症，不断地抓挠或舔舐某个部位，例如耳朵、下巴、肚子、尾巴等，抓到毛掉了、破皮了也不停，但检查不出任何病理性问题。长此以往，焦虑情绪和压力会进一步导致更多问题：比如在更多的地方磨爪、尿尿来缓解焦虑，这就是我们不可接受的乱抓、乱尿行为；还可能引发身体疾病，例如常见的泌尿系统问题，膀胱炎、尿路感染、结石；还会提高许多传染性疾病的易感性，例如传染性腹膜炎（俗称“传腹”），以及与人类类似的肥胖症、糖尿病等。很多疾病又会反过来引发更多的行为问题，例如膀胱炎导致乱尿等。

Ⅱ型糖尿病在肥胖人群和肥胖猫咪中都很常见，美国成年人口中有65%体重超标，其中10%患有Ⅱ型糖尿病。现代人类久坐不动和不健康饮食是致病的主要原因，猫咪也是如此。缺乏狩猎活动是室内猫咪肥胖的最主要原因。缺乏运动的危害远不止于此。运动可以促进血清素、多巴胺、去甲肾上腺素的分泌，这些都是传递思维和情感最重要的神经递质，抑郁症实际上就与血清素缺乏有关。长期缺乏活动的猫咪在持续的慢性压力下很容易发展出焦虑、抑郁症状，而在这样的状态下，猫咪是无法学习任何新东西的。运动能够促进脑源性神经营养因子（BDNF）升高，进而调节神经细胞的可塑性。简单来说，运动能让猫咪从抑郁状态下解脱出来，去认识和接受它面对的世界。

室内猫咪和现下城市人面临的困境是一致的。世界卫生组织的一份报告指出，心理精神疾病问题占全球疾病负担的近12%，其中年轻人的精神障碍负担最大；《中国国民心理健康发展报告（2019—2020）》也显示，18 ~ 34岁的青年是最焦虑的群体，生活节奏快和工作压力大是最大的原因。工业化和经济发展带来的现代城市快速发展，在很短的时间里急剧改变我们的生活。和伴侣猫咪正在经历的一样，我们也承受着城市中自然环境和个人空间不断压缩引发的问题：环境恶化、信息过载、社交压力增大、睡眠和运动不足、饮食失衡……生活节奏越来越快，幸福感越来越低。越来越多的人逃离大城市，正是因为无法适应这种巨大的转变。与此同时，承受着种种压力的我们依然希望通过养猫来放松身心，渴望下班后拖着疲惫的身体与精神回到家还能撸撸猫、听听它们令人安心的咕噜声。从这个角度来说，大家会不会更加理解猫咪的处境?

因为人类，猫咪被带入室内，种种不适应导致它们产生行为问题。即便我们看到猫咪具有极强的适应能力，也不代表这个过程是温和的、顺畅的。既然是人类对猫咪的需求导致它们的生活环境改变，那么我们在享受撸猫带来的愉悦时，也该为这些毛茸茸可爱的“家人”做点什么，帮助它们适应现代角色和要求的转变。

野外的生活可能是自由的，但是自由的边界是生存的压力——食物的短缺、天敌、同类竞争、未知的危险等。和人类一样，猫咪在室内的生活其实也可以不无聊；把外面世界的危险去除，我们也能在小小的室内空间为猫咪建立一方乐趣天地。只要我们转变思维，从猫咪的角度出发，去理解它们的需求和认知方式，以此为基础为它们提供更适合的环境和活动，我们就可以收获一只生活得开心且真正与我们建立联结的伴侣猫咪，真正实现人猫都快乐的和谐养猫生活。

CHAPTER 4

如何让猫咪快乐生活

无论是解决养猫时遇到的猫咪行为问题，还是想要省心、省事地快乐撸猫，关键其实都在于让猫咪快乐生活。我们接下来就以前几章的知识为基础，看看如何从既符合猫咪天性又适合于我们人类生活的角度出发，简单高效地实现这一点。

第一节
猫咪的需求与生活质量

马斯洛在其1954年的著作《动机与人格》中完整地阐述了人类的需求分层结构。简单来说，人类的需求分为：生理需求，即食物、水、空气、睡眠、性等；安全需求，即人身安全、免于威胁等；社交需求，即对友情、爱情的渴望等；尊严需求，即个人和他人对自我价值的认可和尊重等；自我实现的需求，即对人生境界的需求。

需求层次理论是解释人格和动机的重要理论，马斯洛提出人的成长发展是由内在动力所驱动的，即动机，而动机则来自不同层次的需求。

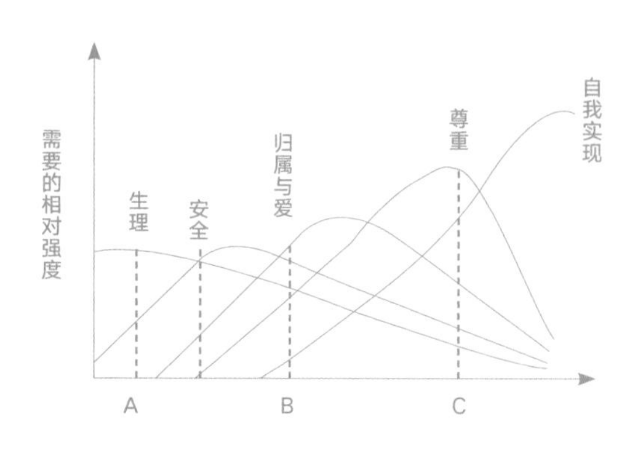

不过，与我们通常所见的金字塔型需求理论表达不同，实际上马斯洛并未将需求理论构建为金字塔型，而是认为多种需求是同时存在、呈波浪式推进的。对人类来说，不是完成第一级的需求才能进阶到更高一级的需求，在一个阶段内可能同时存在多个需求，只是某个需求可能会占主导地位。

以此为对比，我们在讨论“如何让猫咪快乐生活”这个问题时，不妨将其本质归纳为如何满足猫咪的生活需求。与人类一样，猫咪也有多样化的、复合的需求，某一时段内某一种需求会占主导，许多行为背后的动机其实都来自这些需求。举个例子来说，猫咪有狩猎的需求，如果室内的猫咪无法进行适当的狩猎活动，这个动机就会驱动它通过其他形式来满足需求，这就很容易演变成常见的行为问题：半夜“跑酷”、翻垃圾桶、打翻东西等。

从这个例子中我们不难看出，这种关联其实

反映了猫咪的生活质量是由多维需求的满足程度共同决定的，且每种需求之间互相影响。这里的“生活质量”，指的是猫咪的生活需求满足程度的体现。高生活质量并不是吃多好的猫粮罐头或者睡多贵的猫窝，而是从猫咪的角度去满足能让它健康快乐生活的多维需求。这也是我们为猫咪创造快乐生活时一个很重要的思维转变。

在我接触的案例中，曾有一只猫咪因为家里使用洗衣机时产生的噪声而出现乱尿行为。对噪声引发的压力问题，不开洗衣机或者进行针对性的脱敏或许是最直接的办法，但这背后更深层的本质问题是——猫咪的压力调节机制出了问题，以致它对生活里的“小变数”产生超出正常的敏感，而这是不正常的。我们不可能避免所有这个程度的压力，因此彻底解决问题的做法是从生活质量入手，提高猫咪的承压和调节能力，让它在遇到噪声时不介意，或者最多换个安静的地方待着就可以。

这是一个很重要的思维转变。因为猫咪对环境和角色的不适应，其结果就体现为生活质量较差，绝大部分所谓“猫咪行为问题”都是生活质量欠缺引发的。解决行为问题，头疼医头、脚痛医脚的方式也许一时有效；但是我们要认识到一只生活质量高的猫咪几乎不可能有行为问题，提升生活质量才是解决行为问题的根本办法。

猫咪的需求六芒星

如图所示，我们将猫咪的生活需求分成六个维度，分别是：作息、狩猎、社交、资源、探索、安全感。每个端点代表猫咪的一种需求集合，每个端点都与其他五个连接，意味着每个集合都与其他五个互相影响。我们以“狩猎”为例说明应该如何理解这些相互影响的需求：

1.狩猎活动本身就是作息的重要一环，猫咪的黄金生物钟是：狩猎、吃饭、舔毛、睡觉。

2.狩猎的前置活动是猫咪去探索环境以获取猎物的信息。

3.狩猎也是获取资源（食物）的方式，与之相关的狩猎领地、猎物等也可以看作资源。

4.社交包含两个方面：沟通和增进互动。猫咪的群体生活是分时共享的模式，所以它们会用各种标记与区域内的同类沟通，比如离开狩猎区域前做标记。亲近的同类之间良好的互动也是基于良好的作息。猫咪缺乏狩猎活动，就会过度敏感活跃，结果就是，本来应该是互相蹭蹭、舔毛的互动被引向更激烈的打斗游戏，而这种游戏的后果经常是不可控的。

5.狩猎是猫咪生活中最核心的部分，从另一个角度来说，能够稳定持续地表达这种天性，是猫咪最基本的安全感来源。

不难看出，这种关联其实就反映了猫咪的生活质量背后是多维需求共同推动构建的，且每种需求互相影响。换言之，我们做好每一个环节，猫咪的生活质量自然就高；而一个环节出了问题，通常也会蔓延到其他环节。

下面我们来详细讨论除“探索”外的其他五个需求集合。因为探索属于自主行为，实际包含了两个方面，一个是外出探索，大家参考下一章的“外出训练”部分即可；另一个则是在家中环境的探索，我们只要提供了合适的环境，猫咪自己就会去主动探索，可参考本章“资源”一节的空间设置。

第二节

作息

与人类安排作息一样，对猫咪来说，作息就是根据生物钟去合理、规律地安排每天的进食、睡眠、工作（或者说狩猎）等活动。猫咪的作息其实也很简单：狩猎、吃掉猎物、舔毛整理、睡觉，醒来后进入下一轮狩猎。由于作为伴侣动物的猫咪生活在一个人工环境中，所以只要我们能合理地安排好它们的生活，就能让它们养成与主人步调一致的健康生活作息。

良好作息的意义

良好作息的意义绝不只是让猫咪不会半夜吵你睡觉这么简单，而是作为健康生活的基础串联起每一个环节。

想象一下这样的人类作息：好不容易周末了，蹦迪到深夜三点，吃完夜宵再回家，第二天大概率要睡到十二点，醒来也不想起来，赖床刷会儿手机吧，三点好像有点饿了点个外卖，吃完继续瘫在沙发上刷剧吃零食，晚餐肯定不想吃，十一点吃了份夜宵，躺床上睡不着了，刷着手机又到三点，第二天得上班，在七点半的闹钟声里挣扎着起床开始恍惚的周一。年纪稍微见长，就完全承受不起这样的折腾，需要好几天才能缓过来。

这种作息混乱放在猫咪身上也是一样的道理：一只随意取食的猫，由于缺乏充分的活动，所以每次进食只吃很小的分量，吃完后也不去睡觉而有可能想搞一番“破坏”，但这样的玩耍没有质量可言，玩过后也只是再吃两口然后休息一下。这时如果主人刚回来想摸摸猫咪互动一下，那么无聊了很久的猫咪看见伸过来的手，就会认为是个适合的猎物，开始扑咬游戏。主人疼得大骂，猫咪赶紧逃跑躲起来。安静几个小时以后，主人睡觉了，猫咪又开始“夜生活”。当你无法安排好猫咪的作息，也意味着你很难找到合适的时机去撸猫、互动、训练等；整个生活作息的混乱会让猫咪的行为问题逐渐显现，长期下去形成恶性循环，将对你和猫咪的精神和身体造成双重伤害，甚至进一步影响其他需求维度。

猫咪养成良好作息的关键是，你在正确的时间做对了正确的事情，例如提供有质量的、充分的狩猎游戏，以及定时定量的喂食，等等。也可以说，当你在每个节点都做对的时候，猫咪作息的改善是立竿见影的。

黄金生物钟

猫咪的黄金生物钟是：狩猎、进食、舔毛、睡觉，一天包含3 ~ 4个这样的循环（也就是间隔3 ~ 4餐）。养成良好作息的方式也很简单，即遵照黄金生物钟来安排一天的生活。舔毛和睡觉都是猫咪自主进行的，所以我们能掌握的就是狩猎和进食环节，只要在这两个环节做到位了，自然就能让猫咪形成良好的作息。

猫咪必须先狩猎，才会有食欲。所以在每餐前都需要提供10 ~ 15分钟有质量的狩猎游戏。为了夜晚有较长时间的睡眠，最后一餐前需要保证至少30分钟的狩猎时间，每次狩猎游戏结束后休息10 ~ 15分钟再喂食。当然，猫咪醒着的其他时间也都可以玩，不过饭前的活动对养成良好作息尤其重要。

进食后，猫咪会开始整理全身毛发。如果猫咪在狩猎活动和进食中都得到了充分满足，即“玩得够，吃得饱”，它们就会回到自己的核心区域睡觉。而肚子还饿或狩猎不充分的猫咪则不会整理毛发，它们会继续玩耍，或短暂休息后又活跃起来。

猫咪一天有三分之二的时间在睡觉，但不全是深度睡眠，还有各种类型的休息、小憩。睡眠也不是长时间在同一个位置一动不动，而是分为几个时段，并且可能会起身换个位置再继续睡。

狩猎、进食、舔毛、睡觉是猫咪生活的主要内容，但肯定不是全部，还会有巡视领地、社交互动等，后文将进一步介绍，下面我们先着重讲一下定时定量喂食和作息的调整。

任意取食 vs 定时定量

出于种种原因，养猫家庭中采用任意取食方式的比例很高。常见的有：看见碗空了就添、每天固定放一大碗、固定几个时间添加食物等，这些都属于任意取食的喂食方式。

抛开取巧犯懒不谈，大家采取这样的喂食方式，可能是因为从一些渠道获取了“应该让猫咪任意取食”“猫咪一天本来就是进食 8 ~ 12 餐甚至十几餐才好、才健康、才符合天性”这样的观念，但这些建议其实建立在对猫咪行为和天性并不完整的认知上。

得出此类结论的最早来源应该是莫莱·卡雷和欧文·马勒的《化学感官和营养》，这本出版于 1977 年的书提到了一个在室内封闭的环境中进行的试验。在提供充足食物（干粮）的前提下，研究者对比了猫和狗的进食频次、食粮等模式，发现猫狗都会采取多次进食的方式，狗一天进食 10.4 次，而猫咪是 13.3 次；更换食物（罐头等）后也得出了近似的结果。但是，无论猫还是狗，单次进食量的个体差异极大，吃得最多和最少的个体进食量相差 2 倍以上。

需要注意的是，该结论基于上述条件下针对“进食模式”的研究，并不适用于研究哪种喂食方式更符合猫或狗的天性及健康需求。因为研究中的猫狗并不在自然状态下，它们多次少量进食的根本原因是没有机会狩猎，提不起食欲。书中进一步认为，由于猫咪通常狩猎的老鼠提供的热量在 15 ~ 30 千卡 / 只，根据一只猫咪一天的热量需求一般在 200 千卡左右来计算，一天吃 8 ~ 12 顿才能满足猫咪的能量需求，正好符合实验中猫咪的进食模式。

但是所有的猫咪都只有提供 15 ~ 30 千卡能量的小老鼠这一种猎物吗？要知道老

鼠可不是只有一个品种，小到十几克，大到重达六百多克，各种鼠类都可以笼统地称为老鼠，也都在猫咪的捕猎范围之内。况且家猫遍布全世界，捕猎对象极为广泛，除了各种大小、重量的老鼠，还有小到麻雀、大到鸽子的各种鸟类，更别说更大型的猎物野兔了。有狩猎经验的猫咪倾向于捕猎更大型的猎物，这也是更高效的选择。猫咪捕猎何种猎物并不是出于一顿30千卡的食物符合其进食模式，而是在现有条件下如何高效地获取更多的能量。因此，简单地将猫咪的猎物概括为一只15～30千卡的小老鼠显然是不合理的。野外的猫咪更是没得选，食物丰富时选择更高效、营养更丰富的食物，食物匮乏时甚至以城市垃圾为食，难道就此可以说猫咪是杂食性动物吗？

所以对于猫咪的进食模式，应该从狩猎模式、生活环境、消化模式（例如饱腹感）、中枢神经系统（例如下丘脑中进食与狩猎的神经通路关联）等多个角度结合来看；同时也要考虑食物长期放置后细菌滋生、变质等问题。

综合来说，定时定量才是符合猫咪天性需求、健康有益的喂食方式。

定时定量的进食模式

养成规律作息的关键之一是定时定量喂食。

根据猫咪的消化时长，我们可以确定进食次数和频率：一般成年猫咪（即8月龄以上），建议一天吃三餐，间隔是6～8小时；幼猫（即2～8月龄），则建议吃四餐，间隔是4～6小时。

定时指的是在固定时间点给猫咪喂食。首先，也是最重要的，是设置合适的喂食间隔；例如，我家每天固定在9点、17点和23点喂食，大家完全可以按照自己的作息规律去安排。其次，注意狩猎游戏的时间和质量，比如你希望猫咪22点睡觉，那至少在21点前就要让它玩狩猎游戏，然后喂食。这样的定时安排才符合猫咪的天性，如果你没有提供狩猎游戏只是定时喂食，猫咪吃完后就不会去睡觉而可能开始“跑酷”。

固定时间点指的是一个时间区间，比如定了9点，那么早15分钟或晚10分钟都是可以的，不过在调整作息阶段，还是尽量准时为好。如果主人因上下班时间而无法在8小时内喂下一餐，也可以使用益智玩具等作为补充。例如，早上8点上班前喂一餐，19点下班到家第二餐，那么白天就可以留一部分食物在益智玩具里，19点的一餐可以适当减量，然后24点再喂最后一餐。

定时还包括固定进食时长，也就是每次进食的时间通常5分钟左右，最多15分钟。要明确一点，任何类型的食物长时间放置都可能滋生细菌。如果猫咪任意取食，时不时吃一口，让食物沾上口水，问题就会更严重。

定量指的是根据猫咪的年龄、体重、身体状况、运动量、季节、食物的类型和热量等制定合适的喂食量。计算喂食量的方法很多，具体可参考本书“猫如其食”一章。要注意，没有一条公式可以计算出精准的个体喂食量，而应根据猫咪的实际情况动态调整，例如一般冬季进食量会比夏季略大。

我们计算出一天的喂食量之后，不是平均分成三顿，而应按照35%—30%—35%这样的比例来分配三餐。如果你白天长时间不在家，还可以从第二餐中匀出5%～10%的食物放置在益智玩具中。早上第一餐喂食较多，是因为猫咪经过一夜的睡眠，通常会比较饿；最后一餐多食，是为了保证猫咪在晚上能长时间睡眠。当然这个比例只是建议，实际情况还是需要根据猫咪本身和主人的情况（外出时长、生活习惯等）去做调整。

作息的调整

迅速改善猫咪作息的办法与我们人类所用的其实一样：到点睡觉、到点起床、到点运动。

当你在正确时间点提供游戏和食物时，猫咪就能迅速地养成良好作息。在此过程中，有两个方法可以帮助你：第一，用表格记录下猫咪的生活，这样你就会知道问题出在哪里，例如猫咪进食后还是很兴奋，那么很可能就是活动不足；第二，在建立新的作息规律时，我们将生活安排得满一点，活动时间尽量久一点，种类尽量丰富一些，每餐尽量吃饱一点，这样猫咪的生活已经很满足，就不会有剩余精力去“搞破坏”，也能更快地养成新的习惯。

为了晨昏时捕食啮齿动物，猫咪发展出适合暗光环境的狩猎能力且喜欢在夜间活动。室内猫咪同样很容易在半夜、凌晨这样的时间段“跑酷”“蹦迪”。但是，猫咪的作息是具有适应性的，它们能够依据猎物的活动时间来改变狩猎时间，所以我们完全可以利用这个特点来调整猫咪的作息。例如，猫咪原本是半夜2点去狩猎的，其实完全可以提前到22点，狩猎时间半小时左右，然后进食、舔毛，那么23点～24点就能完成并去睡觉，这样就解决了猫咪半夜“跑酷”的问题。

当然，作息的调整适应是有限度的。有些人为了让猫咪晚上不“跑酷”，白天不让猫咪睡觉，让猫咪一直处在玩耍的兴奋状态，这是错误的。猫咪的视觉能力在阳光强烈的日间是有劣势的，所以白天大部分时间，猫咪处于懒洋洋的状态，就是要利用自己不占优势的时间好好休息。再加上猫咪的活动模式本就是短时—高强度—长时间休息的反复交替，所以更合理的做法是将它们的活动时间调整得更适应人类的作息时间。

第三节
狩猎

这里我们不用“游戏”或“玩耍”而使用“狩猎”作为标题，是因为猫咪运动需要的是模拟狩猎活动。无论是给猫咪一个小球让它自己玩，还是挥舞逗猫棒逗引它，都不能称为狩猎游戏，而只是对感官的刺激而已。

那么，什么样的活动才算“狩猎”呢?

我们再来对比下狗。如果你养了一只金毛猎犬，那么你可以和它玩“寻回”游戏：丢出去一个玩具，狗狗会找到并叼回来给你。这甚至是一件不需要训练的事，因为“寻回”本质上是刻在金毛基因里的原始驱动力，人类繁育这个品种实际上就是在“截取”家犬狩猎能力的一部分。不同的工作犬几乎都是通过“截取”狩猎能力中的某部分发展而来的，嗅闻的、围堵的、驱赶的等，所以养狗人就需要根据它们各自不同的原始驱动力去进行特定的互动。

那猫咪呢？我们知道，猫咪在驯化之初便具备了我们所需的最重要的功能——抓老鼠，并且千百年来这项功能并没有经过任何人工选育的改变。因此，不像狗这种“片段”式的狩猎能力（需要与人类合作完成狩猎），猫咪需要的是独自完成整个狩猎过程。

完整的狩猎包含三个部分：

1.探索狩猎区域，简单来说就是需要提供丰富的环境供猫咪探索（详见第五节）。

2.狩猎过程，指从发现猎物到捕获猎物的过程。

3.处理猎物，即吃掉猎物，这个部分在模拟中就是以喂食来完成的。

在这一小节中，我们着重介绍狩猎过程这个部分。

真实的狩猎过程

现在我们描绘一个场景来重现猫咪的狩猎过程。一只猫咪正在认真探索一片以灌木丛为主的区域。这时，前方10米远的一棵大树上，落下一只小鸟。小鸟翅膀振动的声音立刻被猫咪察觉，本来正半蹲着嗅闻草地气味的猫咪忽然身体一僵，抬头看向声源方向。接着，猫咪竖起耳朵，睁大眼睛盯住小鸟，这个步骤我们称为“锁定猎物”，意思是猫咪已经看到猎物并且有意图抓住它。

接着，猫咪慢慢地压低身子，藏入草丛深处，眼睛依然瞪得大大的，耳朵竖立起来朝向小鸟的方向。这个步骤叫作“潜伏”，猫咪锁定猎物之后做的第一件事是潜伏起来，一般选择躲在某些物体后或压低身子躲进草丛。潜伏的目的，一是不让猎物发现自己，因为一旦猎物察觉很可能会第一时间逃离；二是方便观察，以待时机。猫咪需要研究如何靠近猎物实施最后一击，并等待最佳时机，毕竟在自然状态下猎物不可能直接出现在猫咪唾手可得的地方。

现在，猫咪躲在草丛里观察，发现小鸟背对自己，专注地整理羽毛；猫咪隐藏处距离这棵树虽然有10米远，但中间有好几块大石头，这些是完美的遮蔽物。于是，猫咪开始行动，压低身子悄悄地来到了第一块大石头后面，并在石头后面继续潜伏观察，完美的身体结构让猫咪在行动时几乎不发出一点声音，小鸟依然没有察觉危险的靠近。猫咪就这样一直前进到大树下，这个位置在小鸟的盲区，只待时机发起致命一击。

压低身子悄悄靠近的步骤叫作“潜行追踪”，目的是靠近猎物并找到一个完美的攻击位置。潜行追踪与潜伏交替进行，因为在野外不可能一次就走到完美的位置，通常都是走几步躲一下再观察、再走。当然躲的方式有多种，压低身子便是一种“潜伏”。

进入攻击位置的猫咪此刻只等一个时机了。还未察觉到危险的小鸟飞向了更低的树枝，猫咪于是迅速调整姿态扑出去，用爪子将小鸟拍到地面，然后一口结束了这场捕猎。这里涉及两个步骤：第一个是调整姿态出击，猫咪会交替蹬后腿然后舒展身体，像箭一样冲出去，我们常见的猫咪“扭屁股”即是这个状态。交替蹬腿是为了舒展潜伏已久的身体，从僵硬的收缩姿态调整到适合扑击的姿态。从小在室内生活的猫咪由于缺乏实战经验，扭屁股的幅度往往更夸张。第二个

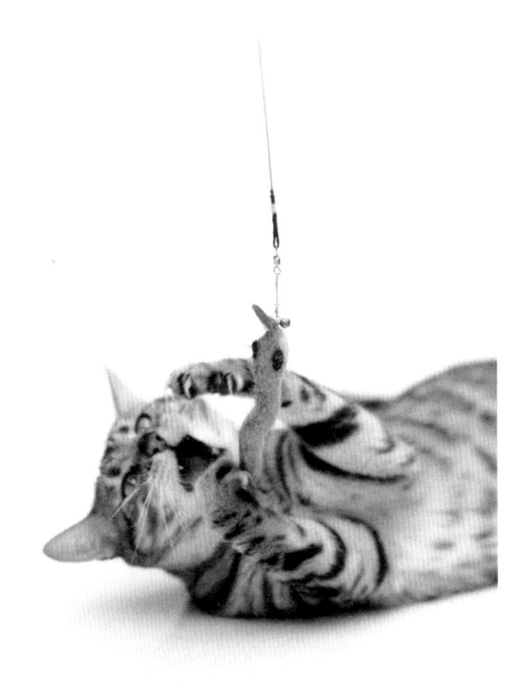

步骤是抓到并咬死猎物。猎物不同，猫咪采取的抓捕方式也不同。例如，面对空中的鸟，猫咪通常会跳跃起来用爪子拍下来，较小的鸟可能直接送进嘴里，较大的拍下地后再用爪子摁住；对地面上的鸟或者老鼠则采取扑击的方式，用爪子摁住以后咬断脊柱；对野兔这样较大型的猎物则会动用所有武器，扑击之后用前爪抱住、后腿蹬，同时牙齿咬住脖颈处来捕杀。

总之，猫咪会根据猎物的具体情况而采用不同的策略，出于安全的考虑，甚至还有“玩弄”猎物的行为。这并不是猫咪天性残忍，而是要在保证自身安全的前提下杀死猎物。毕竟在危急状态下，猎物很可能会殊死一搏，导致猫咪受伤。哪怕是一条小小的伤口，对野外的猫咪来说也可能是致命的。

如果室内猫咪缺乏充足的狩猎活动，就很容易对人类主动实施上述狩猎步骤。例如，猫咪会去扑咬被子里的手脚，这个姿态称为“mouse pounce”，是一种根据声音对地洞出来的老鼠进行扑击的抓捕方式。再如，很多猫咪会躲在家具背后，在人经过时突然冲上前抱着人的脚啃咬，同时用后腿蹬，这就是面对大型猎物时采取的方式。有些室内猫咪还会故意从高处摔下类似口红这样的小东西，这常被主人当作猫咪顽皮的表现，其实是因为猫咪在室内太缺乏狩猎游戏了，这些东西摔下后会滚动，猫咪就可以模拟追逐猎物了。

狩猎游戏

作为铲屎官，我们应该做的是在室内借助工具模拟猎物，让猫咪完成狩猎，就和猫妈妈带回猎物，在安全的状况下教小猫狩猎技巧一样。以现在的技术来说，目前没有一款智能玩具能实现真实的猎物模拟，狩猎游戏仍主要靠主人使用逗猫棒来完成。

玩逗猫棒的初衷是让猫咪释放狩猎的天性，所以你需要将逗猫棒扮成一个“合格”的猎物，请大家时刻记住这一点。合格，指的是要去模拟猎物的状态，所以逗猫棒要会飞舞会逃跑，但是不能快到一眨眼就飞上天——猫咪只抓能力范围内的猎物；不能直接丢在猫咪眼前，因为没有猎物是这样的，猫科动物只会抓背对着自己逃跑的猎物，一只野猪冲向老虎，老虎也会选择先避其锋芒；也不能疯狂地甩来甩去，猎物是要逃命，不是要发疯，这样甩动很可能会促使猫咪选择先静下来观察。

合格，还指要以一个恰当的难度让猫咪最终能完成狩猎，也就是抓到猎物，一直抓不到只会让猫咪很挫败。诚然，野外猫咪狩猎的成功率仅有20%左右，但是由于我们并没有那么多机会让室内猫咪满足狩猎需求，所以我们的目标应该是让它们成功，而不是努力让它们抓不到。但是需要注意，让猫咪抓到并不意味着一动不动等待猫咪来抓，合格的猎物会逃跑、躲藏，只不过是一番努力后最终还是被“聪明的小猫咪”抓住了。鉴于这个原因，激光笔一类根本无法抓到还可能造成意外伤害的工具，就不可以作为狩猎游戏的玩具猎物来使用。

逗猫棒的长度以80 ~ 100厘米为宜，这个长度可以使猫咪和你在游戏的过程中保持一定距离，彻底将人和猎物区分开。如果使用长度仅30 ~ 50厘米甚至更短的逗猫棒，猫咪很容易将同时在眼前活动的人类手脚也识别为猎物的一部分；尤其是缺乏正确社会化的猫咪，由于它们在幼年期没有学习什么是可以玩耍的，它们的感官很容易被活动的物体刺激，并将这些物体识别为猎物。在某些猫咪眼中，逗猫棒甚至可能只是主人手部的延伸，当你不使用逗猫棒的时候，猫咪看见动态的手也会扑咬，这是许多猫咪扑咬人的问题来源。

此外，使用较长的逗猫棒，你就有更大的控制范围。猫咪的反应和速度极快，很短的逗猫棒稍微动一下，就已经被猫咪抓住了。这样不仅过于简单，猫咪很容易厌倦，而且单位时间内的热量消耗也是很低的。逗猫棒最好有一定弹性，挥动时带动逗猫棒头抖动，例如羽毛制作的逗猫棒头就会产生翅膀振动的效果。当猫咪抓住“猎物”后，有弹性的逗猫棒也能提供一定的缓冲，除了安全，这也是在模拟猎物挣扎的状态。

逗猫棒头尽量选择与真实猎物相似的材质，如羽毛、羊毛等，自然的触感和气味都能刺激猫咪的感官。注意不要选择塑料材质，很多猫咪喜欢塑料逗猫棒头，但是很容易养成不好的习惯。特别是对小猫来说，狩猎学习阶段的一个关键就是学会识别猎物。长期玩塑料类玩具的猫咪，长大后很可能会将塑料袋等物品当作猎物来玩耍，甚至吃掉。

在开始玩逗猫棒前，我们需要做好环境准备：第一是做好地面防滑。猫咪要伸出爪子抓地才能更好地跑跳，现在家庭一般都是硬化的地面，猫咪没办法抓地，因此建议在玩逗猫棒的区域铺上适合猫咪抓住的地毯、地垫等。宝宝的爬行垫也是很好的选择，不仅好抓取，还有厚度，可以有效缓冲。第二，需要将环境设置成更复杂、更适合猫咪的狩猎模式。我们知道猫咪是伏击型的猎手，单独狩猎模式不适合在开阔的区域进行长距离追捕，所以我们需要在狩猎的区域放置一些障碍物方便猫咪躲藏，任何不会造成破坏的物品都可以，比如纸箱、懒人沙发、靠枕、靠垫等。第三，利用家里已有的环境来互动，例如猫咪攀爬区等，这部分在“资源”一节我们会进一步介绍。

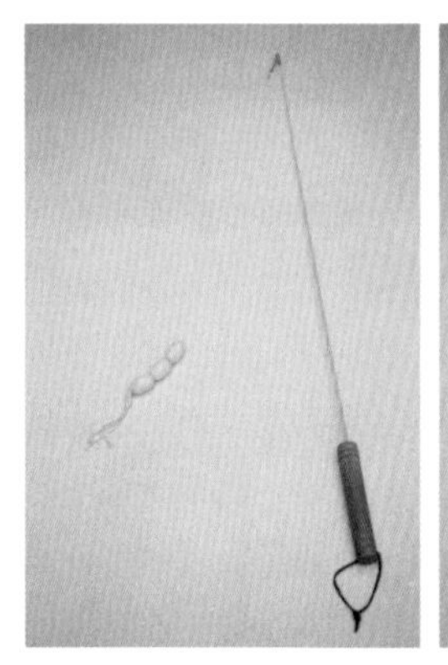
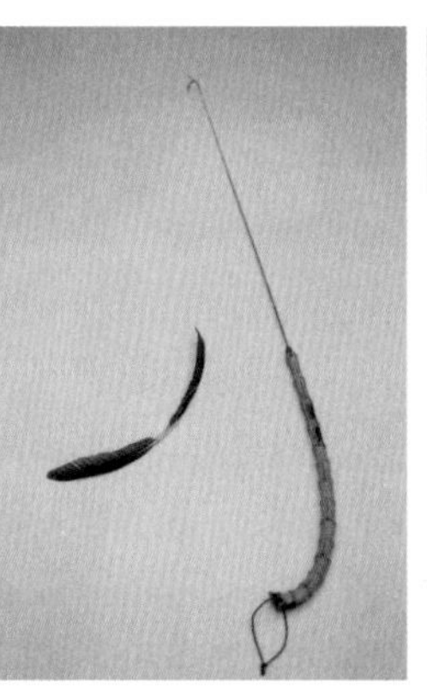
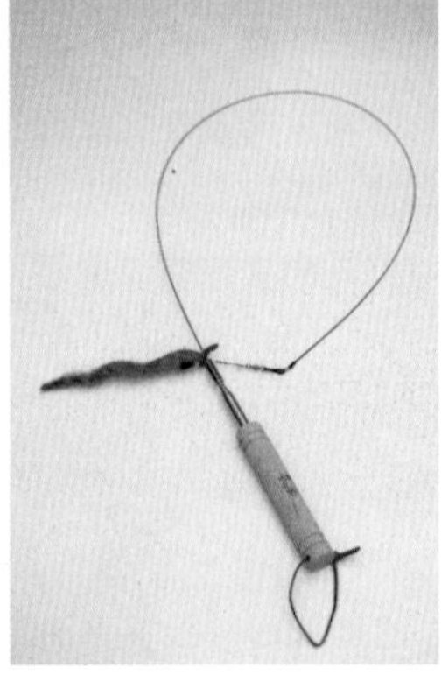
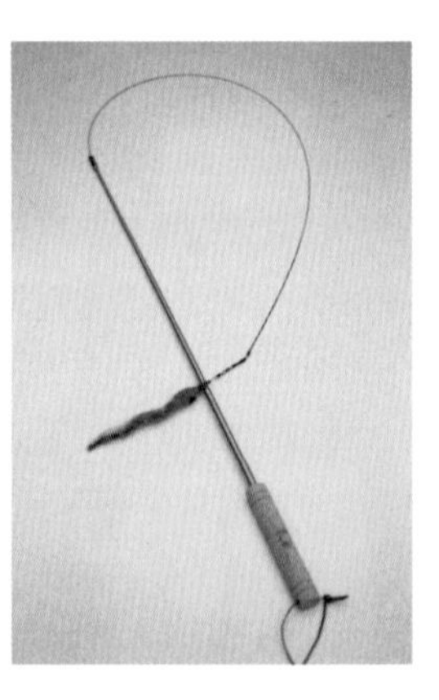

* 从左至右：逗猫棒标准版、逗猫棒专业版、逗猫棒伸缩版（缩回时）、逗猫棒伸缩版（伸长时）。

逗猫棒：猫鼠游戏

做好准备后，我们就可以拿出逗猫棒，挂上羊毛制作的“小老鼠”，开始游戏。

“小老鼠”出来觅食，出现在猫咪视线范围内大约1米处。轻轻抖动一下逗猫棒，拖行“小老鼠”来模拟猎物行动，注意观察猫咪是否已经盯住猎物，此时它将呈现僵硬的姿态：竖着耳朵、瞪着眼睛，看着猎物。这个时候“小老鼠”发现自己被盯上了，开始逃跑。要记得任何时候都要逃跑，而不是冲向猫咪。快慢结合，高低结合，动静结合，总之要让猎物显得更生动。

猫咪天然会去追逐逃跑的猎物，并搜寻猎物躲藏的地方。因此，当猫咪发现“小老鼠”后，你有两种选择：第一种，以一个合理的速度（猎物可能的速度）逃跑，一开始慢一点，猫咪越接近你跑得越快，最后保持在猫咪前方约10 ~ 20厘米处，形成一定距离（最多2米）的追击后，“体力不支”慢下来，最后被猫咪抓到。第二种是直接找一个地方躲藏，让猫咪来搜寻猎物。

猫咪抓到“小老鼠”后，你可以轻轻拉扯一下逗猫棒，抖动“小老鼠”，模拟猎物垂死挣扎的状态。当你停止动作后，猫咪会认为猎物已经死了，直接放下猎物或者叼回自己觉得安全的地方。被放下的这一刻，“小老鼠”需要立刻复活开始逃跑，于是新一轮的狩猎又开始了。

这种游戏方式的意义在于，一方面，这本来就是小猫学习狩猎时会使用的模式，即抓到放掉，再抓再放。要记住，逗猫棒作为猎物的每一步行动都是对猫咪的反馈，是基于你对猫咪的观察，在此基础上慢慢提高难度。另一方面，因为室内猫咪玩耍的机会不多，所以我们需要在短时间内进行连续的狩猎游戏。建议玩耍时长是晚上最后一餐前至少30分钟，其余每餐前10 ~ 15分钟，当然其他时间也可以玩耍。要根据猫咪的情况去调整，例如幼猫、青少年的猫（2 ~ 10月龄）、孟加拉猫等某些品种的猫都需要比较大的运动量，玩耍的次数和时间显然就要增加。一般猫咪玩几轮会休息一下再继续，这时它们会主动离开狩猎区域，甚至背对这个区域去休息。所以半小时的玩耍时间并不是一刻不停地活动。猫咪如果出现像狗那样吐舌头的状态，请立刻暂停，待猫咪恢复后再继续。

玩逗猫棒的tips

1.狩猎区域的环境要有变化。可以通过更换物品或调整物品的位置来重新设置这个区域。

2.任何时候都要记得逃跑，而不是冲向猫咪。

3.快慢结合，高低结合，动静结合，总之要让猎物显得更生动。

4.不要一下子逃得太远。很多室内猫咪缺乏经验，猎物太远它很可能就放弃了，设置一个小小的区域，保持在猫咪附近1 ~ 2米即可。

5.难度是可以变化的。猫咪在练习后也会进步，所以“猎物”可以逃得更快一点，让猫咪追击更远的距离、爬上柜子等。

6.千万不要在猫咪刚扑上来要抓到猎物时就大力快速地抽走，这样的猎物是猫咪不可能抓到的，久而久之猫咪就会失去兴趣。可以让猫咪抓到猎物，也可以以一个合理的速度逃跑，让猫咪追击一段距离后抓到猎物。

7.玩逗猫棒需要你动起来，你站定不动的情况下使用逗猫棒能到达的范围只有大概120度×2米的扇形区域。你每转一个方向，走动一步，就多一片区域，这样才能最大限度调动猫咪的跑跳、冲刺、扑击。

8.丰富猎物的逃跑线路。如果一只小老鼠永远都只是跑到某个箱子后面，那么猫咪就没必要全神贯注地盯着追了，直接过去等就行了。记住，猫咪是极其讲求效率的猎手，只有不断地变化才能让它们保持专注，提高消耗。

9.逃跑路线的丰富在于环境设置的变化，在于你走动起来，在于你是不是认真玩，拿着手机一边刷一边玩猫咪很快就会失去兴趣的。

10.记住，你作为猎物的每一步行动都是对猫咪的反馈，是基于你对猫咪的观察。例如，当猫咪扑到猎物面前却没有选择直接“抓住”，你作为猎物就应该第一时间逃跑，而不是站在原地等待被抓。

11.有些猫咪抓到猎物后会紧紧咬住不放。首先，记住你要放松，让猎物呈现出“死亡”的状态，猫咪才会松口。其次，猫咪一般会找到认为安全的地方才放下猎物，所以也要想想是不是家里没有让它觉得十足安全的位置，特别是多猫环境。

12.猫咪适应在暗光环境下狩猎，因此使用逗猫棒时也可以调低家里灯光的亮度。

13.多猫家庭要兼顾每一只猫的需求，可以选择每只猫单独在一个房间玩。

14.猫咪如果出现像狗那样吐舌头的状态，请立刻暂停，待猫咪恢复后再继续。

15.建议的玩耍时长是晚上睡前这餐前至少30分钟，另外每餐前10 ~ 15分钟，当然其他时间也可以玩耍。要根据猫咪的情况去调整，例如幼猫、青少年的猫（2 ~ 10月龄）、孟加拉猫等某些品种猫，都需要比较大的运动量，因此也需要更频繁和更长时间来玩耍。

16.一般猫咪玩几轮会休息一下再继续，这时它们会主动离开狩猎区域，甚至背对这个区域去休息。半小时的玩耍时间并不是不停地玩。

17.玩逗猫棒期间，请不要用手去和猫咪互动或抚摸猫咪。此时猫咪的肾上腺素飙升，很容易误伤你。

18.猫咪天性“喜新厌旧”，要保持猫咪对猎物的敏感，就不要总是用同一个逗猫棒头，多几个替换使用会让猫咪更兴奋。一般建议一天中替换1 ~ 3个，保持10个不同的逗猫棒头来替换。注意这里的“不同”不是指完全不同，只需要有一点小的差别都可以，例如三根羽毛和两根羽毛就是不同的逗猫棒头。

19.非狩猎时间请收起逗猫棒，一方面猫咪自己玩逗猫棒会很危险，另一方面“藏起来”是保持新鲜感的好方法。

狩猎游戏补充：益智玩具

狩猎游戏主要借助逗猫棒来完成，但并不是全部依赖逗猫棒。益智玩具和后面会提到的互动训练都是有效的补充。

益智玩具的目的在于让猫咪通过一番努力才能获得食物，这样它们就是有消耗的，而不是每天“白吃白喝”。这类玩具特别适合作为狩猎游戏的补充使用，例如主人白天离家时间过长，晚上陪猫咪玩耍的时间也有限，就可以留一些益智玩具给猫咪。

室内生活相对无聊，益智玩具可以提供很好的心智刺激游戏，重点在于我们如何引导猫咪正确使用它们。我们可以直接使用专门为猫咪设计的益智玩具，虽然品种不多，但也提供了一些选择：

1.不倒翁类：猫咪需要用爪子（少部分猫咪也会用头顶的方式）来摇动不倒翁，让食物掉出来。对于这类玩具，我们一般通过调整食物掉落孔的大小来调整难度。

2.九宫格、十六宫格类：猫咪需要学会推动正确的格子来获得格子下的食物。

3.嗅闻垫类：将食物藏进垫子的各类缝隙中，因为猫咪的眼睛无法聚焦这么近的物体，所以必须使用嗅觉来寻找食物，以此来耗费精力。

* 不倒翁类

* 九宫格类

* 闻嗅垫类

当然，益智玩具不局限于商业产品，我们完全可以利用生活里的废旧物品来制作：

* 使用矿泉水瓶来制作益智玩具，只需要剪开一些小口，塞进食物即可。

* 这种较扁平的飞机盒，用刀切开一些大小足够猫爪伸进去的口子，塞进食物即可。

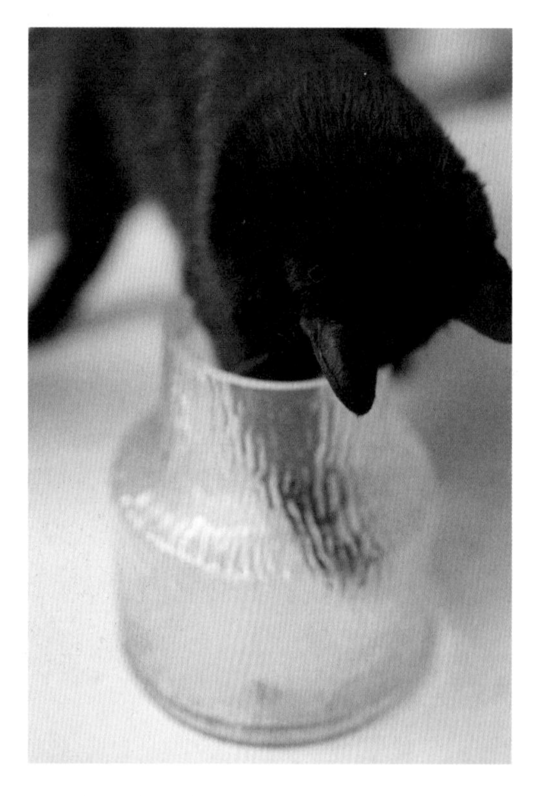

* 实际上，各种类型的纸盒、纸杯、塑料盒都可以拿来做猫咪的益智玩具，发挥你的想象力吧。

益智游戏不一定非用“益智玩具”不可。我的宝宝刚1岁，所以家里有很多婴幼儿早教教具，这些都可以用作猫咪的益智玩具；你也可以将家里原有的物品改造成为益智玩具。

* 这是一个婴儿的积木配对盒，将食物混进积木里，猫咪就可以玩了。

* 这是一个婴儿的敲击玩具，将食物放进缝隙中就可以了。

* 这是一个婴儿抓握的洞洞球，食物塞进去即可。

益智玩具甚至不一定是一个具体的物品，你还可以将整个家都当作益智玩具。只要在猫咪不知道的情况下，将食物放进猫咪日常活动的区域即可，这样的方式实际上是在鼓励猫咪去探索环境。你也可以重点把食物放在你希望猫咪多待的地方。例如，将食物放在新设置的猫爬架上，从第一层开始放；如果猫咪吃完了，第二天就再增加一层。

益智玩具内只有放入猫咪很爱吃的食物，它才有动力去玩。刚开始使用时，需要降低难度，例如不倒翁可以将开口调到最大，食物掰成最小块放在靠近开口的地方，嗅闻垫不要藏得太深等。可以选择运动结束后、吃饭前等猫咪比较有食欲的时间点，尝试让猫咪去玩益智玩具。要注意，使用完后请务必收好玩具。

第四节
社交

猫咪的社交主要包含两个方面：信息交流，增进互动。本节所讲的社交，指的是增进互动的社交。由于室内猫咪生活环境的特殊性，这类社交的对象并不限于同类，还包含了人类以及同为室内伴侣动物的其他物种。信息交流则主要通过做标记来完成，请参考下文“资源”一节。

和人类的社交互动

这里我们讨论的是可以和人类正常互动的猫咪，那种害怕人类靠近、需要接受行为调整的猫咪就不在讨论之列了。

首先，猫咪的社交原则是短时。如果互动好，可以增加频次。

其次，社交本身和作息高度相关。一只作息混乱的猫咪，你想要摸摸它的时候，它可能正兴奋地想要玩狩猎游戏，野外的猫咪也不会在狩猎期间和其他猫咪社交，所以正常社交的第一个前提是规律作息。

再次，要选择正确的时间去社交，基本原则是选择猫咪能量低也就是准备休息的时间。比如猫咪进食后在整理毛发准备睡觉，就是很好的时间点。

最后，注意控制时长。猫咪对社交的承受是有限度的，千万不要撸到猫咪不开心了才停止。每一次都是开心的体验，猫咪才会越来越喜欢让你抚摸。意犹未尽才是最好的方式，这样猫咪反而会期待和你互动。比较理想的是在猫咪最开心时主动停止互动，而不是引起猫咪反感才离开。

切记，每一次社交都以尊重为前提，意思是你的每一步都要取得猫咪的许可。我们可以伸出一根手指放在猫咪鼻端前10 ~ 15厘米处作为邀请，猫咪想要互动的话就会闻闻手指，然后主动使用头顶、脸颊这些部位开始蹭你。猫咪的社交更多的是一种气味交流，所以会使用有腺体的部位来蹭你，例如额头、眉毛、胡须、脸颊以及身体侧面等。作为回应，你最好从头部开始抚摸猫咪，例如头顶、下巴、脸颊等。猫咪会用它喜欢你抚摸的部位蹭你，顺着这些部位撸就好了。

如何判断猫咪是否喜爱你的抚摸

可以用一个小技巧来判断猫咪是否喜欢你的抚摸：抚摸时暂停一下，将手拿开，猫咪如果喜欢，就会继续蹭你的手希望摸摸。每只猫咪喜欢被抚摸的部位不同，试着找到你家猫咪的最爱，它会将它喜欢的部位展示给你，也会在你摸这些部位时表达开心，例如踩奶。

这里需要注意，咕噜声不能作为猫咪开心的标志。有一个很有意思的比喻是将猫咪的咕噜声比作笑声。很多人会觉得猫咪咕噜就是喜欢抚摸，但正如并非所有的笑都代表开心快乐，也有苦笑、尴笑，咕噜也有其他含义，比如表达请求——有些猫咪就也会以咕噜来表达“别摸我了”。我们将在第十章猫咪的沟通部分进一步讲解。

和猫咪建立良好社交互动的另一个方式是互动训练。训练的目的是建立一套沟通语言，告诉猫咪我们希望它做什么。你和猫咪进行的训练越多，互动关系就会越好，猫咪也会更了解如何和你互动。这一部分我们将在第五章展开介绍。

最后，和人与人之间的互动一样，我们和猫咪互动的前提建立在好的关系和默契上，简单来说就是良好互动越多，猫咪对你的接受程度就越高，也就越亲人。反过来，如果这只手揍过它，那么它更倾向于逃跑或用利爪来应对。

和其他猫咪的互动

这里指的是多猫环境下猫与猫的互动。每只猫的社交性是不一样的，和遗传、社会化状况、个体经验等有关，我们无法强迫猫咪进行社交，而只能为它们创造好的社交环境。所谓好的社交环境，其实就是要让每一只猫都有好的生活质量：作息规律、活动充分、资源充足等，在这个前提下猫咪才可能去“交朋友”。

猫咪是独居动物，猫与猫之间的关系更像是朋友，所以不要期待它们一定会整天黏在一起睡觉、玩耍。猫咪的社交大多比较简单，通常是竖着尾巴碰碰鼻子，互相舔毛，然后各自活动。

如果猫咪无法自发形成融洽的关系，或者说就算达成某种平衡，这个过程也大概率充满了各种不确定因素，例如打斗等，那么它们之间一旦发生过多冲突，就需要立刻隔离在两个完全封闭的房间，再让两只猫重新认识对方。

多猫相处是相对复杂的问题，如果遇到困难，最好求助于专业人士。

和其他物种的互动

第一类社交对象是兔子、鹦鹉等鸟类、仓鼠等啮齿动物，它们在自然界都属于猫咪的猎物，不建议和猫咪一起饲养。对猫咪来说，这些“猎物”很容易刺激它们的“猎手”本性，酿成悲剧。对小动物来说，每天和天敌待在一起，压力有多大可想而知。当然，不排除部分猫咪和小动物在幼年期有相关的社会化经验，长大后产生跨物种的友谊，但是难度较大、概率很低。

第二类是人类的伴侣动物——狗。受限于狗的品种、状态及其社会化程度、个体经历等因素，猫咪对狗的接受度是不同的。例如，一只约克夏犬一般来说会比一只德牧的威胁小，但一只冲着猫咪吠叫不停的约克夏又比一只安静的德牧更令猫咪不适。和猫猫之间的社交一样，我们也不能强迫猫狗互动，而应该从个体和环境上去创造机会。

从个体上来说，猫咪保持良好状态的基础是优质的生活质量，而狗除此之外还需要一定程度的训练，包括能听指令和激动控制等。在猫咪和狗开始接触的阶段，要让猫咪做主动者，让猫咪自己选择要观察、靠近还是接触；狗则做被动者，安静接受猫咪的“检阅”。在环境上，要为猫咪和狗接触做好空间的区隔，即设置一个狗狗无法进入的区域，同时为猫咪提供高处的空间，这样猫咪就可以观察狗，并在不喜欢的时候离开后者。

最后，有狩猎倾向、天性喜欢追逐和扑击小型猎物的犬种，比如某些梗犬，需要特别训练才能和猫咪一起饲养。

第五节 资源

资源指的是在猫咪的生活范围内，一切可用于生活的物资与环境。

空间

空间一方面指的是猫咪生活其中所能使用的整体空间，另一方面更具体地指如何分配使用这个空间。前面讲过，室内空间再大，对猫咪来说也是相对不足的，所以通常建议将家里能开放的空间尽量都开放给猫咪（厨房有大量食物，可以封闭）。空间里的各种资源会以各种形式分布其中，我们需要做的就是去设计通道将这些资源以及根据资源划分的不同空间串联起来。以下是一些原则。

首先还是那句话，猫咪喜欢高处，所以尽量将高层空间留给它们，并通过各种形式的通道将这些空间连接起来。不必特地加装复杂的猫走道，家中可利用的家具都是可以的。

其次，在不同资源之间做区隔，例如如厕区域和睡觉区域肯定要有所区分。

再次是串联不同空间。我们可以将不同的资源所在的区域看作不同的区，而通道就是走向这些不同区域的路径。要保证路径是畅通、便利的；多猫的家庭更要考虑给每一个区域准备至少2条通路，避免“拥堵”。理论上来说，猫咪数量越多，对这样的通路要求越高。

最后，资源丰富很重要。丰富除了选择多，还应该考虑到每只猫的具体需求。例如，一般来说，猫咪都有需要独处的时刻，因此就算关系再好的猫咪，我们也会设置多个可休息的点。

安全庇护所

猫咪作为伴侣动物和我们共同生活，那么就应该和我们一样在家中享有它们自己的“私人空间”，也可以平等地分享部分公共区域。因此，请不要单独将猫咪关在一个猫房里，更不建议笼养。所谓私人空间，对猫咪来说，就是我们之前提到的核心区域：安全庇护所。猫咪不仅是捕食者，也是被捕食者，安全感建立在对整体环境的掌控上，让它们完全躲藏起来并不能带来绝对的安全感，反而会导致它们因为对其他环境的未知而越发害怕。安全庇护所并不意味着需要一个单独的房间。安全庇护所的设置，有以下几点需要注意：

1.将猫咪的安全庇护所设置在高处。高处首先能带来良好的视野，便于猫咪观察环境；其次能将猫咪的视线范围升高，降低体型导致的压迫感。大家可以试试以躺平的姿势看站在身前的人，这1.6 ~ 1.8米的落差带来的压迫感是很强的。

2.安全庇护所需要有2个方向以上方便猫咪离开的通道。如果猫咪感觉到威胁或者有一条路被堵上了，就可以选择另一条路，有选择才能从容应对“危险”。

3.安全庇护所需要远离大门。以室内环境来说，猫咪认为的“危险”显然都是从大门进来的。拉开距离，能远离这个“危险”，还可以留有足够的距离观察。例如，快递员在门口，猫咪就有机会在远处观察：快递员这个“危险”似乎对自己没有威胁。有这样的机会重复练习，慢慢地它们就不在意快递员了。这也是为什么我们不要让猫咪躲起来，躲藏是没有机会去学习的，那么世界永远都是“危险”的，猫咪就可能永远处于对未知危险的恐惧中，这种状况就是焦虑。对于较胆小的猫咪，我们可以在安全庇护所中给它们提供半遮蔽性式“猫窝”，例如航空箱，在提高猫咪安全感的同时兼顾其观察环境的需求。

除了安全庇护所，猫咪还需要更大的空间进行其他活动，也就是我们说的共享家中的公共区域。注意，猫咪对空间的利用是整体且立体的，不局限于一处，所以你并不需要为猫咪设置“猫墙”，或提供复杂的“猫爬架”。

绝大部分猫咪都喜欢高处，所以尽量把2米以上的高层空留给猫咪，例如衣柜顶。你需要设置的是多层次的“通道”，方便猫咪到达不同功能区域：休息的地方、看风景的地方、吃饭的地方、玩耍的地方，等等；这一切都可以通过在现有的空间中增添辅助设施来实现。

复杂的猫爬架并不适用于家庭环境，占地方又不实用。鉴于猫咪对空间的利用是整体的，猫爬架通常的作用是作为一条路径通向高处，所以要选择那些方便猫咪上下的猫爬架。跨度太大、方向不合理的猫爬架会造成猫咪受伤或者干脆不使用。可以选择顶端有一个窝的猫爬架，但不要选择上下各层都有窝的，这样不仅不方便上下，在多猫的情况下还容易造成猫咪争抢打斗。

多猫家庭的空间问题更复杂。要顾及每只猫咪的需求，让它们都能拥有自己的核心区域和资源。最关键的是，在通道上的任意节点都要考虑到可以有第二选择，否则在堵塞的情况下无路可退，极易造成打斗。

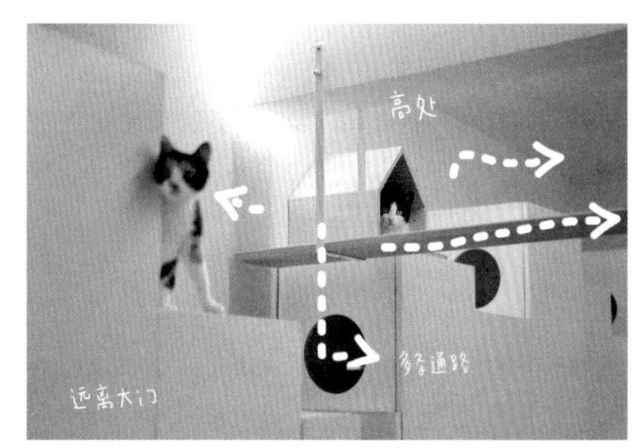

磨爪区

磨爪需要在特定区域、借助特定物品完成，所以也可以看作一种空间资源。

猫咪磨爪的首要原因是要保持爪子锋利。和狗不同，爪子是猫咪狩猎的重要武器。抓挠这一类动作会在猫咪指甲表面造成细微的裂痕，裂痕随着猫咪不断用爪而蔓延，而底层的指甲还会继续生长，内外作用下，指甲表层的指甲鞘就会慢慢脱落，而猫咪磨爪能加速这一过程。完整脱落的指甲鞘像一个弯曲的中空锥体，但是由于指甲前端比较容易磨损导致指甲鞘开裂，所以我们一般捡到的猫咪指甲都是片状的。这类磨爪动作的特点是猫咪将指甲深深嵌入猫抓柱里，用力拉扯以便让指甲鞘脱落。

磨爪的第二个原因是借此来放松身体，所以猫咪在刚睡醒、准备狩猎时都会磨爪，并常伴随着身体拉伸。这类磨爪动作一般发力较轻，且会变换几个姿势：站立起来将身体拉伸得很长，蹲下臀部着地，在平面快速磨爪，然后前后拉伸。

第三个原因是做标记。猫咪在磨爪时会留下气味和视觉标记，气味来自肉垫的腺体，视觉标记就是爪子留下的抓痕。当然，猫咪用身体其他部位蹭过某些区域时也会留下气味标记。这类标记的目的是让其他猫咪“看到”，本质是作为一种交流手段来避免冲突——“本喵多久以前在这里活动，你可以考虑下什么时间来这里合适，这样我们就不会打照面了。”

综合以上几种作用，选择磨爪工具首先要考虑材质，常见的有剑麻、黄麻、瓦楞纸、草编、线圈地毯等，各有优缺点。

* 草编

* 剑麻

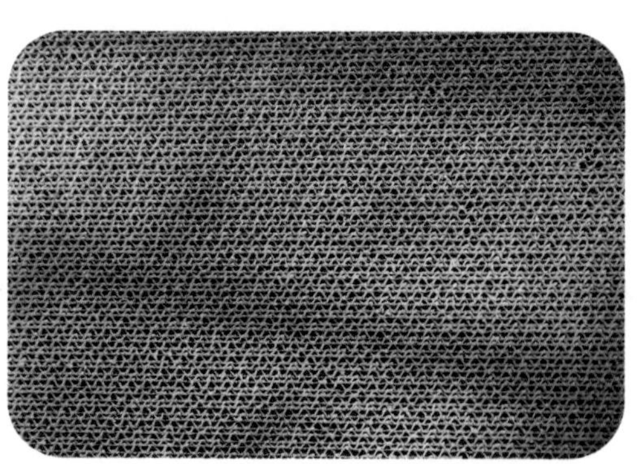

* 瓦楞纸

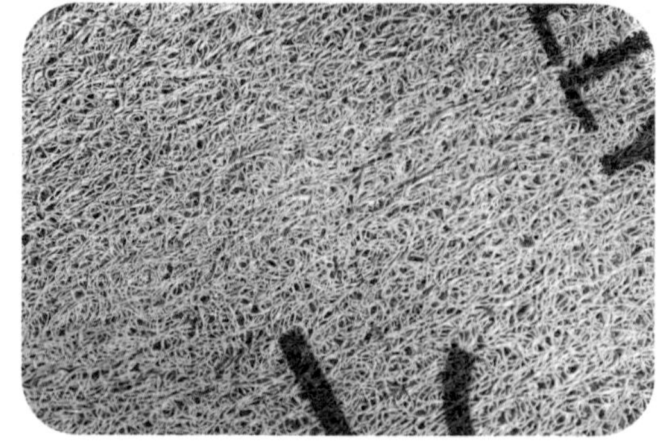

* 线圈地毯

剑麻类软硬适中，价格适中（黄麻较贵）。剑麻垫方便定制，且不会产生碎屑；剑麻绳则适合捆在各种柱子上。草编类与剑麻类相似，但是耐用度差一点，一旦抓坏就会不断产生碎屑。瓦楞纸是最常见的猫抓板材料，价格便宜，可以做成各种形状，缺点是会产生碎屑，且由于质量较轻很难固定，耐用度较差，每隔一段时间就要更换，但猫咪的磨爪工具最好不要频繁更换。

猫咪需要不同类型的磨爪工具，一般分为水平面型和竖直面型，当然你也可以提供倾斜面等各种角度方向的。最重要的是竖直面型，因为无论出于哪种原因磨爪，猫咪都要用到竖直面。竖直面的磨爪工具高度建议在60 ~ 80厘米，具体视猫咪的体型而定，比如缅因猫显然就需要更高的猫抓柱。猫抓柱状直径最好达到10厘米左右；如果是抓板，则宽度最好在30厘米以上。

磨爪工具最好是固定在一个地点，特别是竖直型的。水平型则建议选择大面积的地垫类，或者加装防滑垫以防止移动。因为抓挠做标记与空间相关，如果移动，就没有任何标记的意义了。另外从磨爪本身来说，会移动的也不适合抓，这也是一些磨爪工具买回家后猫咪却不使用的原因之一。

就剥脱指甲和拉伸这两个需求来说，磨爪工具只需放置在猫咪核心区域附近即可，因为猫咪一般都是起床准备活动的时候磨爪。至于标记这个需求，磨爪工具的摆放位置则非常关键。许多猫咪乱抓家具的原因之一便是合适的位置上没有合适的磨爪工具，于是它们就直接在重要位置的家具上标记。正确的方式是，在猫咪日常活动的“交通路口”设置标记点。许多沙发会遭殃的原因在于，沙发通常摆放在家中的核心位置。有此困扰的猫咪主人可以站在沙发位置（或者猫咪乱抓的位置）观察一下家中环境——此处是不是通向各处的一个“大路口”。解决方法是在此处设置一个磨爪工具或调整下空间分布，让沙发不再处于猫咪的交通道路上，这样即使是皮沙发也不用担心啦。

我们鼓励猫咪通过磨爪做标记，建议多设置一些工具，因为这是猫咪安全感的来源之一，否则在压力下，很多猫咪会选择喷洒尿液这种更强烈的气味标记方式。总之，不磨爪或过度磨爪的猫咪都很可能处于压力、焦虑之下，建议寻求专业人士的帮助。

另外，要着重强调的一点是：剪指甲和猫咪是否磨爪、是否在不正确的地方磨爪没有关联。给猫咪剪指甲只是为了避免被猫咪刮伤，并不会影响猫咪的磨爪行为。

残忍的去甲术

这是过去一种为了避免猫咪在主人不接受的地方磨爪，而将猫咪的指甲连同第一节指节去除的手术，许多国家已经明令禁止。去甲后的猫咪即便“乱抓”也无法造成伤害，但无法磨爪会给猫咪带来巨大的痛苦：生理的疼痛和压力反而会引发更大的问题，许多猫咪会发展到以牙齿为攻击武器的地步。

如厕区

这里讨论的是正常排泄的情况。猫咪喷洒尿液有其特殊作用与原因，例如性成熟的公猫喷尿；焦虑、压力等问题也会导致这种行为。

猫咪选择在猫砂盆里排泄，不是因为它需要猫砂盆，而是因为在正确的地点有一个合适的地方、符合需求的材质可用于排泄。因此，如果你的选择错误，例如猫砂盆太小，那么猫咪完全可以选择其他地点，在被子这样柔软的材质上如厕也是它不错的选择。

如厕当然也可以训练，4 ~ 5周大的小奶猫开始自主排泄后，吃完奶、睡觉起床都要排泄，这个时候将它们带到准备好的猫砂盆里即可。从我们将它们带去猫砂盆开始，再到在一个小空间中让小奶猫自主去猫砂盆排泄，再逐步放大空间，给小猫咪更多自主权主动到猫砂盆去排泄。这个训练很像人类幼儿如厕习惯的养成，是一种关联学习：使用猫砂-排泄。结果就是只有某种特定场所——猫砂才能刺激猫咪大脑给予膀胱放松的信号。

在野外，猫咪可选的如厕材质很多：沙土、泥土、碎石、干草堆、落叶堆等，有些猫咪还会选择小溪边这样的流水区域。总的来说，猫咪喜欢的是松软、细颗粒、不带任何人工香精的猫砂，从健康角度考虑，尽量少一点灰比较重要。显然那些大颗粒的、人工添加过后有很明显气味（如奶香味、绿茶味、水蜜桃味）的猫砂都不是好的选择；加入诸如竹炭、号称能“吸收异味”的猫砂也不好。正常情况下，只要及时清理，猫咪的排泄物并不会有很大味道，臭味大多源于猫咪吃的食物种类，例如以干粮这样高温膨化食品为主食的猫咪排泄物味道自然就大。猫砂厚度保持在5 ~ 10厘米即可，少了及时添加，不要让猫咪刨坑时刨到猫砂盆底部的塑料材质，那种触感对猫咪来说并不舒服。

除了猫砂材质，猫砂盆的摆放位置也需要特别注意。自然状态下，猫咪一般会在自己的核心区域外排泄。猫咪不像人类那样如厕时需要隐私，它们更需要的是好的视野，且方便出入。对室内猫咪来说，第一，主要生活区域内要有猫砂盆，一般以房间为单位，千万不要活动在客厅、猫砂盆却放在另一侧的阳台；第二，猫砂盆要和核心区域保持一定距离，和其他资源也保持一定距离，当然距离不一定是要拉远，比如一堵矮墙的两侧实际距离不远，但在猫咪看来已经是两个空间了；第三，不要将猫砂盆塞进犄角旮旯，而要放在视野开阔、方便猫咪出入的地方；第四，要放在相对安静而非经常有人经过的地方；最后，不要安置在洗手间内，洗手间环境过于潮湿，且有时候会关门，猫咪刚好在这时有排泄需求就可能选择其他地方。

* 在野外如厕的猫咪

猫砂盆的选择很简单，足够大且平底即可，因为猫咪需要在里面刨坑、排泄并掩埋，所以需要自如地转身。开放式猫砂盆的大小至少要达到猫咪（不算尾巴）体长的1.5倍，正常猫咪体长在40 ~ 50厘米之间，所以猫砂盆尺寸至少要有60 ~ 75厘米。一个有趣的现象是，市售的猫砂盆基本都太小，特别是很多猫砂盆为了造型好看，实际使用面积并没有看起来那么大，比如半圆形的盆。一个比较实惠的建议是，大家可以选择各种类型的储物箱，注意要选正方体造型，这样猫咪踩在边缘处时不会引起侧翻。储物箱的价格便宜，可选择的尺寸也多，哪怕是缅因猫这样的超大型猫咪都可以找到合适的选择。

封闭式猫砂盆一般要更大，因为要把尾巴装进去，还要有方便进入的通道。许多封闭式猫砂盆为了防止带出猫砂，采取顶入方式，这对肥胖、有关节炎的猫咪来说极不友好。多猫环境下还要谨慎使用，关系不够好的猫咪共同使用猫砂盆，容易引发问题。

至于全自动猫砂盆，和其他猫砂盆产品一样，主要问题都在于不够大。我对电子类产品的可靠性一贯持谨慎态度；猫砂盆侧翻可能将猫咪困住，电子识别错误可能会惊吓到猫咪，后果都是很严重的。所以我更倾向于自己清理猫砂盆，这样做还有一个好处是便于观察猫咪的排泄情况，从而掌握猫咪的健康状态。

清扫频率基本保持在一天2次，早晚各1次。及时清扫可以更好地保持猫砂盆气味清洁，毕竟这不像户外的土壤，可以自然分解。至多10 ~ 15天就要完全更换掉所有猫砂，并清洗猫砂盆。清洗猫砂只需要用清水，或添加些小苏打多刷洗几遍即可，千万不要使用任何刺激性或者有香味的消毒清洁剂。清洗后放在太阳下暴晒后使用。猫砂盆最好也定时更换，毕竟绝大部分塑料猫砂盆都会有一些很难清洗干净的缝隙，一般建议2年更换一次。

原则上还是要让猫咪获得良好的如厕体验，毕竟越符合它们的使用需求，猫咪排泄时就越喜欢使用猫砂盆。一旦猫咪因为厌恶猫砂盆而开始寻找新的材质或新的地方来排泄，调整起来会极耗时耗力。

不要教猫咪使用马桶来上厕所。这不符合猫咪的天性，最重要的是还会带来猫咪掉入马桶的风险，并很可能成为猫咪乱撒尿的开始。

进食区

关于猫咪的饮食，我们会在其他部分单独介绍，这里我们主要针对的是进食的其他问题。进食不仅是作息中的重要组成部分，而且是很好的训练机会，如外出和就医训练中一定会用到的航空箱，在训练时就可以让猫咪直接在航空箱内进食，这样的方式能让猫咪不断和航空箱产生好的联结。在引进新猫咪时，隔门吃饭也是同样的原因。

然后是食碗的选择。食碗要好清洁，还要有一定的重量，且底部是平面，这样不容易打翻，所以通常会选择陶瓷、不锈钢的平底碗。碗径大小要参照猫咪的脸部尺寸，大脸猫就尽量给大一点的碗吧！有人说要避免猫咪的胡须碰到碗，否则它们会不爱吃，但无论出于经验还是根据已有的实验结果，这个说法都不成立。碗的形状并不影响猫咪进食，食物本身才重要。垫高碗对绝大部分猫来说都是不必要的，对部分容易胃液返流的猫咪，找本书或其他任何东西将食碗垫高一点即可。

最后，如果是多猫家庭，请千万不要让好几只猫挤在一起或排成一排吃饭，那会给猫咪很大的压力。

饮水区

关于猫咪喝水的问题，我们将在第十一章“猫如其食”中详细介绍。总的来说，并不能将猫咪定义为“不爱喝水”，但是它的饮食习惯和喝水方式决定了自主饮水并不是其主要水分来源。不过，干净的水源依然是猫咪的基本生活需求。

我们需要每日为猫咪提供干净、新鲜的水。新鲜意味着至少每日更换一次，干净意味着一定要好好清洗水碗。一般不建议直接给猫咪喝自来水，自来水中的氯味对猫咪来说非常明显。凉白开、过滤水、纯净水、矿泉水都可以。

水碗选择深度5厘米以上的比较好，最好是直上直下的平底盆。材质上推荐陶瓷，比较好清洗，且有一定重量，不易打翻。可以多备几个水碗，放置在猫咪活动、路过的区域即可。

流动的水不是必需的，只是有一些猫咪会喜欢，更多的猫咪只是用来玩耍。市面上的猫用饮水机大多采用喷泉式出水方式，这并不适合猫咪的饮水习惯。如果需要提供流动的水，也尽量避免喷泉式饮水机。另外，以我个人经验而言，因为饮水机需要每日清洗，尤其内部水泵等零部件清洗费力，使用饮水机给我带来的更多是麻烦而不是便利。

第六节 安全感

猫咪的安全感，可以描述为对生活范围内所有资源与环境的掌控度、丰富性和可预期的关系总和，聪明的你们一定发现了，安全感来源于我们在这一章反复提及的猫咪生活质量。

猫咪作为独居的领地型物种，没有演化出复杂的社会结构或社会行为，通常而言，它们的安全感首先绑定的是生活领地，简单来说就是它们过得越好，就越有安全感。而我们对它们的所有期待——不害怕陌生人、和人互动良好、接受人的抚摸抱起、能够外出、能够安定地接受美容、医疗等，都建立在安全感的基础之上。试想一只在家都害怕陌生人的猫咪，怎么可能在出门后安定呢？而一只有安全感的猫咪不但会更开心，身体更健康，互动时更好更多地向你展示“爱”，还会有更多可能：去接受一只新的猫咪或狗，能安定外出，甚至一起旅行等。可以说，对限制在室内这方小天地的猫咪来说，这为它们开了一扇通往自由花园的大门。

那么，现在我们换个角度，来看看人类在其中所起的作用。很显然，人类作为这一切资源的提供者，不断地和猫咪进行正面互动，那么人类是否有可能成为安全感的来源呢？心理学、演化、动物行为学领域有一个探讨人与人情感纽带的理论叫作“依恋理论”，该理论最重要的原则是婴幼儿由于其社会与情感需求，与其主要照顾者（一般都是妈妈）发展出亲近关系。这个观点最早由精神病学家、精神分析学家约翰·鲍比提出。

依恋理论中最著名的一系列实验是哈利·哈洛对恒河猴所做的实验，这一系列实验探究了爱的本质，认为爱并不是来自本能上对食物等的渴望，而是来自接触、爱抚及由此产生的安全感。哈洛的恒河猴实验争议性极大，因为极其残忍甚至被视为美国动物权益运动的导火索。哈洛的实验之后，人们不但更加重视对实验动物权益的保护，许多孤儿院、社会福利服务机构也据此调整了对待孤儿的方式，医院开始将出生后的新生儿放在母亲怀中，等等。

科学家们进一步研究发现，神经内分泌的激素催产素和多巴胺在母婴之间的接触、爱抚等行为的发起和维持中起到关键的作用。在相关实验中，“好”的大鼠母亲，即那些表现出高频率的舔舐、梳理等护理行为的母亲，其关键大脑区域的催产素受体有高表达，这种特性甚至是可以遗传的。功能核磁共振显示，富含催产素受体的区域很大程度上与多巴胺源和目标区域是重叠的，例如催产素作用在伏隔核中促进多巴胺释放，带来的是母性行为质量的提升。实验中，哺乳期母亲大鼠的催产素受体和多巴胺神经元之间建立了强大的功能联系，决定了它们是否是“好母亲”。实验进一步发现，催产素和多巴胺神经元都会对环境条件例如压力有反应，压力反应进而造成大脑损伤，而这会进一步影响母性行为的质量。同样的联结在主人与狗中也有，日本的研究者长泽美穗等人发现，与自然界中凝视通常代表威胁的规律不同，狗发展出与人类类似的交流方式，相互凝视，在此过程中反而增加了催产素浓度。另一项研究中，在10只狗和主人互动60分钟后收集其血液样本，并使用莫纳什狗与主人关系量表来测量，通过酶免疫分析血液样本中的催产素和皮质醇来对比测试结果：催产素在良好互动中显著升高，进而降低了代表压力的皮质醇水平，并且这种关系是相互的。

那么，猫咪和人类之间又如何呢？林肯大学以玛丽·爱因斯沃斯的“陌生情境实验”为模板，进行了一项关于猫对主人的依恋关系研究。

“陌生情境实验”主要测试妈妈带着宝宝进入一个陌生的房间后，宝宝在四种情况下的反应：1. 在妈妈的陪同下，待在陌生房间里；2. 有妈妈的陪伴，房间进入一名陌生人；3. 妈妈离开，宝宝单独和陌生人相处；4. 妈妈回来后。

通常而言，在妈妈那里寻求安全感的孩子和狗都会表现出几种反应：首先尽量与妈妈保持接近和接触，并在之后的分离中表现出痛苦。但短暂分离后，妈妈返回，宝宝表现出愉悦的迹象，将妈妈看作受到惊吓时的避风港，进一步将妈妈视为一个“安全基地”，宝宝可以离开并从事其他活动。

林肯大学的实验测试了20只家猫的情况，研究人员观察的结果显示：在一个陌生环境中，猫咪通常不会寻求主人作为安全感来源。这篇研究被媒体广泛报道，并解读为猫与主人之间无法建立起依恋关系。这是错误的解读，实验结果显示的是猫无法从主人身上获得安全感，所以这实际上是安全依恋测试而不是依恋关系测试。陌生环境对未经训练的绝大部分猫咪来说都是压力，它们表现出的都是因害怕而导致的回避行为，比如有两只猫在整个实验测试过程中都是躲藏起来的。

克里斯蒂安·维塔莱等研究者在2019年对3～8月龄的幼猫进行了相关实验，并根据人类婴儿和狗的标准（主人返回时表现出压力减少的反应、与主人的接触、重新探索的行为等）进行评估。结果有70只小猫被划分为依恋类型，其中45只属于安全依恋类型。接着，研究人员继续测试38只1岁以上的猫咪，其中25只属于安全依恋类型。作者由此得出的结论是：总体而言，存在猫咪与人类之间依恋关系的指标，包括接近寻求、分离困扰和团聚行为。我也曾经和喜乐进行过类似的实验，喜乐很明显地表现出了依恋。如果你家的猫咪经过训练能安定外出，不妨也来实验一下。

哺乳动物的大脑在本质上都是“社会性”的，社会性的程度则由催产素系统来调节，所以狗这样的社会性物种很自然地与同为社会性物种的人类建立起强烈联结。猫咪的特殊之处在于，它虽然具有社会性但它是独居的，所以对猫咪来说，与人类建立起依恋关系是一种选择的结果，而不是倾向。换句话说，和人类婴幼儿对社会关系与情感互动的本能需求不同，猫咪与人类的关系在于“建立”。对人与猫咪之间的关系，库尔特·科特夏尔等人提出了三个要素。

第一，猫和主人之间的联系有多紧密？这与由催产素系统和中脑边缘奖赏系统共同介导的、猫与主人彼此靠近的冲动有关。在第一章中我们曾提到，研究显示家猫与野猫在建立和维持特定神经元连接、血清素神经支配和恐惧条件反射方面具有不同之处，这些差异进而影响了它们不同的记忆和奖励反应。也就是说，驯化的进程实际上已经给我们和猫咪之间“建立关系”打下了基础。此外，个体的因素也很重要，例如遗传特质、社会化程度等。

第二，猫与主人之间建立的关系质量如何？这关系到双方的信任问题，例如人在多大程度上是猫咪的避风港，以及双方情感关系如何——是相互给予安定的情绪，还是会成为引发对方压力状况的来源。

回顾一下我们在之前五个需求中提到的细节，信任就是在这些点滴之中建立的。从有质量的狩猎游戏到规律的作息，这是建立信任的基础；不使用任何打骂惩罚，以尊重为前提的抚摸互动，这种可预期性所带来的安全感在逐步增强信任关系；通过科学的训练适应航空箱和外出就医，则进一步地强调了人作为猫咪避风港的角色。虽然猫咪首先将领地作为安全感来源，但是人类才是其中最核心的资源。

第三，猫与主人在一起做什么，互动方式如何？这也是我们会在第五章中谈论的内容——训练。训练是一种互动、一种游戏；更重要的是，正确的训练是建立在有效沟通的基础之上的。

库尔特·科特夏尔等人回顾了69项关于人与动物互动（HAI，human-animal interaction）的研究，指出良好的互动在以下方面对人类有着积极的影响：减少与压力相关的参数，如肾上腺素和去甲肾上腺素；改善免疫系统功能和疼痛管理；增加对他人的信任度；减少攻击性；增强同理心和促进学习。

同样，本书的目的不只在于告诉大家猫咪的天性，以及如何从猫咪的需求角度去避免问题、解决问题，更重要的是我们如何与猫咪建立起好的关系，这才是人与动物之间最积极的相互作用。

CHAPTER 5

训练让猫咪更自在

动物行为学家约翰·布拉德肖在其著作《猫的感觉》中提出，我们可以通过两个方式来让家猫适应21世纪的生活：1. 由于猫咪还没有完全被驯化，所以我们仍然有空间来通过选择繁殖改变它们的行为和性格，以适应21世纪的生活方式，但是这种选择性繁殖的效果最快也要几十年以后才能看到；2. 我们可以训练猫咪，改变它们理解和回应周围环境的方式。后一点正是我们这一章的主题：猫咪可以训练，猫咪也需要训练，我们可以通过训练让猫咪适应现代城市生活，适应它们无法天然去理解的事物，比如吸尘器、陌生人、外出、就医处理、美容等。

第一节

什么是训练

听到训练，你会想到什么？某种职业的训练？某种运动的训练？似乎都很严肃、枯燥、辛苦。我们所说的训练与此不同，指的是以科学和猫咪的福利为基础，顺应天性、建立沟通、调整情绪，以游戏的形式来进行的训练。所有使用暴力、恐吓、体罚方式的训练皆不在此列，包括但不限于：拍头、弹鼻头、打屁股、恐吓、厌恶性味道（比如柠檬）、不适的触感（双面胶）、电击等。

天性

顺应天性，首先指的是以尊重天性为前提去设计训练内容，目的是帮助猫咪适应现代生活、丰富生活，而不是为了表演或仅仅服务于人类。例如，训练猫咪和我们握手，最重要的目的在于让猫咪安定接受爪子被握住这件事，这样它就能适应采血打针等医疗处理而不会害怕，所以这个训练不是一个好玩的游戏而已；又如，室内猫咪由于环境所限，生活容易变得无聊，所以我们可以通过互动训练去提供感官刺激和活动。其次，顺应天性也意味着训练的内容不会超出猫咪自身的能力，例如让猫咪跳火圈、学人类直立走路等显然有违天性的活动和感官刺激完全可以由其他训练替代。这其实就是动物表演、马戏团与伴侣动物训练最大的不同。

沟通

训练即沟通，因为训练其实是建立起一套沟通语言，以此来告诉猫咪你希望它做什么、什么东西不需要害怕、什么情况下应该怎么办。比如，我们虽然将训练猫咪坐下称为“训练”，但是“坐”这个行为是猫咪本来就会的，所以我们其实是通过训练来和猫咪沟通：现在我需要你坐下。又如，我们需要定期给猫咪体检、打疫苗，绝大部分检查都不会导致猫咪产生生理上的疼痛，对它们来说，恐怖来自对未知的恐惧。就好像你忽然被“外星人”抓走，莫名其妙到了一个奇怪的地方，亮眼的灯光、奇怪的气味，“外星人”忽然抓住你这里捏捏、那里摸摸。但是，如果我们通过训练让猫咪明白这个过程是怎样的，原本被“外星人”抓走的恐怖事件就变成了只不过是被握住爪子而已，只不过是要被安定抱着而已，只不过是安定趴着而已，就医也就没有那么恐怖，甚至是可以淡然接受的。

在《旧约》中，原本世界上的人类都说一种语言，但是当人们来到示拿之地，想要修建一座通天塔时，耶和华降临震怒于人类的傲慢，于是惩罚人类，打乱了他们的语言，让人们无法知晓别人的意思。我们和猫咪之间也是如此，无法沟通常常造成误会，令双方的互动进入恶性循环。例如，当你想要在电脑前工作时，猫咪也许只是想要互动，它们通常采取的最直接的方式就是站在你面前，于是踩上了键盘。有些主人可能会拿零食哄猫咪，结果就是猫咪学会在这样的情境下能获得食物，于是一次又一次地在主人工作时站在电脑前；有的主人会忍不住顺势摸摸猫咪，可能的结果就是猫咪理解了这样的方式是有用的，于是在主人工作时一次又一次踩上键盘；有些主人可能急躁地赶走猫咪，于是猫咪慢慢地认为人类太可怕了，“本喵只是想要撒娇，你竟然赶我走”，于是互动越来越少。如果这个时候我们能通过训练与猫咪建立起有效沟通，就能有另一种选择：训练猫咪进入航空箱安静等待，这样既不打搅你工作，猫咪又得到了互动，还将训练所得融入生活中。

当然，这套沟通语言不是我们说的语言，而是认知学习理论，实际上是物种和环境的互动方式。从另一个角度来说，无论你主观上是不是想训练猫咪，你实际上都是在训练猫咪，并且因为这是一种互动，所以猫咪实际上也在训练你。打个比方，野生状态下的猫咪实际上是不太会喵喵叫的，喵喵叫通常出现在幼年期和猫妈妈的沟通中；成为伴侣动物的猫咪则很容易发展出使用喵叫和人类“沟通”的方式。据研究，这是猫咪个体独立发展出来的行为，所以并非所有猫都会对着人喵喵叫。这种“沟通”的建立其实就基于你对猫咪喵喵叫的反馈：怎么啦？饿了吗？想要摸摸吗？你给的反馈越多，猫咪就越知道喵喵叫是有用的，因为这意味着能得到主人的注意、食物和玩具。因此，无论主观与否，都可以说在这个情况下你被猫咪训练了，也可以说是你训练了猫咪通过喵喵叫来和你沟通。当然，是否接受猫咪喵喵叫来沟通就是个人喜好的问题了。我希望大家了解的是，每一次互动的结果都决定了这种互动将会重复还是不再发生，每一次互动其实都在决定着你们的关系。

你和猫咪的训练是在每天、每一次互动中不断发生的，所以问题其实不是你想不想训练你的猫咪，而是你要如何训练你的猫咪。如果你想要收获一只快乐的猫咪，想要和猫咪有好的关系，那么放任互动在所谓“自然”状态下发生就是一种冒险。科学的进步让我们得以越来越深入地理解猫咪，也让我们具备了有效的工具与它们建立沟通。羡慕“别人家的猫”，还不如让自己的猫咪变成“别人家的猫”。

游戏

可能很多人对狗的训练有所了解，其中很大一部分是训练缉毒犬、搜救犬、导盲犬、助残犬、听障犬、飞盘犬、敏捷犬等。它们之间有共性吗？有，那就是无论何种类型的工作犬，它们接受的训练本质上都是一种人与狗共同完成的游戏。游戏或者说工作，是依据狗的天性和犬种的特点选择的，而训练其实是教会狗在游戏或工作中的规则。对狗来说，工作的背景其实没有那么重要。例如，史宾格通常会用作缉毒犬，而作为伴侣动物饲养的史宾格则完全可以玩嗅闻游戏，只不过是工作环境的不同。对狗来说，重点也不是找到毒品后能得到什么，而是对嗅闻的内驱力。当然，从内驱力来说，狗还有一大特点是天然倾向于和人类进行团队合作。换个角度说，训练即是人与伴侣动物之间的互动游戏，而游戏带来的是对心智的刺激，可以促进认知发展，有效调节情绪，提供社交互动和重要的身体机能锻炼。至于为什么是游戏而不是工作，区别就在于游戏是建立在物质需求之上的社会行为方式。

情绪

训练也与情绪有关。All learning is social and emotional（所有的学习都是社会和情感的），这句话出自美国圣地亚哥州立大学教育学教授南希·弗雷、道格拉斯·费舍尔和多米尼克·史密斯（Nancy Frey, Douglas Fisher and Dominique Smith）的著作《社会交往和情感教育》（*All Learning Is Social and Emotional: Helping Students Develop Essential Skills for the Classroom and Beyond*），其要旨在于推进教育理念的更新：无论你是否意识到，学校和课堂都不仅教授知识内容，而是在每一次教学（互动）中都会促进（或损害）学生的社交和情感发展；社交和情感发展受到损害，就会阻碍学习的发展。

同理，在我们和猫咪互动的过程中，我们说话和行动的方式、互动的内容，无不影响着猫咪与我们的社交互动、情绪状态和认知。任何一次互动其实都是情绪和社交的学习机会。换句话说，如果你的猫咪很有攻击性，那么很大概率是你“教”出来的。打个比方，如果你从养猫咪的

第一天起，就以不尊重它的方式对待它——想抱就抱，想撸就撸，那么可以说，几乎每次互动都让猫咪不舒服。它的情绪可能一开始只是不适，逐步会变成烦躁，再进一步就是焦虑。相应地，猫咪的应对方式一开始可能是忍受或发出不满的声音，慢慢就变成咬你的手让你放开，最后甚至你的手刚靠近就开始攻击你。可这时候许多人却说：明明小时候都是可以抱的。

行为不可能单纯只是表象上看到的，它的另一面是情绪，当我们将训练建立在良性互动的基础上，我们的行为同时也在构建良性的情绪。是的，情绪是构建出来的，而不是动物的本能引发的。从神经科学上说，大脑中找不到任何一个代表着开心、害怕或愤怒等情绪的分区或系统。外界的刺激输入后，大脑根据以往经验做出预测，由此产生的预期反应称为情绪。这就是为什么面对同样的状况，每个人的情绪感受并不一样，因为每个人的经验不同，大脑得出的结论也不同，预期的反应表达自然不同。正因如此，情绪比我们过去认为的更容易改变。当实际发生的结果和大脑的预测不一致时，大脑就有机会去学习新的结果，那么在下一次面对这个状况时，情绪也就不一样了。

所以，训练一方面是我们与猫咪进行良性互动，另一方面也是在帮助猫咪与环境（如外出、就医等）进行良性互动。当我们构建出的是放松的情绪，就能很自然地解决猫咪外出感到害怕的问题。这一切都是环环相扣、互相促进的——好的互动带来好的情绪，好的情绪又促进好的关系，好的关系带来好的互动，对猫咪、对你，都是如此。

第二节
训练工具箱

工欲善其事，必先利其器，接下来我们将训练工具分为几类，逐一讲解。

操作条件反射理论

我们反复强调训练是基于科学的方式，那就必然涉及理论基础。训练的原理实际上是利用猫咪的学习方式，这里的学习指的是个体经验的结果，即行为的改变。

猫咪的学习方式有很多，例如观察学习。这种学习方式最常见的表现是小猫学习母猫，或者同窝兄弟姐妹互相观察学习。比如，小猫观察到母猫在猫砂盆内排泄之后，也会学着在猫砂盆上厕所，包括刨坑、掩埋粪便等行为；再比如，一只小猫学会了使用益智玩具，其他小猫也很有可能通过观察来学习益智玩具如何使用，通常这会比它自己琢磨快得多。近年来，甚至有研究显示，社交良好的伴侣猫咪很可能具备模仿学习的能力，模仿的对象不只是同类，也包括人类；例如，有些猫通过模仿人类按下门把手的方式学会了开门。不过，上述学习方式发生的机制还不够明确，且要素限制较多，一般来说不会作为“训练”猫咪的方法。我们的训练主要基于：操作条件反射。

操作条件反射最早的相关研究出自美国心理学家爱德华·桑戴克。桑戴克设计制作了一个迷箱，观察猫咪逃出迷箱的行为。第一次，猫咪花了很长时间才弄明白如何打开箱子；慢慢地有了经验后，猫咪打开箱子的速度就越来越快。根据实验的结果，桑戴克认为某些结果能够强化行为，某些结果能够弱化行为。最终，这些研究被桑戴克总结为三大定律。

1.效果律：试错学习的过程中，如果其他条件相同，在学习情境做出特定的反应之后如果能够获得满意的结果，则其联结就会强化。若得到烦恼的结果，其联结就会削弱。

2.练习律：在试错学习的过程中，任何刺激与反应的联结，一旦练习运用，其联结的力量就逐渐增大。如果不运用，则联结的力量会逐渐减小。

3.准备律：在试错学习的过程中，当刺激与反应之间的联结事前有一种准备状态时，实现则感到满意，否则感到烦恼。反之，当此联结不准备实现时，实现则感到烦恼。

三大定律有其进步意义，但是也有缺陷。被称为“操作条件反射之父”的斯金纳并不认可准备律关于心理状态的描述，因此设计制作了“斯金纳箱”，通过实验来观察测量鸽子和大鼠在其中的行为。在斯金纳箱中，受试者实际处于一个控制稳定的环境，实验者可以对行为后果给予系统性的改变，以此观察行为改变的情形。斯金纳依此逐步建立了关于强化、惩罚与消退等操作条件反射理论。他的工作为实验心理学的发展做出了巨大的贡献，但是他将自己的行为主义称为“激进行为主义”，并且从一种科学理论上升为哲学思想。斯金纳认为自由意志的概念只是一种幻觉，人类行为都是条件反射的直接结果。他在1948年出版的《瓦尔登湖第二》一书中描绘了一个虚构的乌托邦社会，在这个社会中人们通过使用操作条件反射来训练成理想的公民。

斯金纳对实验心理学的巨大贡献在于，他验证了操作条件反射并不是发明出来的，而是从动物行为中观察总结出的理论。这些理论真实有效，至今依然有着至关重要的作用，应用于各个领域。行为主义受到诸多批评并不是因为操作条件反射是错的，而是因为他们片面地只研究可观察的外在行为，而未能全面地看待动物与人的行为、认知、思维以及情绪之间的关联。斯金纳的激进行为主义和当时科研发展的背景有关，过去几十年来，我们显然有更多的研究来完善发展这些理论。伴随神经科学等领域的进步，行为、心理、认知和记忆研究都有了更全面的发展，这一转变被称为认知革命。本章的训练虽然主要借助操作条件反射作为训练方法，但依然会全面结合猫咪的天性、遗传、行为、情绪和认知等。

操作条件反射的基本原理非常简单：当一个行为发生之后，如果所产生的结果是好的，那么这个行为就会倾向于重复发生；反之，如果产生的结果是不好的，那么这个行为就会倾向于不发生。举例来说：猫咪对着你喵喵叫，这是行为发生；你给猫咪零食，这是结果；对猫咪来说，零

食一般都属于好的结果，于是喵喵叫就会重复发生。这就是我们所说的正向训练、鼓励训练。反过来，猫咪喵喵叫，你觉得很烦，用力拍了猫咪的脑袋，那么这个结果就是不好的，猫咪就慢慢地倾向于不对你喵喵叫，这就是体罚式的训练。体罚式训练在生活中是应当受到强烈抵制的，具体原因我们将在下文中解释。

实际训练的原理其实也很简单，当猫咪做出一个我们认可的行为时，我们就可以通过奖励来告诉猫咪它刚才的行为是对的，有了奖励，猫咪就会倾向于去重复这个行为；反过来，如果猫咪做的是你不喜欢的行为，那么忽略（即没有奖励去增强）就可以了，由于得不到增强，这个行为也会慢慢消失。理论上来说，你教会猫咪越多“好的行为”，“坏的行为”就会慢慢消失，猫咪也就越乖。当然，这一切都基于猫咪主动且自愿的情况，也要顺应猫咪的天性需求。举个很简单的例子，猫咪想要吃零食，它可以选择一直叫、一直抓你来获得食物，你也可以教会它安静坐着就能得到食物。这两种行为都不违背猫咪的天性，而教会它后一种方式对双方来说都是更好的选择，何乐而不为。当然还是要强调一下，实际训练中，情况会更复杂，我们依然要结合猫咪的需求等综合考虑。

再简单一点说，你其实手握着奖励的标准，所以我们说无论你是否主观上知道，你都是在训练猫咪，也就是在塑造猫咪的行为、性格，而现在我们学习的是有意识地塑造，换个词就是“教育”。需要注意的是，这一切是建立在已经满足了猫咪生活需求之上的，正如我们不能要求一个饥饿的婴儿不哭了才能吃东西，我们也不能让猫饿肚子来增强食物动力，以此来训练它们。这种对基本生理需求的剥夺是建立在生理虐待之上的，也是马戏团甚至许多军警犬训练的错误方法之一。

相关要素概念

操作条件反射理论说来很简单，操作起来却不易。许多要素会影响我们最后的训练效果，下面逐一讲解：

行为发生

指的主要是猫咪主动做出的有意识的行为，比如去按铃铛、走到你身边。这些都是猫咪主动做出的行为，这个时候你给予奖励，它就会明白是哪个行为被增强。猫咪做出无意识的行为，比如打个哈欠，你却在这时给予奖励，它是很难明白奖励原因的。

时机

即行为发生之后给予奖励的时机。这个“之后”是多久呢？实验得出的结论是0.25秒，间隔越久，越难关联起是哪个行为被奖励。因为间隔越久，就越可能发生其他事情，比如猫咪主动进入航空箱，结果过了3秒才奖励，这个时候猫咪可能已经等不及走出来了，那么对猫咪来说奖励的就是出来这个行为，而不是进入航空箱这个行为。所以，训练的一个核心重点就在于时机，你给予奖励的时机越准确，猫咪就能越快明白你想告诉它的是什么。

奖励

严谨地说应该是“增强物”，为方便理解我们在此统称为奖励。所有可以让行为重复发生的东西都可以称为增强物。首先，不能以给予者的角度来看，而应该从被授予者的角度来看某种事物是不是奖励。比如，对一只害怕人类的猫咪来说，人类的抚摸显然就不太可能是增强物。其次，没有任何一样东西能永远都是增强物，背后的本质是被授予者当下的需求。比如说对一只刚吃饱的猫咪来说，食物就不一定能成为增强物。所以，当我们想要奖励猫咪从而增强它的某个行为时，得先想一想：这个奖励是猫咪此刻想要的东西吗？

响片训练（clicker training）

上文提到，在行为发生之后的0.25秒以内给奖励，才能让猫咪关联起前面发生的行为。但0.25秒显然远远超出人类反应极限，怎么办？这个时候我们就需要引入一个工具来帮我们实现“延迟奖励”，这个工具就是响片。响片的英文叫“clicker”，其实就是一种通过弹簧片发出咔嗒声的工具。

现在我来说明一下原理，原本的操作条件反射公式如下：

行为发生→0.25秒→奖励→重复行为

从训练原理上来说，我们奖励行为的时机越准确，猫咪就越快知道我们想要它们做的是哪个行为。虽然通过直接给食物的方式来实现0.25秒的准确时机显然是不可能的，但如果我们让猫咪知道，响片发出咔嗒声就代表着奖励要来了，那么通过响片我们就有可能最大限度去接近0.25秒这个极限值，这就是响片的作用。

理论上，我们将能直接带来好感觉的东西称为“一级增强物”（奖励），例如好吃好喝的，但是实际训练时，比较难在正确的时机直接给予这些一级增强物。于是，这里就引入了“二级增强物”的概念，也就是那些能够换来美味的东西。举例来说，生活中最常见的二级增强物就是货币了。货币只是一张纸，（通常）本身并没有任何的价值，但是它能换来好吃好喝的，响片就相当于猫咪挣来的“货币”，当然和我们的货币能存起来用不一样，猫咪的货币需要立刻交换实物。实际上，这种二级增强物演变出来的代币系统，在针对人类精神问题的行为调整中也有大量应用，许多灵长类动物都能学会这个模式。当然对于猫咪来说，我们使用响片只是延缓了给予奖励的时间，猫咪的认知无法理解“代币系统”。

因此，当我们引入响片这个工具以后，公式就变成下面这个样子（当然我们也需要通过训练让猫咪首先理解：响片响起=奖励到来，以下的公式才能成立，后面将专门讲解）：

行为发生→0.25秒→响片按响→奖励→重复行为

响片训练的核心在于建立强承诺，也就是每一次响片响起，一定会有奖励到来。一次响片响起，换一次奖励。“货币”一定要能买到东西，所以一旦我们和猫咪建立起这种承诺，即便按错了也要把奖励给猫咪，这样才能成为沟通语言，

否则如果响片响起可能会有奖励可能没有，就没有任何意义了。

响片的种类多种多样，有些训练师会使用“good”这个词，或者嘴巴发出咔嗒声来替代响片的声音。从原理上来说，响片的选择和货币是一样的，正如并非随便一种贝壳都能用作货币，我们也需要一种特殊的、不常见的声音来代表奖励会到来；如果生活中随处都能听到，猫咪就无法分辨哪些是奖励到来的信号了。我们还需要这个声音始终是一致的，如果每次都有一点变化，那猫咪也很难确定自己是对的。

还是拿“货币”来做比较，从古代用（特定）贝壳做货币到黄金白银，再到现在的纸币，实际上就是需要一种独特且稳定的“信号”来作为唯一标识。从这个角度来说，这种响片工具的确是较好的选择，当然这个工具较常用在猫狗的训练中，与训练其他物种使用的有所不同，但原理和要求是一致的。

我们使用的训练原理基于操作条件反射，如果使用了响片，一般就称为“响片训练”。响片是一个帮助我们更有效训练的工具，但并不是必须使用的。例如，为猫咪剪指甲时，我们在双手占用的情况下没办法立即按下响片，那么剪完一片直接给猫咪奖励就可以了，因为正确的训练能够建立起沟通的一个结果就是，猫咪会更明确知道具体哪个行为会得到奖励，所以你稍微晚1秒给奖励也不是问题。或者也可以理解为，我们奖励的是猫咪安定的状态，而不是剪一片指甲这个行为。当然这是基于已经有良好的训练互动，如果是刚开始训练的猫咪，还是有其他人辅助比较好。我们将训练的概念拓展一点，将它理解为你和猫咪的任何一次互动，例如猫咪走到你身边来，你直接给奖励就可以了，也是不需要用响片的。

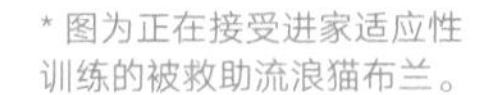

* 图为正在接受进家适应性训练的被救助流浪猫布兰。

训练工具准备

接下来我们来讲一下实物工具的准备：

第一种是响片，主流的响片都是通过弹簧片发出咔嗒声，选择声音不要太大、比较好摁的就可以了。

* 图为几种不同类型的响片，左边三款从左到右依次为带哨子的、可以套在手指上的、传统的盒式响片。一般推荐使用右侧这种，比较好摁且音量适宜。

第二种是标的物，作为标的训练的工具来使用。理论上标的物的选择很多，通常根据具体的训练内容来使用。在本书中，我们一般用到的是可伸缩的标的杆，以及便利贴。

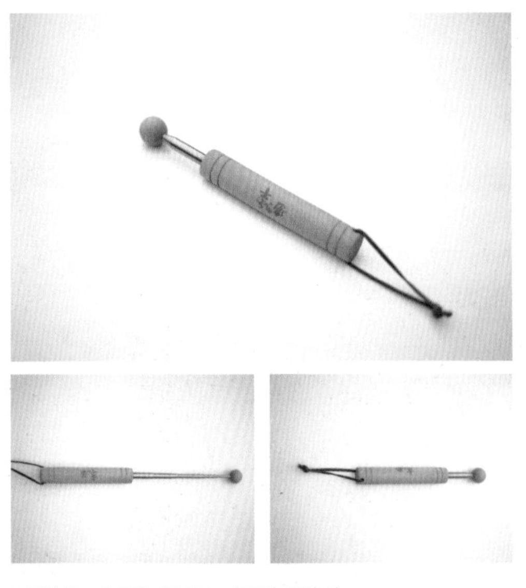

* 标的杆，左图为伸长时，右图为收缩时。

第三种是奖励，理论上来说猫咪喜欢的任何东西都可以称为奖励，但是本节特定的训练中，我们使用食物来奖励。例如，我希望猫咪在我工作时待在旁边的航空箱里，那么从狭义上的训练来说，指的是我们训练猫咪主动进入航空箱这个特定行为，这个时候就只会使用食物奖励来训练。你准备在电脑前开始工作，猫咪就主动进入航空箱休息，此时你当然可以给它食物奖励，但是也可以抚摸作为奖励（前提是猫咪享受你的抚摸）。从广义上的训练来说，奖励的使用是多种多样的，这是必需的，也是必要的，因为每个情境下的需求不一样，食物也不可能永远都是增强物。

食物奖励选择猫咪爱吃的即可，和狗训练中通常使用各种肉干不同，猫咪偏爱湿软的食物，所以熟鸡胸肉等都是可以的（煮熟是为了方便撕开，如果适应生骨肉直接剪小生食都是可以的）。但是建议和主食区别开，以主食作为训练奖励的话，猫咪的驱动力通常没有那么强。训练用的零食不一定就代表着不健康，例如我常用品质较好的牛肉作为喜乐的训练奖励。总的来说，训练奖励食物控制在不超过一天总进食量的10%即可，幼猫需要再降低。当然，如果你选择对猫咪来说味道比较香的零食，则建议控制在5%以下。重点是将零食奖励用在那些对训练有意义的地方，而不是让猫咪轻易地就能吃到。食物奖励代表着“你做得对”，合理使用的话，猫咪并不会因此就挑食。

食物奖励应在训练前准备好，提前将食物掰成黄豆大小，这样就不会在训练时手忙脚乱了。当然，具体的大小和食物类型有关，比如煮熟的鸡胸肉也可以撕成条状，重点是猫咪一口就可以吃掉，而不是需要啃半天才吃得完。可以准备一些小保鲜盒来盛放准备好的食物奖励，方便训练时拿在手上。食物的类型根据训练的内容不同而有所不同，例如当我们需要延长猫咪被我们握住爪子的时间时，可以舔的食物显然就是更好的选择。

在后面的具体训练章节中，我都会标注“每

个步骤需要做3轮”等说明，这个轮次指的是单次训练以使用至多10颗零食奖励为结束（喵条一类的食物则以舔10口计）。意思就是，在一轮的训练中只需要准备10颗零食奖励，如果训练进行得很顺畅，那么10颗使用完后我们就结束这一轮次的训练，时间通常不超过一分钟。如果训练进行得不顺畅，无论任何原因都需要提前结束，那么零食不用完也可以。

训练时间选择

训练的时机根据猫咪的情况、作息以及具体训练的内容而定，例如需要在猫咪较安定的状态下训练，那么就不要选择它兴奋需要玩狩猎游戏的时候。又如，对没那么爱吃的猫咪，可以选择饭前这样比较有食物动力的时候训练，而对看到食物就激动的猫咪，饥饿时训练就不是太好的选择。

猫咪喜欢的是短时多次的互动，训练也是如此，猫咪无法长时间集中注意力，所以需要将单轮次的训练时间控制在1分钟以内。休息停顿是为了更好地“吸收知识”，所以即便猫咪很喜欢，也请分为几次训练，而不要一次性训练过长时间。理论上，只要猫咪有动力，一天进行几个轮次的训练都是可以的。通常猫咪的体力和注意力一天适合训练3 ~ 5个轮次，重点是求质不是求量。

训练环境准备

和我们学习时需要学习环境一样，我们在训练猫咪时也需要一个训练环境。要选择一个安静、不被打搅且猫咪熟悉的环境，安静主要是为了猫咪比较容易听到响片的声音。家里有多只猫的，每次只能在一个房间单独训练一只猫。准备这个环境的目的实际上是尽量减少干扰，让猫咪可以专心在训练上。猫咪在这样的环境中学会之后，就需要换到其他环境去练习。另外，训练的时候可以坐在地上，也可以选择桌子或者较高的椅子，这样训练起来会方便得多。

训练流程

实际上，并不是猫咪做出我们需要的目标行为就是“学会了”，真正训练猫咪学会某一个目标行为需要包含以下五个阶段的训练流程，即：

1.获取阶段，也就是猫咪学的过程。

2.练习阶段，也就是重复练习以熟练行为。

3.命名阶段，也就是给我们训练好的目标行为加上一个指令，完成此阶段后，只有我们给出特定指令，猫咪做出相应的行为才会得到奖励。当然，并不是所有的行为都需要加上指令，例如在广义训练当中，我们可以通过奖励来增强猫咪的“安定”行为：我们工作的时候猫咪安静地在航空箱里睡觉，我们吃饭的时候猫咪安静地在吊床里看风景等，此类行为应该被奖励，但是并不需要加上特定的指令。而进入航空箱这类行为是需要加上指令的，这样在必要的时候猫咪就可以配合我们，快速且主动地进入航空箱。给行为加上指令的具体方式在后面的章节中会有详细讲解。

4.泛化阶段，例如握手一开始可能是在卧室和主人A可以完成，而换了不同的环境（比如去客厅）、不同的人（比如主人B）、不同的情境（例如有其他猫在场时），在不同的状况下都能完成握手，才叫作泛化。需要强调的是，虽然理论上泛化针对的场景越多越好，但实际上根据具体的目标行为选择有所不同。例如与就医相关的训练，泛化的场景肯定要侧重在医院相关的环境。

5.维持，学会后不常练习就会忘记，所以要不定时地复习一下练习过过的东西。

在以下章节的教学中，我们着重在获取目标行为的阶段和加上指令的阶段，其他阶段的方式方法基本一致，就不单独展开了。

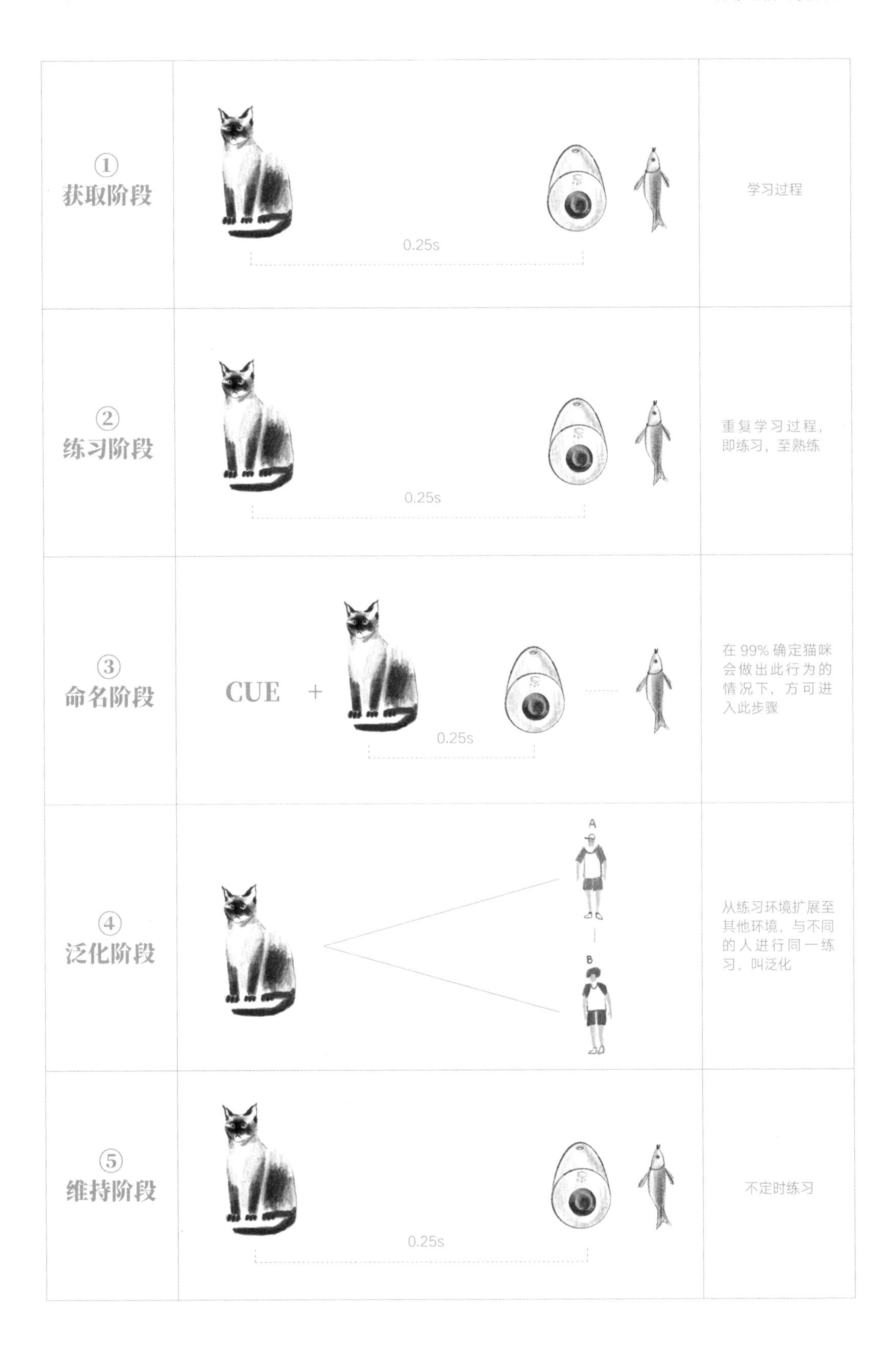
①获取阶段
0.25s
学习过程
②练习阶段
0.25s
重复学习过程，即练习，至熟练
③命名阶段
CUE +
0.25s
在99%确定猫咪会做出此行为的情况下，方可进入此步骤
④泛化阶段
A
B
从练习环境扩展至其他环境，与不同的人进行同一练习，叫泛化
⑤维持阶段
0.25s
不定时练习

第三节

训练操作与技巧

训练预练习

第一阶段，我们需要先练习使用几种工具，从而避免在训练时出错，导致训练质量不高。注意，以下两个练习请在猫咪不在场的情况下进行，如果猫咪在这个阶段就重复听响片的声音而未得到奖励，那么它后续很难领会二者的关联。

练习正确按响片

第一个练习是按响片，因为响片发出声音是弹簧片的咔嗒声，所以实际上响片会有按下和回弹两个声音。首先，我们练习的目的就是快速按下响片，尽量缩短两个声音的间隔，否则很容易出现拉得很长的两个声音。其次，重复练习可以形成肌肉记忆，这样当你看到一个你认可的行为时，就可以“本能”地快速按下响片，提高时机的准确度。再次，这样的练习还能帮助我们避免按下响片但没及时松手的情况。例如，你想训练猫咪坐下，猫咪本来想坐但是还没完全坐下又着急站起来了，这个时候就很容易因为判断失误发生上面的状况。其实，一两次按错并不会造成严重的后果，最多只是延长了学习的时间而已，不可能每一次的时机都是完美的，尽量避免错误且保证每次的咔嗒声一致才是更重要的。

节奏

第二个练习，我们要将“给奖励”这个步骤加进来，需要练习的是：看到行为→按下响片→给奖励。注意，这三个动作需要依次发生，不能重叠。什么意思呢？当猫咪做出一个你想要的行为时，我们要确保是在猫咪做出这个行为之后才按下响片再给奖励的。常见的错误是很多人因为着急而不自觉地一边按响片一边给奖励，甚至是先伸手给奖励，才按下响片。这样一来，猫咪就无法理解响片的含义，反而很可能会将你给零食的动作例如“伸手”当作是你对它的肯定。于是，本来建立起来的明确沟通被打破，猫咪开始观察你的动作，可能把身子前倾、伸手，甚至抬

手当作你给奖励的前奏。这样下去，猫咪不仅无法学会你想教的东西，还会有很大的挫败感。因为很多时候我们其实对自己的动作都是不自知的，所以大家可以录下练习视频，通过回看来发现动作不到位之处。

建立响片规则——承诺

第二阶段，我们首先需要让猫咪了解响片训练的规则，也就是响片响起后，食物奖励就会到来。猫咪了解这一规则之后，才能进入具体的训练。

在开始以下的训练前，确保你已经做过预练习，有合适的训练环境，且提前备好了训练用品，例如大小适口的零食等。

刚开始训练时，猫咪可能无法了解你的意图，所以可以先给猫咪闻一下你手里的食物，甚至先直接给猫咪吃一颗零食。但是这个方法只能在开始阶段使用两三次，随着练习次数的增多，猫咪应该很快能够了解你们即将进行的互动。如果它没有动力参与训练，那么就要找找其他方面的原因了。注意，千万不要形成先展示零食奖励再进行训练的惯例，否则猫咪很容易养成只有看到或者闻到零食奖励才愿意互动的习惯。

第一步，一手拿着响片，一手准备好食物，此时按响片的标准就是，当猫咪的注意力在你身上的时候，即可按下响片。注意，这里的要求其实就是猫咪能看向你，从而听到响片并看到食物会到来，不要求猫咪注视你的眼睛。以10颗零食为一轮，重复至少3 ～ 5轮。

第二步，我们来测试一下猫咪是否已建立起“响片响起食物就会到来”的概念，这时我们按响片的标准变成，当猫咪没有把注意力放在你身上的时候，即可按下响片。当然这里指的是看向别处、低头这样的情况，而不是说猫咪正在你三米远的地方玩玩具。如果猫咪已经建立起二者关联的概念，它就会在你按下响片后出现看向你或低头找食物、竖起耳朵睁大眼睛看着你等待食物来的状态。这个时候我们就可以说，猫咪已经初步建立了响片和食物之间的概念了。为什么是初步呢？因为这只是学习的开始，随着训练的次数越来越多，猫咪会建立越来越强的概念，也就是听到响片声就会“本能”地等待食物。如果这样测试三次，猫咪都没有上述反应，请查看之前训练的视频，看看是否有做得不到位之处，然后退回上一步的训练重新练习。

现在猫咪了解了响片的含义，我们接下来将通过几个比较简单的训练来练习不同的技巧。

训练技巧——引导

引导，指的是借助外力辅助猫咪完成我们希望它做出的行为。引导包含很多种，例如过去的训练会使用按压狗的臀部甚至向上提拉牵绳的方式来训练坐下这个动作，这类方法可能给它们造成不适感，我们现在是肯定不使用的。第二类引导是使用食物来引导猫咪完成动作，例如手捏着食物放置在猫咪的鼻端，然后向额头方向移动，猫咪为了吃到食物，就会仰头同时很自然地坐下。这个方法我们极少使用，因为训练的一大目的是要猫咪主动思考，这种引导方式很容易让猫咪仅仅是本能地跟随食物，而对自己为什么这么做缺乏思考。这就好像现在大多数人使用手机导航，即便已经走过10次的路，没有导航也依然不记得怎么走。如果看着地图、认着路标走路，可能会慢一点，但是一次就能记得。训练对我们和猫咪的一大意义就在于思考，进行脑力消耗，而不是学会某个小技巧。不过，如果训练遇到困难，也可以使用一两次食物来引导猫咪完成动作，然后再逐步去除引导。

训练技巧——捕捉

捕捉，指的是像拍照一样捕捉猫咪某一特定行为，比如抬手、坐下、趴下。捕捉的技巧一方面是针对猫咪一般可以直接做到的行为，例如我们接下去要教的坐下，另一方面也是另一个技巧——塑形的基础。

坐是猫咪很自然会出现的状态，所以我们通常会使用捕捉的方法来教；坐也是一个很自然、会频繁出现的动作，很适合我们来练习捕捉的训练技巧。训练的方法其实很简单：注意观察猫咪，当猫咪臀部落地时立刻按下响片，给猫咪奖励，猫咪坐下的行为获得增强，就会重复，这就是捕捉的方法。

进一步说，我们捕捉的是一个行为，这个行为可以是动态的，例如猫咪坐下这个动作；也可以是静态的，例如猫咪呈现坐着的状态。所以，我们有两个训练方向可以选择：第一种，训练猫咪坐下这个动作。猫咪坐下后，按下响片让猫咪知道它坐下是对的，然后将食物奖励放在一定距离外让猫咪站起身去吃；或者奖励完退后一步，猫咪一般就会走到你身边再次坐下。这两个方法都可以让猫咪自然地起身再重新坐下，这样我们就有机会重复练习。不过，从实用性来说，训练猫咪坐下这个动作没有太多作用，只是帮助你练习训练技巧而已。这个时候，我们就有第二个训练方向：训练猫咪呈坐下的状态。猫咪坐下后，即已经呈现坐姿后我们按下响片，原地直接给予奖励，猫咪吃完后依然呈坐姿则继续按下响片，继续原地直接给予奖励。这就是告诉猫咪“我希望你呈现坐着这个状态”。这个训练是对实际生活有帮助的，猫咪学会坐着这个“安定动作”，会减缓它们因为激动而走来走去、伸爪子扒拉你的行为。

训练技巧——塑形

塑形，这个方法建立在捕捉行为的基础上，可以理解为通过捕捉行为逐步提高要求以达到目标行为的训练。一开始要求最低，以可接受的接近行为为主，之后训练逐步提高要求，最终达到我们的目标。在下面这张三角趋势图中，整个三角形代表着我们逐步塑造行为的过程，也就是通过提高要求来逐步达到目标的趋势。3是我们的目标行为，一开始要求比较宽泛，除了直接做到3能接受，接近的行为1、2、4、5都能接受；然后逐步提高要求，第二阶段只有2、3、4能接受，最终达到我们的目标3。当然这只是一个示意图，实际训练中我们会根据目标行为的复杂程度划分阶段步骤。

我们通过让猫咪主动上秤这个动作的训练来练习一下这个技巧。目标行为就是让猫咪主动走上秤并安定坐好。我们对应三角趋势图，将过程分解为几个阶段的要求，逐步训练。

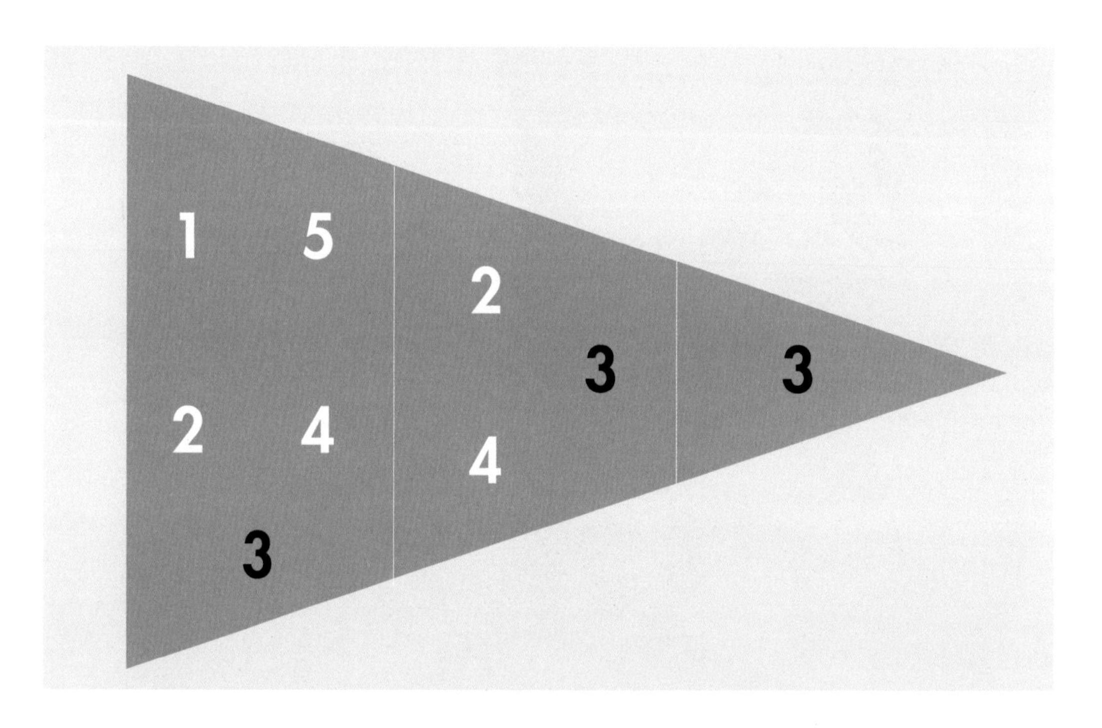

第一阶段也就是对应图中三角形的左边部分，可接受的接近行为最多，可能包含：从一定距离外看向体重秤、走向体重秤、靠近体重秤等一切与体重秤产生关联的行为；当猫咪做出符合标准的行为，我们就可以按下响片给猫咪奖励。这一步的目标是让猫咪知道需要做的行为和秤有关。

第二阶段的标准是从一只脚踏上开始，到更多只脚踏上秤，有符合标准的行为我们即可按下响片给猫咪奖励。

第三阶段要求猫咪完全站上秤。只有四只脚都站上秤才按下响片给予奖励。

第四个阶段则是在踏上之后安定坐下，到这一步就完成目标了。

在这项训练中我们需要注意，每个阶段提高要求的前提是猫咪已经完全明白了本阶段的要求。所谓完全明白，就是猫咪迅速、明确地做出了我们希望的行为，而这也是基于重复练习的。

1 接近婴儿秤

· 猫咪看向婴儿秤。
· 按下响片，给奖励。

· 猫咪靠近婴儿秤。
· 按下响片，给奖励。

2 踏上婴儿秤

· 猫咪一只脚踏上秤。
· 按下响片，给奖励。

· 猫咪两只脚踏上秤。
· 按下响片，给奖励。

· 猫咪三只脚踏上秤。
· 按下响片，给奖励。

3 完全站上婴儿秤

· 猫咪四只脚踏上秤。
· 按下响片，给奖励。

· 猫咪站在秤上，不下地。
· 按下响片，给奖励。

4 适应婴儿秤

· 猫咪坐在秤上。
· 按下响片，给奖励。

· 猫咪趴在秤上，即适应秤的状态。
· 按下响片，给奖励。

训练技巧——标的训练

标的训练，意思是我们将某个物品作为标的物，训练猫咪以某一身体部位触碰该物体，再以此桥接到我们需要的目标上去。例如，我们教猫咪使用爪子触碰标的杆前端的小球，猫咪学会以后我们就将这个小球放在我们的手心，猫咪肯定会来触碰小球。熟悉之后我们拿走标的杆，由于之前每次标的杆出现都有手掌，猫咪也会开始尝试去触碰手心，那么这个时候就是成功通过标的杆桥接到手掌，击掌就是这样训练的。特定身体部位触碰标的物，实际变成了我们响片训练中的唯一要求，根据出现的行为，各步骤可分为：触碰标的物 → 0.25秒 → 按响片 → 奖励，只是这个标的物我们能放在任何位置去进一步桥接。

在标的训练里，触碰标的这个标准是强承诺，意思是任何情况下，只要猫咪按要求触碰到小球了，就一定要按下响片、给奖励。注意每个标的物只能设定一种标的，例如标的杆的要求是猫咪的爪子触碰，那么我们就不能再训练猫咪用鼻子碰小球了，但是可以换不同的标的物，例如便利贴。标的训练建立在响片训练的基础之上，在完成建立响片规则的训练之后，我们接下来才能进行标的训练。

第一步，将小球放在猫咪身前抬爪很容易就触碰到的位置，一定要注意调整好这个位置，否则有些猫咪就会去摸杆子而不是小球了。对于不太喜欢用爪子的猫咪，可以在初始一两次的训练中，在猫咪面前晃动几下小球然后停下，引起猫咪的兴趣，当猫咪的爪子触碰到小球时，我们就可以按下响片，给予奖励。一开始只在固定的位置练习，重复练习3轮以上。

第二步开始变换位置，高一点低一点都可以，但是不要求猫咪走动。选定一个不同于前次的位置，在前一步的基础之上，猫咪还是会来触碰小球，按响片给奖励。每个位置训练一轮后换一个新的位置重新训练，至少训练5个不同的位置。

第三步则要求猫咪走动起来。将小球放在猫咪身前需要走动一步的位置，当猫咪走上前来触碰，按下响片给奖励。这一步距离是固定的，但不一定在同一个位置，每个位置训练一轮后换一个新的位置重新训练，至少训练5个不同的位置。

第四步，我们逐步拉远距离，从走一步的位置到两步、三步，慢慢提高要求。这一步的关键是变换距离，每个距离训练一轮后换一个新的距离重新训练。理论上，我们能做到在房间里任何位置，猫咪都会来摸小球。

第五步则是随机位置，实际上这一步也是一个游戏。随机出现在房间里的某个位置，猫咪过来摸小球，按下响片给奖励。

标的训练可用于任何涉及桥接的训练，例如握手、击掌、按铃铛等，也可以用作引导，如引导猫咪到某个地点。当然，工具不局限于标的杆，用便签贴也是可以的。我们可以将便签贴贴在航空箱里，这样就可以成功桥接“进入航空箱”。许多电影中，猫咪会走到指定位置，就是通过这一方法训练的。我们还可以训练猫咪用鼻子持续触碰便签贴，学会保持这样的姿态以后，我们再训练它们接受医疗检查和处置，就能大幅提高接受度，降低就医压力。

1 触碰小球训练

- 将悬挂的小球放在猫咪身前。
- 晃动小球。（非必须，如果猫咪没有反应，才晃动球吸引猫咪。）
- 猫咪用爪子触碰小球。
- 按下响片，给奖励。
- 重复训练三轮以上，训练中小球位置不动。

2 垂直变动小球位置

- 在垂直线上变换小球位置，或升高或降低。
- 猫咪用爪子触碰小球。
- 按响片，给奖励。

3 拉远小球距离

- 变换小球位置，往前移至离猫咪一步远。
- 猫咪向前走动，并用爪子触碰小球。
- 按响片，给奖励。

4 继续拉远小球距离

- 继续拉远小球与猫咪的距离，两步远。
- 猫咪向前走动，用爪子触碰小球。
- 按响片，给奖励。
- 拉远小球距离至三步、四步，甚至更远。重复以上训练。

5 任意位置训练

- 在房间任意位置放置小球。
- 猫咪寻找并触碰小球。
- 按响片，给奖励。

训练技巧——奖励策略

下一个技巧涉及奖励。首先是奖励频率，在响片训练中，我们说的是强承诺，也就是每一次按响响片都要给奖励。响片训练适用于学习一个行为、练习一个行为的阶段，当猫咪已较为熟练，我们就需要不使用响片了，也可以改变奖励频率。打个比方，练习阶段是每次握手猫咪都能获得奖励，改变频率后猫咪就不会每次都能获得奖励，保持在75%的频率能得到奖励即可。那么，怎么选择哪次奖励、哪次不奖励呢？理论上就是随机奖励，但不能连续超过3次都不奖励。我们也可以选择猫咪表现特别好的时候去奖励，反之表现不那么好时就可以不奖励。

其次是奖励的选择，我们在响片训练中使用的是食物奖励，但是猫咪比较熟练、可以将训练内容作为日常互动之后就不需要响片了，奖励也可以多样化，例如握手之后给一个爱的抚摸或梳毛等，当然前提都是一样的，奖励的都是猫咪当时想要的东西。

训练技巧——指令

大家一定会遇到这样的情况或者疑问：猫咪学会某个行为之后，一直做这个行为怎么办。这需要分成两种情况处理。一种是生活习惯类行为，比如训练猫咪进航空箱休息，这类行为其实是我们希望猫咪一直做的，所以只需要随机奖励此类行为即可；另一种则是特定场景下或更偏向互动类的行为，比如进航空箱、握手、按铃铛，这类训练就是我们在完成一个“行为”或者“动作”后，需要进行“命名”的。意思就是由人类来发起互动，猫咪来回应，只有这个时候才会得到奖励，其他时候是没有的。

聪明的你一定知道这就是给训练加上指令。指令分为两种，口令和手势。从物种的特点来说，无论是猫还是狗，学习口令的难度都大于手势，这是因为声音沟通并不是它们的首选方式，动物擅长理解语音中的情绪，辨别人类语言则比较困难。所以，我们尽量使用手势来“命名”，当然在训练方法上，手势和口令都是一样的。

就握手、击掌等需要训练者也做动作的训练来说，其实我们的动作很自然就变成了手势。对于用到工具的训练，例如按铃铛，则可以不加其他指令；当你拿出铃铛时，猫咪就知道按下铃铛就会有奖励，所以不互动的时候收好铃铛。当然你也可以再加上指令。

口令要选择简短显明的词语，太长了猫咪很难学习理解；手势则选择幅度大、动作明确的。当训练进阶到猫咪可以非常熟练地完成行为时，我们就能给动作加上指令了。我们需要认真观察猫咪，预判猫咪一定会做出这个行为前，立刻发出指令，猫咪完成行为，我们一样按响片，给予奖励。步骤可列为：指令 → 目标行为出现 → 0.25秒 → 按响片 → 奖励。其间如果出现我们未发出指令但猫咪做出了目标行为的情况，就忽略这次行为，不予奖励，重新练习。重复多次练习（至少3 ~ 5轮）后可以进行测试，即我们直接对猫咪发出指令，如果猫咪已经关联起指令和行为的关系，就会去做出这个行为。如果测试3次，猫咪都没有任何反应，那么就需要退回上一步。

需要注意的是，在教猫咪口令时，要尽量减少肢体动作，否则猫咪很容易关注你的动作而不是口令。反之，教手势指令时，也要明确地做出手势，避免不必要的动作或语音。其次，口令或手势只能说（做）一次，重复口令但是猫咪没有关联起正确的行为，会让口令失去作用，猫咪会忽略这个词语（手势）。如果测试了猫咪没反应，不妨停下查看一下视频，看看自己做的细节是否有问题，需要调整还是重复练习。

以上即是本书会用到的所有训练技巧。掌握的技巧越多，我们和猫咪能进行的游戏、互动就越多，训练时也能找到更多方法。最后要强调一

下，技巧训练的意义主要在于和猫咪沟通，而不只是让猫咪做到某个动作。沟通的含义就在于，你告诉猫咪我需要你做出某一行为时，它能认知到这些行为的所指。

和朋友一起做游戏

我们还可以在聚会时和朋友玩响片训练，通过角色扮演来理解训练中猫咪如何形成认知。注意，这个游戏中只使用捕捉、塑形的方式，不使用引导的方式。在游戏中，一个人扮演训练师，一个人扮演动物，准备好响片（如果家里有猫咪在，可以使用其他方式代替，例如拍一下手），以及20颗弹珠（其他类似代替品都可以）作为奖励。大家可以提前写好10～20个目标行为，例如坐在某把椅子上、关窗户等，将纸条丢进罐子里让训练师抽取，抽到的目标行为只有训练师知道。游戏设定在一个房间内或者区域内，动物扮演者进入后，游戏就开始了。训练过程中不能有任何语言沟通、肢体动作、表情，而观众因为不知道目标行为所以也无法做出任何提示，训练师完全用响片来告诉动物扮演者是否接近目标行为。训练师认为训练完成后，由动物扮演者和观众猜出目标行为作为胜利标准。当然人的逻辑思考能力强于动物，但是这个游戏剥离了语言，让我们有机会去理解猫咪和我们沟通时的感受。

第四节
训练 tips

就训练而言，可以说细节决定成败。下面这九条是我根据训练师凯伦·布莱尔在《别毙了那只狗》一书中列出的建议，结合自身经验整理而成的，希望对你的训练有所帮助。

第一，最快速的训练方法是将目标行为拆分为一个个足够小、足够简单的步骤，这样猫咪才有机会达到目标，不断地获得奖励，才有动力坚持下去。我们不是要为难猫咪，而是要帮助它们成功。如果要求提得太高，猫咪一直无法得到奖励，会产生很严重的挫折感，不愿意训练。

第二，一次只训练一个目标，一个行为。例如训练猫咪在航空箱里趴下，可以拆分为进入航空箱和趴下两个行为，完成一个再训练另一个是最快的方法。当然已经学会的行为，结合起来练习是可以的。

第三，在每一次提高要求之前，调整奖励的策略为随机奖励。这样做，一方面可以巩固之前学习的行为，另一方面有机会让猫咪做出更多尝试，更有机会做出符合下一阶段要求的行为。

第四，做好计划。要明确有哪些训练阶段、要求是什么，这样当猫咪出现某一行为时，你就能肯定地知道是否要按下响片，奖励猫咪。

第五，一只猫咪可以有好几个主人，每个人都可以训练它，但是针对某一个具体的行为最好是由一个人完成训练，也就是获取行为的阶段最好是一个人训练，泛化的时候换人训练是必要的。不同的人训练可能导致标准不一致，猫咪更难以理解。例外的情况是，如果训练遇到了困难，换人试试也是一个选择。

第六，如果行为出现了“退化”，退回上一步去训练。例如，猫咪昨天本来已经可以四只脚踏上秤了，今天忽然不会了，那么退回到上一步有接触即可。

第七，尽量给每一次训练一个“happy ending”（完满的结束），在一个“不错”的时候就结束训练，不要抱着再做一次猫咪表现更好的想法。贪多的结果往往是猫咪累了，失去兴趣反而达不到标准，让每一次训练都有意犹未尽的感觉才是完美的。

第八，在训练完一个行为以后，一定要使用随机奖励策略，改变奖励的选择和频率，只有这样才能保证行为会维持。随机奖励就像买彩票，亦即奖励随机出现，可大可小。猫咪会维持行为、每一次都回应你的原因也在于此。

第九，养成拍摄训练互动过程的习惯，这些记录能帮助我们关注动作细节，少走弯路。

CHAPTER 6

猫咪的基础训练

在本章中，我会介绍一些对猫咪适应现代城市生活而言极其重要的训练。我们会将这些训练都融入生活，例如航空箱本来就可以用作猫咪日常吃饭休息的地方，拥抱训练不仅是就医的基础，而且会让你的猫咪更喜欢你的拥抱。

第一节
航空箱训练

无论是外出就医还是玩耍，航空箱训练都是外出训练的基础。我们知道猫咪的安全依恋关系一般是来自领地，所以我们通过训练将航空箱变成猫咪移动的安全庇护所，为它提供安全感，从而让猫咪在陌生的户外环境也能安定地接受医疗检查，安心地探索、玩耍。航空箱训练最重要的标准是，无论训练的哪个阶段，猫咪在航空箱内都应该是安定的。

我们虽然称之为航空箱训练，但是实际应用中，用航空箱、猫包、推车都是可以的，只要符合如下标准即可：透气，硬底，猫咪在里面可以正常转身、趴下休息。航空箱的优点是性价比高、尺寸选择很多、好清洗；坐飞机时，航空箱更是必需品。另外，由于航空箱训练需要猫咪在其中长时间等待，所以训练时长可以适当延长。

注意，当猫咪全身进入后，如果我们从航空箱的后部给予奖励的话，猫咪很容易会将尾巴留在门外；我们只需要从门口处给予奖励，猫咪很自然地就会转身了。猫咪主动进入航空箱后即可连续奖励3 ~ 5颗，即猫咪吃完一颗后立即给下一颗的奖励。连续奖励后，将猫咪呼唤出航空箱并给予奖励，完成后等待猫咪再次主动进入航空箱，重复以上训练3轮。

进入航空箱

1

◀
打开航空箱门，只要猫咪做出与航空箱有关联的行为——观察、靠近或嗅闻航空箱等，我们都可以按下响片，给予奖励：目标是让猫咪明白奖励与航空箱有关。

2

◀
需要猫咪和航空箱产生实质性的接触：头伸进去、脚踏进去都是可以的。站在航空箱的侧面则不可接受，因为这与最终进入航空箱的趋势并不相符。

3

◀
要求猫咪完全进入航空箱，不要求是坐下还是趴下，只要全身进入即可。

延长箱内时间

1.在你拿出航空箱并打开门的情况下，猫咪3秒以内就能主动进去，我们就可以进入本阶段。

2.猫咪主动进入航空箱后，按下响片给予奖励，猫咪吃完以后我们默数1秒，然后按下响片给予猫咪奖励，重复此训练3轮。

3.猫咪主动进入航空箱以后，按下响片给予奖励，猫咪吃完以后我们默数2秒，然后按下响片给予猫咪奖励，重复此训练3轮。以此类推，从间隔1秒逐步训练到猫咪能安定等待10秒。

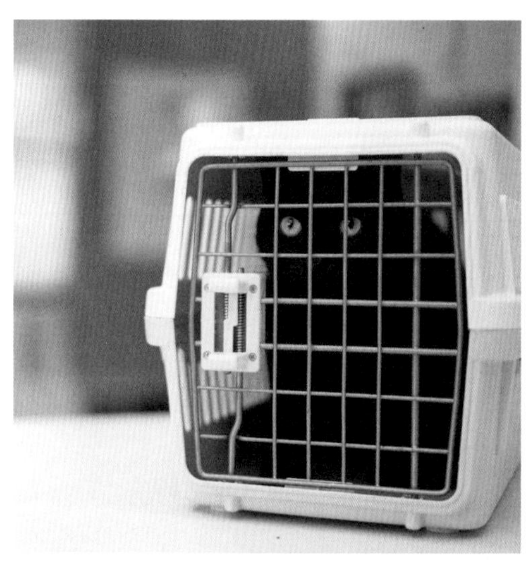

适应关门

本阶段要让猫咪从虚掩门开始，适应门关上。

1.猫咪主动进入航空箱，按下响片给予奖励。

2.猫咪吃完后，我们一只手虚掩上航空箱的门，另一只手在门关上（但没锁）的时候按下响片，并给奖励。

3.连续奖励3～5颗，停顿1秒，再连续奖励，重复以上训练3轮。

在适应关门阶段，我们还需要加入一个“不动训练”。具体方法是：当猫咪吃完一颗奖励之后，立刻将门打开并扔一颗奖励进去，再关上门等待猫咪吃完了继续做下面的训练。这个小训练旨在教会猫咪在门打开时选择在航空箱里保持不动而不是出来，每轮的训练中穿插1～2次即可。

我们通过延长猫咪箱内等待时间的方法从虚掩门进阶到关门。首先要告诉猫咪在虚掩门的情况下也需要在航空箱里安静等待，步骤为：猫咪进入航空箱后，我们虚掩上门并按下响片给予奖励，吃完后默念1秒后按下响片给予奖励，重复以上训练3轮。以此类推，我们从间隔1秒逐步训练到猫咪能安定等待10秒。最后关门阶段，目标为关门的情况下，猫咪能在航空箱安定等待10秒。方法步骤和适应虚掩门的方法完全一致，区别只在于门实际是关上的。

随机练习

为了训练猫咪在航空箱里待更长的时间，这一阶段我们不再以1秒来进阶，而是使用随机时长。在猫咪能在航空箱中安静等待10秒以后，我们即可在训练中随机选择等待时间。例如，猫咪进入航空箱之后，3秒后我们按下响片，给予奖励，猫咪吃完2秒后按下响片，给予奖励。以此类推，每次奖励的时间都是随机的。

这个阶段的训练从5秒内的随机开始，例如可以3秒、2秒、5秒、2秒、1秒这样随机的等待时间来奖励猫咪；完成后进阶为10秒钟内的随机间隔，例如按7秒、3秒、5秒、10秒、2秒这样随机的等待时间来奖励猫咪。随机训练的时间也是逐步延长的，理论上我们可以将时间延长到几十分钟，甚至一个小时以上。另外，一般随着等待的时间延长，可以提升食物奖励的力度，例如等待10分钟以后奖励一大块冻干鸡胸。

我们还可以结合日常生活来做训练，这也是协调猫咪和我们活动的良好方式。比如在我们休息、看电视、看书时，将航空箱放在身边，猫咪进入航空箱，我们一边休闲一边做随机训练。注意，千万不要忘了给猫咪奖励。

在这个阶段的训练中，航空箱门可以打开、关上、虚掩或随机开关。

适应航空箱被提起

适应被提起并移动，可以选择在桌子上开始训练。

第一步，让猫咪进入航空箱后，关上门并按下响片给予奖励。待猫咪吃完后，轻轻提起航空箱并按下响片，给予奖励，提起的高度让航空箱离开桌面即可。保持高度，连续奖励5次后放下航空箱，再重新提起至下一个高度训练，以5 ~ 10厘米为跨度提高到正常手提的高度。

第二步，先提航空箱到正常手提高度，按下响片给予奖励；接着走一步，停下，按下响片给予奖励。连续做5次后放下航空箱，再重新提起走两步，逐步进阶到完成走五步的训练即可。随后可以提着航空箱在家中四处走动，例如三步后按下响片给予奖励，接着进阶到五步、七步，同时结合随机阶段的训练，例如提着航空箱到茶几放下，进行一轮30秒内的随机等待时间训练，然后提着去下一个地点。

适应独自待在航空箱里

在一些情境中，例如坐飞机时，需要猫咪独自待在航空箱内且主人并不在它们身边，所以需要通过训练让猫咪适应这一点。这一步的训练和延长箱内时间的方式类似：当猫咪主动进入航空箱，我们关上门后按下响片并给予一颗奖励。当猫咪吃完后，我们往后退一步，猫咪保持安定，我们按下响片并给予一颗奖励。以此类推，逐步进阶到我们可以退到不同的距离、不同的方向，以及离开更长时间，甚至完全在猫咪的视线范围内消失。

要注意，每次进阶我们只能针对一件事提高要求。比如，训练距离的时候就不应该在时间上有要求，当目标是退后五步，那么我们退到五步时就应该立刻按下响片，并返回给予一颗奖励。此训练的最后阶段也是随机训练，从关门开始训练，直到后期可以选择随机开关航空箱门。当然，距离和时间的随机也是一样的。最后，可根据训练要求的变化提高奖励的力度，比如我们离开10分钟后回来，奖励猫咪装了10颗冻干的益智玩具。

航空箱的日常使用

在训练阶段，只在训练时将航空箱拿出来，其他时间收好不使用。完成训练后（猫咪可以在关上门的航空箱中安定等待10秒），就可以将航空箱作为猫咪的安全庇护所来使用了。放在书架上、柜子上都可以，建议按照安全庇护所的设置标准进行放置。注意，在日常生活中，猫咪如果进入航空箱中休息可以给予奖励，也可以在猫咪不知情的情况下偷偷藏零食在航空箱中，作为猫咪“探索环境”的意外奖励，还可以将航空箱作为猫咪吃饭的地方，日常三餐都在里面完成，这个方法对多猫家庭尤其有用，但航空箱最好不要并列或门对门摆放在一起。

航空箱的使用是一项在日常生活中也需要不断巩固的练习，所以可以作为日常游戏项目。你在工作、休息时，都可以将航空箱摆在身边，和猫咪进行随机奖励的训练。

第二节
安全毯训练

在医院做检查时，需要猫咪从航空箱内出来，这个时候我们就会用安全毯给猫咪提供额外的安全感，即在就医保定时使用，原理上与婴儿防惊跳包巾类似。另外，毯子可以在外出时铺在航空箱内提高舒适度，也可以盖在航空箱上提升遮蔽性。毯子通常选择100×70厘米的尺寸，材质为猫咪喜欢的类型即可。

猫咪熟练地完成训练以后，就可以在不同的时间、场所与不同的人进行这个互动了。安全毯的训练还可以进一步结合拥抱训练，即猫咪包好毯子以后，再进行拥抱训练，在下一个训练中会详细展开讲述。此外，在需要猫咪安定坐着的互动中，例如刷牙、剪指甲、击掌握手，都可以使用安全毯。

◀
参考航空箱训练的方式，铺开毯子，训练猫咪主动站到毯子上即可。

2

◀
参考捕捉训练中猫咪坐下的方法，训练猫咪在毯子上坐好。这一步也可以先训练好猫咪坐下，再将二者结合；还可以进一步训练猫咪趴下，以这个姿态进阶下一步更好。

3

◀
在猫咪坐 / 趴下后，如图折出毯子的一角盖在猫咪身上，只需要以松散的方式盖上即可，盖上后马上按下响片，给予奖励。猫咪吃完后立刻再按下响片，给予奖励，连续 3 ~ 5 颗后，拿开毯子重新盖上进行训练，重复以上训练 3 轮。

4

◀
以此类推，训练猫咪适应将毯子的其他角盖在身上，每个部分至少重复训练 3 轮。

5

◀
完成上述步骤后，需要提高要求，让猫咪可以接受毯子以较紧贴的方式盖在身上。继续用第三步的训练方法，以紧贴的方式将毯子裹紧并收至猫腹部下方，按下响片给予奖励，重复以上训练 3 轮。注意，每只猫咪的接受程度不同，这一步也可以分为两个甚至三个阶段进行，即逐步提高毯子紧贴的程度。

6

以此类推，训练猫咪适应将毯子的其他角较紧贴地裹在身上，每个部分至少重复训练 3 轮。

第三节
拥抱训练

拥抱训练指的是以下图中的方式来抱猫咪，这个姿态可以作为一个基础训练帮助我们进一步去训练猫咪接受刷牙、剪指甲、检查或上药、打针等。与肚皮朝上翻身被抱着相比，这种拥抱的方式对大部分猫咪来说都更容易接受。

拥抱训练可以选在较高的台面、桌面、椅子上进行，不用弯腰也可以方便操作。如果是互动关系较好的猫，也可以选择让猫咪到我们的腿上来，这样我们坐在地上或者椅子上都是可以的。拥抱训练还可以结合安全毯训练，将毯子铺在腿上或台面上，猫咪有安全毯训练的基础能安定地坐着。

1

◀
这个训练我们使用可以舔的猫条一类食物来做奖励。第一步，在桌面上铺好毯子，等猫咪坐定后我们先将猫条给猫咪吃，然后将另一只手掌放在猫咪胸前呈现搂住的状态，同时让猫咪吃3秒，结束时同时离开手和食物，重复这个训练至少3～5轮。

2

◀
第二步，我们需要将一只手以拥抱的方式搂住猫咪的前胸，同时另一只手将零食给猫咪舔3秒，结束后同时拿开拥抱的手和猫条，重复这个训练至少3～5轮。

3

◀
第三步，我们一只手先拥抱住猫咪，然后立刻将猫条给猫咪舔3秒，结束后同时离开手和食物，重复这个训练至少3～5轮。

4　进阶的目标主要是延长时间，方法是一只手先拥抱住猫咪，保持1秒后，另一只手将猫条给猫咪吃，持续3秒。接着手和食物同时离开，重复训练至少3轮后进阶到2秒，以此类推。建议训练至猫咪能安定接受被抱住10秒以上。

5　随机训练。和航空箱训练中一样，我们也可以从5秒内的随机开始，先拥抱3秒后给予奖励，再是5秒，再是2秒，再是4秒，以此类推逐步延长时间。

在猫咪熟悉这个练习后，就可以在不同的时间和场所，由不同的人来和它进行互动了。记住这个训练规则，以拥抱训练为基础进阶的其他训练都可按照这一模式进行。比如检查训练：第一阶段，先给食物，在猫咪进食的同时加入检查，持续3秒后同时离开；第二阶段，同时给食物和进行检查，持续3秒后同时离开；第三阶段，先进行检查，再给食物，持续3秒后同时离开；第四阶段，逐步延长检查的时间，再给食物，持续3秒后同时离开；第五阶段，则变为随机时长（检查），再给食物，持续3秒后同时离开。

从实际生活来说，我们以解决问题为核心，即猫咪能安定地接受检查或完成治疗，所以例如剪指甲、检查眼睛耳朵、打针等情况，我们只需要训练到第二步就可以了。不过，要注意一个关键的规则：如果猫咪表现出任何不适，例如用爪子推开你的手，那么就要立刻结束正在进行的训练，并拿开食物。同样，可以翻看拍下的训练视频，找到问题后再重新训练。最后，刷牙是较特殊的情况——因为不可能使用食物奖励训练，我们将在后文中单独讲解。

第四节
就医检查

以拥抱训练为基础，几乎可以训练猫咪配合完成绝大部分的就医检查：身体触诊、耳朵、眼睛滴药、后颈打针、爪子抽血或打针等。训练的方式是一样的，下面以爪子抽血为例进行讲解，这个训练也能帮助猫咪适应剪指甲。

1

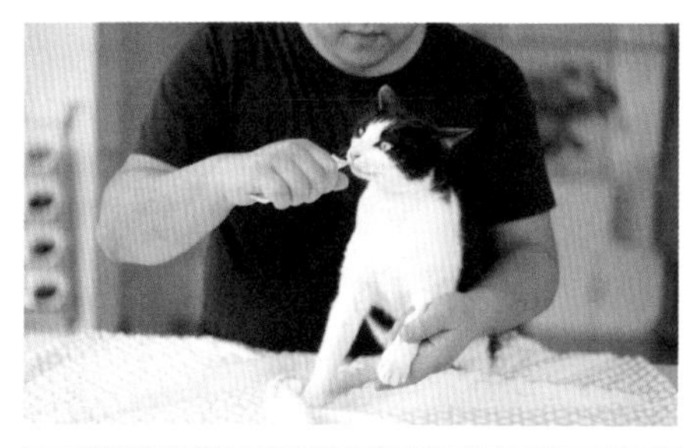

◀

· 让猫咪坐在毯子上。

· 一只手给猫条，一只手轻托前爪，托起程度不高。

· 保持给猫条和托起动作 3 秒后，同时离开。

· 重复此训练两三轮。

2

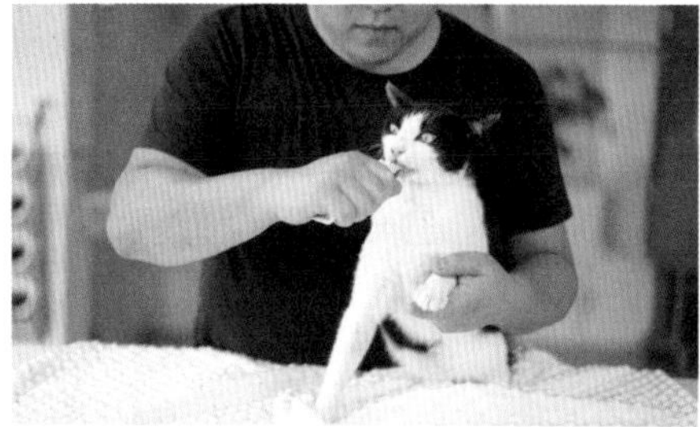

◀

· 轻轻托住猫咪前爪。

· 同时给猫条，并保持 3 秒。

· 食物与手同时离开。

· 重复此训练 3 轮。

3

◀

· 轻轻托住猫咪前爪。

· 然后给猫条，保持 3 秒。

· 食物与手同时离开。

· 重复此训练 3 轮。

4

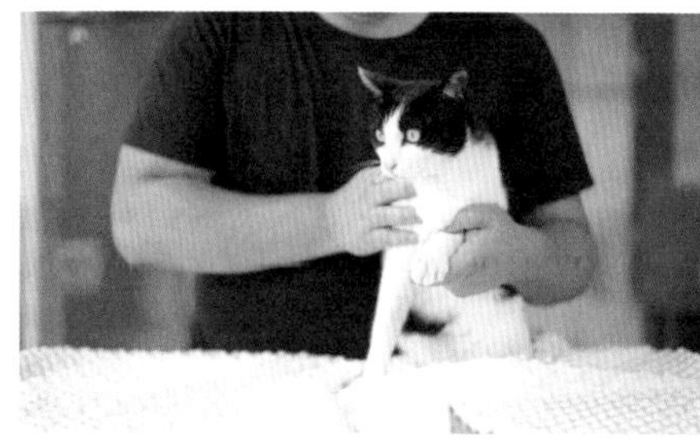

◀

· 轻轻托住猫咪前爪，保持 1 秒。

· 然后给猫条，并保持 3 秒。

· 食物与手同时离开。

· 重复此训练 3 轮。

5 ◀

· 托住猫咪前爪，保持 2 秒。

· 给猫条，同时保持 3 秒。

· 食物与手同时离开。

· 重复此训练 3 轮。

6 ◀

· 托起猫咪前爪至更高的高度。

· 给猫条，保持 3 秒。

· 食物与手同时离开。

· 重复此训练，逐步抬高托举高度至检查需要的高度。

7 ◀

· 轻轻握住猫咪前爪。

· 给猫条，保持 3 秒。

· 食物与手同时离开。

· 重复此训练，逐步提高握爪力度至正常程度即可。

最后，我们需要加入可能涉及前爪的处理和检查。例如打针，可以使用去掉针头的针筒来模拟；例如消毒，可以使用棉签蘸水来模拟；训练的方式和上面的一致。在猫咪练习得很熟练以后，就可以在不同的时间和场所，由不同的人来和它进行这个互动了。

其他部位的身体检查都是按一样的方式训练，不再逐一列出。注意，每只猫咪对触碰不同的身体部位接受程度是不一样的，千万不要操之过急。

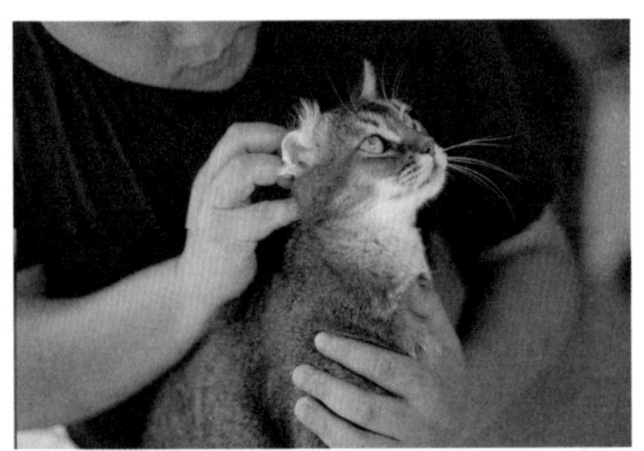

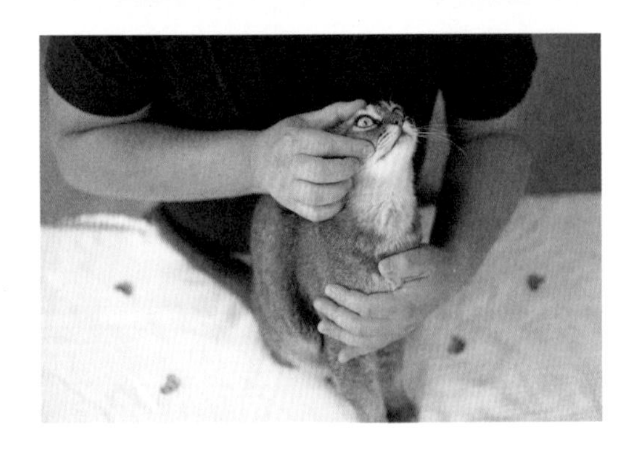

第五节
刷牙

刷牙对保持猫咪的口腔健康来说非常重要。无论何种饮食都需要刷牙。洁牙粉、漱口水等虽然有作用，但无法代替刷牙。刷牙很重要，但训练难度较大，所以关键在于用正确的方法训练，即便慢一点也没关系，不要因为着急就强制刷牙，结果反而让猫咪越来越难以接受刷牙，压力增加，引发更多问题。

2. 指套型。优点是操作方便，但是手指相对较大，难以清洁全部牙齿，一般也在过渡阶段使用。

1. 纱布或者专用的洁牙湿巾。优点是猫咪的接受度高，缺点是清洁力较差且部分牙齿无法处理到位。适合早期训练阶段让猫咪适应。

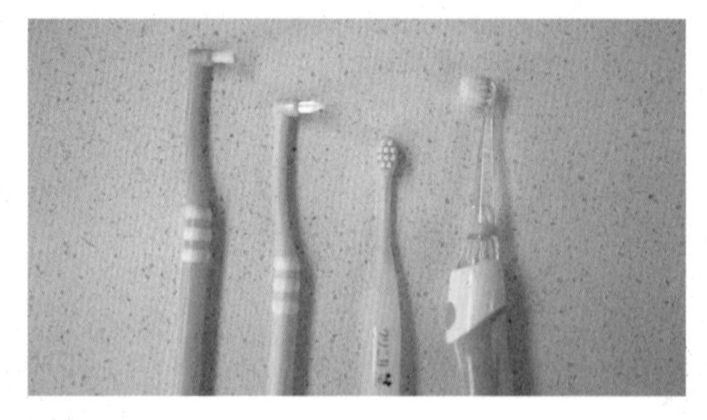

3. 牙刷。大家可以根据需求选择牙刷，注意刷头不能太大，否则很难刷到后牙。刷毛需要软硬适中，太软影响清洁效果，太硬则可能伤害牙齿、牙龈。如果猫咪不是特别敏感的话，婴儿的电动牙刷其实是非常好的选择。

无论使用哪种工具,训练的方法都是一样的,下面就只以手指当牙刷为例进行训练讲解。如果你家的猫咪能接受牙刷,那么直接用牙刷训练即可;如果比较敏感,那么从接受度较高的用品开始训练。一般来说,有成功训练的经验之后再换新工具,接受起来会容易得多。最后,需要强调的是刷牙训练的时长建议控制在1分钟以内,待猫咪适应以后可适当延长。

同样,我们以拥抱训练(也可以增加安全毯)为基础进行训练。

第二阶段我们换成合适的牙刷来训练,一开始可以不使用牙膏,待猫咪适应后再抹上少量牙膏进行刷牙训练。方法和第一阶段里用手指训练的方式是一致的,这里就不重复了。

我们的训练实际上是在逐步提高要求,也就是从手指触碰嘴巴即给予奖励开始,到能刷牙30秒后再给奖励,从而实现刷牙过程中不吃食物的目标。当然,有些牙膏本身的口味对猫咪来说也是一种奖励。其实,我们也能将奖励变换成食物以外的事物,例如出门玩、逗猫棒等,根据猫咪的喜好选择即可。

1

▲适应手和嘴部接触

· 猫咪坐下,并安定。
· 一只手放在猫咪下巴,另一只手轻触嘴巴。
· 立刻给予奖励。
· 变换接触猫咪嘴巴的位置,重复训练至少 3 轮。

2

▲拨开嘴唇

· 一只手放在猫咪下巴,另一只手指拨开猫咪嘴唇。
· 立刻给予奖励。
· 变换不同的嘴巴位置,重复训练至少 3 轮。

3

▲轻触牙齿

· 一只手放在猫咪下巴,另一只手指拨开猫咪嘴唇,轻触牙齿。
· 立刻给予奖励。
· 变换接触猫咪嘴巴的位置,重复训练至少 3 轮。

4

▲摩擦牙齿

· 一只手放在猫咪下巴,另一只手指拨开猫咪嘴唇在牙齿上轻轻摩擦一下。
· 立刻给予奖励。
· 变换不同的嘴巴位置,重复训练至少 3 轮。

5

▲摩擦时间增长

· 一只手放在猫咪下巴,另一只手拨开猫咪嘴唇,在牙齿上轻轻摩擦 2 秒。
· 立刻给予奖励。
· 重复训练至少 3 轮。
· 进阶,延长摩擦时间至 3 秒,并练习。
· 进阶,以同一训练,变换位置,并延长时间。

第六节
剪指甲

现在家庭室内地面多为瓷砖、木地板等，比较光滑，猫咪在日常活动中难以充分地使用指甲，指甲很容易长得过长，影响活动能力。过长的指甲容易误伤人类，家里有小孩的话更需要注意。如果猫咪有扑咬手脚这样的坏习惯，在解决扑咬问题之外，也需要及时剪指甲避免对人造成严重伤害。猫咪在奔跑时会伸出指甲，指甲太锋利容易刮伤比较脆弱的家具或勾到一些针织物，且猫咪难以脱逃，就会容易吓到或伤到自己。因此，总的来说，还是建议给猫咪剪指甲。

不过，如果猫咪经常在较粗糙的自然地面上活动，日常活动中也充分使用爪子，且主人并不介意上述“危害”，那的确可以不剪指甲。

我们在“拥抱训练”里已经提到，完全可以让猫咪一边吃零食，一边给它剪指甲。接下来，我们将介绍其他类型的训练方式。由于剪指甲需要两只手，所以不使用响片也是可以的，或者可以由两个人配合完成。针对不同状态的猫咪可以采用不同的方法，下面分别讲解。

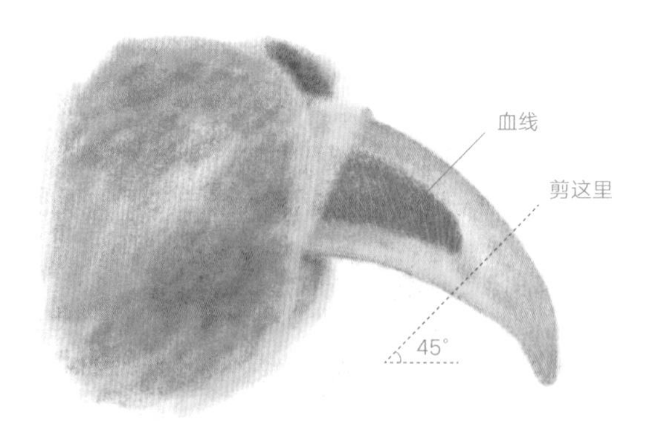

1. 注意不要剪到血线，选择光线较好的位置或者在灯光下操作。
2. 只需在尖端锋利处剪短即可。
3. 顺着指甲的方向，向斜下方剪。错误的方向会导致猫咪指甲容易开裂。

睡熟的猫咪

针对安全感足，睡熟了不太介意被触碰爪子、肚子等部位的猫咪，在它熟睡时，可以先轻轻抚摸其额头、脸颊、下巴、背部等平时较喜欢被触摸的部位，同时温柔地说话。然后，尝试抚摸猫咪不同的部位，让它舒展开来方便我们操作。

接下来，一只手轻轻抚摸额头、脸颊、下巴、背部等猫咪平时较喜欢被触摸的部位，另一只手循序渐进地触摸爪子。第一次只是握住爪子，然后轻轻摸摸，捏捏它的肉垫。第二次握住猫咪的爪子后，轻轻捏出指甲。第三次轻轻捏出指甲，尝试剪一个指甲。然后逐步进阶，用同样的方法慢慢剪其他指甲。注意，以上只是简单划分步骤，实际操作时要依照猫咪的接受程度慢慢进行，切不可操之过急。

不抵触的猫咪

对于不抵触的猫咪，可以将猫咪温柔抱起，放在并拢的大腿上操作。在猫咪完成安全毯和拥抱训练后再进行此训练，在大腿上铺一块毯子（安全毯）可让猫咪更适应且舒适一些，抱好后立刻给猫咪奖励（建议使用猫条一类可舔的食物）。舔3秒，暂停1秒，再舔3秒，重复。

猫咪能比较安定被抱着后，开始进阶。一只手轻轻握住猫咪的爪子，另一只手立刻给奖励。待猫咪舔3秒后，握猫咪爪子的手和奖励同时放开，暂停1秒，再重复以上的步骤，至少3轮。

接下来，一只手握住猫咪爪子并轻捏肉垫，另一只手立刻给奖励。待猫咪舔食奖励3秒后，握猫咪爪子的手和奖励同时放开，暂停1秒，重复以上的步骤，至少3轮。

继续进阶，这次握住爪子的手要尝试轻轻捏出猫咪指甲，让猫咪舔3秒奖励，接着捏指甲的手和奖励同时放开，暂停1秒，重复以上步骤。

下一步，一只手轻轻握住猫咪的爪子，捏出指甲，另一只手拿着指甲剪轻轻触碰捏出的指甲部分，触碰完立刻给奖励，让猫咪持续舔3秒，然后重复以上步骤。

当猫咪熟悉这个流程后，开始尝试剪第一个指甲。一只手轻轻握住猫咪的爪子，捏出指甲，另一只手拿着指甲刀剪一个指甲，剪完立刻给奖励，让猫咪舔3秒，然后重复以上的步骤，慢慢地剪其他指甲。

较敏感的猫咪

对于较敏感的猫咪，需要先完成安全毯训练以及握手训练，让猫咪能安定坐在垫子上且主动伸出手让你握住。如果猫咪已经完成拥抱训练，那么使用拥抱训练的方式会更好。

训练方法也差不多，但是操作最好在桌子或椅子上进行。将毯子铺在较高的桌椅上，猫咪坐上后，以握手的互动开始。猫咪主动把爪子放在我们手上以后，我们轻摸，捏捏它的肉垫，然后立刻用另一只手给奖励。保持轻捏肉垫的状态，让猫咪持续舔食奖励3秒，然后握肉垫的手和奖励同时放开，暂停1秒，重复以上步骤。后续便可按正常的剪指甲训练步骤来进行，逐步完成剪甲。

训练最重要的标准是猫咪能安定地接受你的操作；猫咪有任何不开心的征兆，你都应该及时停下调整，保证每一次剪指甲的过程都是愉快的。每次训练都在猫咪能安定接受的前提下进行，训练时长控制在 1 分钟以内。每个阶段至少重复 3 ~ 5 轮再进阶到下一个阶段。不需要一次性剪完所有指甲，每次剪一部分，可分多次完成。以上也只是介绍训练步骤，具体还是要依照猫咪的状态来调整。

另外，不建议将猫咪带到医院或宠物店剪指甲，这样的环境易引发更大的压力。对于较胆小、敏感的猫，要从提升生活质量和建立良好的互动关系开始，再逐步进行训练，切不可操之过急。对于有攻击行为的猫咪，则首先要解决攻击问题，其次要注意互动细节，建议寻求专业训练师的帮助。

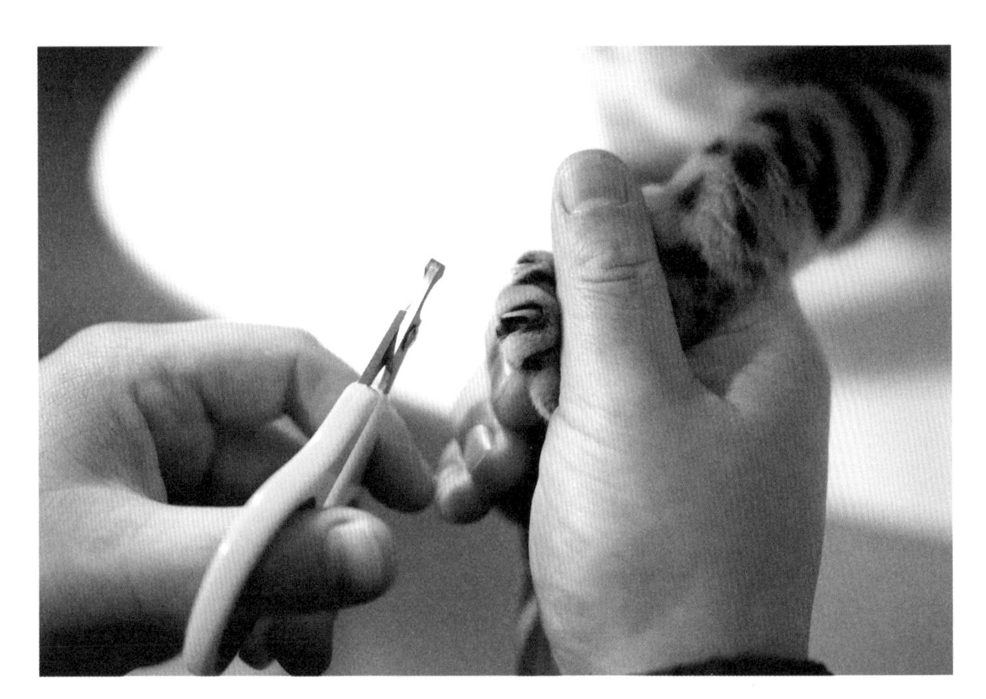

第七节
梳毛

梳毛对猫咪有多重作用。对长毛猫来说，日常梳毛是保持毛发顺滑不打结的重要方式。同时，梳毛也是人猫互动的重要方式，还是我们给猫咪提供奖励最简单方便的选择。

猫咪习惯用手梳毛的方式后，就可以过渡到用梳子来训练了，方法和上面是一致的。

这里重点讲一下梳子的选择。短毛猫一般不会有毛发打结的问题，梳毛的作用主要是按摩、去除浮毛，选择比较舒服的梳子即可。对长毛猫来说，除了按摩、去浮毛的梳子，还可能用到针梳、排梳等来理顺毛发，但要注意使用手法。

需要提醒大家的是，请不要使用可能会拉扯、切断猫咪毛发的梳子来梳毛，这种梳子并不会减轻掉毛问题，还会给猫咪带来伤害。

1

◀

· 将手放在猫咪鼻子前 10 厘米。
· 猫咪主动闻嗅。
· 按下响片，给猫条。
· 重复该训练 1 ～ 2 轮。

2

◀

· 给猫咪猫条。
· 抚摸猫咪脑后到肩膀的位置。
· 同时离开食物和手。
· 重复该训练 1 ～ 2 轮。

3

◀

· 给猫咪猫条。
· 同时抚摸猫咪。
· 其后同时离开食物和手。
· 重复练习 1 ～ 2 轮。

4

◀

· 抚摸猫咪。
· 给猫条。
· 同时离开食物和手。
· 重复该训练 1 ～ 2 轮。
· 进阶，抚摸次数增加。

第八节
洗澡

对绝大多数猫咪来说，洗澡并不是必需的。猫咪作为自清洁的动物，只要生活的环境是干净的，它们就有能力将自己打理干净。猫咪的舌头上布满了带钩的小刺，可以用来清理全身、保持卫生。另外，脏乱的毛发实际上很可能是压力的体现，压力会导致猫咪过度整理毛发，也会导致完全不整理毛发的问题。

其次，反复洗澡所使用的沐浴露等会刺激猫咪的皮肤，破坏天然的油脂保护。因此，洗澡训练费时费力，益处不大，我们是不太推荐的。同样，不需要使用吹风机为猫咪吹毛，更不建议使用烘干箱。即便是洗完澡的猫咪，自然晾干也是完全没问题的，并不会因此得皮肤病。

当然，无毛品种、老年猫、刚救助回来的猫咪等都可能需要清洁，这个时候建议使用湿巾来清理。宠物专用的清洁湿巾或无添加的纯水湿巾都可以，训练和上面以手梳毛的方式一致，把手替换为湿巾即可，这里就不重复叙述了。

CHAPTER 7

猫咪的拓展训练

在本章中，我会介绍一些为适应现代城市生活的猫咪增添乐趣的训练。这也意味着去拓展更有趣的互动和生活方式。这些训练并不复杂，且对猫咪进一步适应城市生活和伴侣动物的身份有帮助。

第一节
外出遛猫

外出遛猫需要使用一些工具，我们在这里推荐胸背而不是项圈，这是因为就猫咪的身体结构来说，项圈会对脖颈造成比较大的负担和压力。

* 工字形胸背

遛猫工具

胸背一般有两种类型。一种是工字型的，优点是比较轻，猫咪适应更快，价格也比较低；缺点是很难贴合身体，容易往一侧歪，舒适性较差。第二种是边相对宽的胸背，特点和工字形相反，更舒适。

大家可以先从工字形胸背开始训练，猫咪适应后再换成其他类型的胸背。由于猫咪的身材差异较大，且几乎没有专门为猫设计的胸背，所以一般只能购买小型犬的胸背。猫咪的身体极灵活，理论上来说，几乎没有一款胸背是猫咪完全无法脱下的，因此外出时，胸背只是作为一道安全保障，不能完全依赖。牵绳则建议选择长度在 2 ~ 3米、重量比较轻的，特别是卡扣要轻。

* 工字形胸背

* 背心式胸背

胸背使用训练

1

◀

1. 对胸背好奇。将胸背放在猫咪前方 10 厘米处，猫咪主动好奇闻探索，按下响片，给予奖励，训练 1 轮。

2

◀

2. 熟悉胸背。将胸背所有卡扣打开，然后将部分胸背轻轻搭在猫咪身上，有一定的接触即可，按下响片，给予奖励，拿起后再重复披搭，训练 1 轮。

3

◀

3. 穿戴胸背。将胸背完全放在猫咪身上，按下响片，给予奖励。此时可选择不拿起胸背，猫咪吃完后立刻再按下响片给予奖励，连续 5 次后拿起胸背，再重复，训练 1 轮。

4

◀

4. 扣上胸背卡扣。扣上第一个卡扣，扣上后按下响片，给予奖励。此时可选择不解开，猫咪吃完后立刻按下响片给予奖励，连续 5 次后解开并拿起胸背，再重复，训练 1 轮。

5

◀

5. 继续用此方法扣上其他卡扣，训练 1 轮。猫咪完全穿上胸背后，可以连续奖励 5 颗零食，暂停 1 秒，再连续奖励 5 颗，拿下胸背结束训练。这个部分可重复训练 3 ~ 5 轮。

同样的方法也可用来训练猫咪穿戴其他类型的胸背。穿戴需要套头的胸背时，可用食物引导猫咪主动穿过。为了让猫咪更适应胸背，在训练穿上之后，多在家练习，比如在玩逗猫棒、吃饭、训练的时候穿上胸背。注意控制穿胸背的时间，从1分钟开始，逐步延长时间。

此外，胸背的训练方式同样可以用来训练猫咪适应伊丽莎白圈。

室内随行

要让猫咪外出时在户外跟随我们，首先要从室内开始练习随行。

1 ◀

扣牵绳。猫咪穿好胸背后，我们将牵绳扣上，然后立刻给予奖励。保持绳子松弛的状态下，连续给 3 秒，然后解开牵绳拿走食物，重复练习一轮。

2 ◀

熟悉被牵引感。扣上牵绳后，然后轻轻地拉动一下，轻微施力，立刻给猫咪奖励，重复训练一轮。

3 ◀

引导猫咪向前走。训练这一步前最好已完成唤回训练（见下节“唤回”），我们要让猫咪开始适应带着牵绳走路。扣上牵绳之后，我们往前走一步，以唤回的方式呼唤猫咪到身前来，猫咪到身前就给予奖励。然后继续向前或者换个方向，重复训练不同的方向 3 ~ 5 轮。

4 ◀

引导升级。接下来用引导的方式让猫咪跟随我们。保持牵绳松弛，另一手中捏着一块食物放在猫咪鼻头前，然后说出指令“走”（也可以选择其他口令，例如“Go”），用食物引导猫咪跟随你向前走一步，然后停下将食物奖励给猫咪，重复练习 3 ~ 5轮。

5

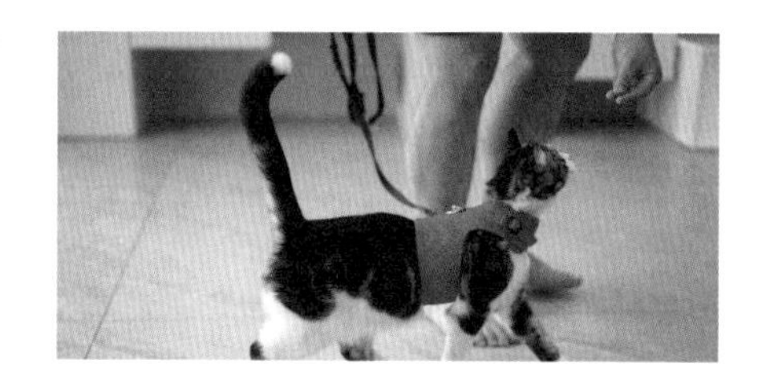

◀

撤除引导物。不使用食物，而是直接将手放在猫咪面前做引导，方法同第四步，但是记得猫咪跟随走一步，我们即给猫咪食物奖励。

6 ◀

原本是手放在鼻头前引导，现在可以抬高 10 厘米练习，逐步变成不需要使用引导，训练方法同上。

7

◀

室内跟随训练。猫咪可以跟随时，就逐步增加距离，从走 1 步就奖励，逐步变成 2 步、3 步，一直到猫咪可以跟随你在屋内随机四处走动。注意，这一阶段的奖励时机也可以是随机的，比如走 5 步奖励一下或走 10 步奖励一下。未来到户外以后还可以结合其他奖励，例如安定地跟随我们走过一个小广场，奖励是自由在草地探索 10 分钟。

拓展领地探索

室内猫咪的活动范围远小于野生个体，因此要拓展猫咪的领地，走出家门是最好的方式。在完成以上训练后，我们就进入这个阶段了。需要注意的是，最好选择门外没人的时段进行训练，尤其训练初期。要控制好外出的时间，从1分钟开始逐步增加。

◀

1. 出门。

给猫咪穿好胸背扣上牵绳，打开大门，然后以训练唤回、随行的方式带猫咪走出门。一开始可以降低要求，出门后让猫咪去主动探索，我们只需要保持牵绳放松，跟随在身边即可。只要猫咪会回到你身边、靠近你，就可以奖励它。这个阶段保持家门打开，如果猫咪想回家我们跟随回去即可。

◀

2. 熟悉室外环境。

在猫咪较熟悉楼道的环境后，可以提高要求，更多地训练随行、唤回，但还是要给猫咪主动探索的时间。我们还可以将在家里已经完成的训练放在门外，特别是航空箱训练，但不要在门外训练新项目。在这一阶段，如果猫咪听到声响后压低身子想往回走，我们就要尝试引导猫咪进入航空箱，目的是为了告诉猫咪，感到不安全时，完全可以回到航空箱去。

◀

3. 增加户外探索时间。

逐步增加难度，例如上下一层楼，同时可以开始选择门外有人的时候外出。当然，这些干扰项都需要逐步增加，不能一下子就选择人来人往的时候训练。这个时候我们需要带上航空箱，以备猫咪回箱中躲避。当然，如果猫咪好奇或谨慎地观察陌生人，那么应该及时奖励。

外出训练

猫咪可以自如地在楼道探索以后，我们就开始带它们去真正的户外环境。

一开始要谨慎选择环境，环境需要符合几个要求：1.没有猫狗和小孩；2.干净，避开垃圾较多处；3.刚开始外出时不要选开阔的大草坪，以小草坪为宜；4.远离马路；5.位置离家较近，便于迅速回家，刚开始训练时不建议出门过久。

训练的方法和步骤与拓展领地阶段基本上是一致的。猫咪穿好胸背后进入航空箱，我们提着航空箱来到选择好的位置，打开箱门，扣上牵绳让猫咪自主选择是否出来探索。一定要控制好时间，因为猫咪从离开家门的一刻就进入外出状态了，所以最初在户外探索1 ~ 3分钟就可以了，慢慢再延长时间。注意一定要全程牵绳且时刻观察环境，户外环境不可控的因素很多，突然出现的狗、小孩都会对猫咪造成惊吓。一旦发现有情况，就立刻将猫咪放回航空箱抱起，需要的话应及时离开这个区域。另外，在真正的户外训练之前，有条件的话，可以带猫咪去陌生的室内环境训练，例如比较安静的活动室、茶室等。

与其他活动相比，外出训练对猫咪和主人来说都是巨大的挑战：猫咪需要去学习适应陌生环境；主人则需要在这样的环境里、在保障猫咪安全的前提下，不断提供良性互动。只有在这个基础之上，猫咪才能安心地去探索室内不可能提供的环境，嗅闻草地和树木的味道，观察小虫子和小鸟活动等。只有当猫咪真正享受环境带来的丰富感受时，外出才会变成一件开心的事情。对生活在现代城市的猫咪来说，这是很关键的：如果每一次外出都是去医院，即便训练做得再好，猫咪也很难开心；如果10次外出中，有9次都是开心地玩耍、奔跑，只有一次是去医院，再加上已

经适应就医的训练，那么对猫咪来说，外出体验就会愉快得多。

坐车

外出一定免不了乘车，要让猫咪适应乘车，必须以航空箱训练为基础。一方面，航空箱作为移动的安全庇护所对猫咪而言是安全感的来源；另一方面，出于安全和交通法规的考量，目前没有其他适合猫咪的车载安全设备。

1.让猫咪适应静止的车辆。用航空箱将猫咪带上车，使用随机时间训练的方式让猫咪在车内待1分钟左右，然后回家。按照该方法逐步延长时间。

2.使用上述方式将猫咪带上车后，随机穿插打开航空箱门，让猫咪有机会在车内自由探索。可以将单次训练总时长设定为5分钟，包括3次1分钟的随机训练，穿插2次1分钟的自由探索。

3.将汽车启动，但不行驶，使用第一阶段的方法训练猫咪适应。

4.开动汽车，同样使用第一阶段的方法来训练。可以从随机时间开始，最长不超过10秒，在猫咪适应后逐步延长时间。

汽车行驶中，务必将猫咪放在航空箱中，停车时可以让猫咪出来自由探索。我们在长途旅行途径休息站时，都会带着猫咪下车活动，这也是猫咪安定坐车的奖励。另外，的确有少数猫咪晕车，如果在正确训练之后猫咪出现不适，可以拍下视频请医生综合判断。通常因不适应乘车而产生压力的表现有：瞳孔不正常地放大、狗喘（排除天气热的原因）、焦虑地叫、着急挠门想要逃跑、躲进座位下等。

第二节
互动游戏

在本节中，我们介绍几种互动游戏。猫咪需要丰富的生活，也需要各种不同类型的互动，除了消耗精力、增强互动、适应就医，这些脑力游戏还会让猫咪越来越聪明！

击掌

我们使用标的训练的方法来进行这个训练，所以第一步需要完成标的训练。

第二步，让猫咪坐在安全毯上，我们将小球（或便签贴）放在手掌心，然后以击掌的方式将手掌放在猫咪面前，注意调整位置方便猫咪击掌。完成标的训练的猫咪是知道去触碰小球的，爪子碰球，立刻按下响片给予奖励。重复以上的训练，至少3 ~ 5轮。然后，我们将小球直接放在手掌上，有些猫咪不摸，这个时候我们可回到上一步，也可以将小球和手掌心拉开一点距离，然后让猫咪来触碰小球。重复练习后，进阶的方式就是让小球和手掌的距离越来越近，直到小球和手掌靠在一起时，猫咪也会触碰小球。

接下来我们测试一下是否桥接成功。不使用标的杆，直接将手掌放在猫咪面前，猫咪触碰手掌心，我们就立刻按下响片给予奖励，重复练习3 ～ 5轮。如果猫咪不会来触碰，至多3次测试后即可退回上一步，再多练习一下。猫咪熟练后，就可以更换时间和地点，与不同的人进行这个互动了。

握手

先完成握手再进行击掌训练会更容易，因为猫咪已经知道当我们伸出手掌时，它要触碰手心。如果先做握手训练，则第一步和击掌一致，都是将小球放在手心，但这时是手心向上放在猫咪面前，猫咪触碰小球，我们按下响片给予奖励，重复练习3 ～ 5轮后测试是否桥接成功。

第二步需要用两只手操作，所以可以不使用响片，也可以一只手同时拿响片和零食。我们会使用拥抱训练中的规则来让猫咪适应被握住爪子。当猫咪将爪子放在我们的手掌心时，就给猫咪猫条，然后马上轻轻握住爪子，保持该状态3秒后，同时拿开猫条、离开手掌。重复以上练习3轮。

第三步，猫咪将爪子放在我们的手掌心之后，我们轻轻握住爪子，同时将猫条给猫咪，保持3秒后同时离开。重复以上练习3轮。

第四步，猫咪将爪子放在我们的手掌心之后，我们轻轻握住爪子，再把猫条给猫咪，保持3秒后，同时离开。重复以上练习3轮。

第五步，猫咪将爪子放在我们的手掌心之后，我们轻轻握住爪子，默念1秒以后再将猫条给猫咪，保持3秒后同时离开。重复以上练习3轮。

第六步的进阶是增加握住的时长。我们握住爪子2秒后再将猫条给猫咪，保持3秒后同时离开，重复以上练习，逐步进阶到握手至少5秒。每个阶段重复练习3轮后进阶。

第七步是轻轻摇晃，方法和前面一致。我们伸出手掌，猫咪放上爪子后我们轻轻握住，然后先给猫条再以握手的方式轻轻摇晃爪子，保持3秒，然后同时离开。重复练习3轮。

第八步，轻轻握住爪子后，一边给猫条一边以握手的方式轻轻摇晃，保持3秒，然后同时离开。重复练习3轮。

第九步，轻轻握住爪子后，以握手的方式轻轻摇晃1秒，然后再给猫条，保持3秒，然后同时离开。进阶是延长握手摇晃的时间。每个阶段重复练习3轮后进阶。

最后，要经常练习，猫咪熟练后更换地点和时间，由不同的人来与它互动。

按铃铛

训练使用的铃铛是传菜铃，选择铃铛的一个标准是铃铛的整体大小，铃铛越大，按铃力度要求越高；另一个标准是铃铛按钮的大小，总的来说，按钮越大、铃铛越小，会越容易。因为训练的核心是进行互动和脑力游戏，所以可以先选择容易的，再练习难度大的，也可以用一个难度大的慢慢练习。

这项训练也建立在标的训练的基础上，所以第一步的桥接方法同样是将小球放在铃铛上，猫咪摸铃铛的任何区域都是桥接成功。

撤除标的杆以后的第一阶段，我们先用塑形的方法，只要猫咪摸铃铛，我们就要按下响片给予奖励。第二阶段，慢慢提高标准，可以将铃铛分为三个（甚至更多）区域，由下至上逐步提高要求，让猫咪触摸的区域靠近上面的按钮。

第三阶段，猫咪已经会碰按钮了，此时我们再提高标准，改变猫咪触碰的方式，让它按响铃铛，要求是要从上往下对按钮施力，因为只有这样才能按响铃铛。只要猫咪将爪子从上往下的方式按，我们就可以按下响片，给予奖励。此时可以适当放宽按准的标准，即使没有很准确地按在按钮上，也可以按响片给予奖励。还有一个小技巧，我们可以将铃铛放在手掌上递给猫咪来按，这样我们就可以随时调整位置让猫咪更容易按到位，因为如果铃铛一直放在比较低的位置，猫咪很可能会一直使用从侧面触碰的方式。

第四阶段，猫咪已经学会了从上往下按准铃铛，所以这一步的要求是按响，当猫咪按响铃铛，我们就可以按下响片给予奖励。

在猫咪练习熟练以后，就可以在不同的时间，换不同的地方，由不同的人来和它进行互动了。

唤回

首先，我们解释几个概念。唤回，指的是猫咪听到我们的呼唤后来到我们身边的行为，但这里就涉及猫咪名字的问题。猫咪不可能像人类这样了解“名字”的含义，实际生活中常见的是，它们要么完全忽略名字，要么在长期的互动中习得听见“名字”意味着互动而有选择性地回应你，比如看到你拿着食物时。因此，通常建议在做唤回训练时，选择一个单独明确的词语来代表“我希望你到我身边来”，例如“来”“come”这样简短的词语。

其次，唤回对人与猫的互动关系要求比较高。好的互动关系下，猫咪会很自然地喜欢到你身边来，训练的目的其实主要是建立起“来”这个字的含义；对与人互动关系差甚至害怕人的猫来说，“唤回”训练的作用不大，提升生活质量、建立良好互动关系才是首要的。

唤回训练的方式有很多种，下面主要介绍两种。

唤回——标的训练法

这里的唤回其实是标的训练中最后一步的进阶，也就是在猫咪可以做到你将小球放在任何位置都会来摸的前提下，将唤回位置设定为你身前。第一步，我们将标的杆缩至最短，然后将小球放在身前。先从短距离开始，退后1米，将小球放在身前，猫咪上前来摸小球，我们按下响片给予奖励，重复练习3 ~ 5轮。

第二步，需要让猫咪将来到我们身前这个行为与“来”这个词挂上钩。还是在1米的距离，方法是在猫咪起身时说“来”，然后当猫咪摸到小球时，按下响片给予奖励，重复练习至少3 ~ 5轮。

测试不使用标的杆，拉开1米的距离，然后说“来”，猫咪到身前位置即按下响片给予奖励，重复练习至少3 ~ 5轮。

进阶则是以此类推不断拉远距离，变换位置和训练人与猫咪进行这个互动。做好外出训练的猫咪还可以在户外进行唤回。需要注意的是，“来”这个词只能说一次，如果一直重复，猫咪却没有到身前来，这个词就会失效，说明之前的训练是有问题的，可退回上一步。另外在说“来”时，语调欢快一点，不妨拉长一点声音：来——

唤回——引导式训练法

第一步，准备两份食物，大块的捏一点在手上让猫咪看见，小块的放在手心是给猫咪的奖励。和猫咪拉开1米距离，将捏着食物的手展示给猫咪看，猫咪起身时，用手在地面敲两下，保持手放在地面的状态，当猫咪到手边时，我们就按下响片给予小的那块奖励。重复以上练习，至少3轮。

第二步与上一步方法一致，但是捏在手里的食物再小一点。然后，进阶到手势一样但并不捏着食物。

第三步是拉开距离，敲地面的手势就是让猫咪到身前来的信号。当然，敲击地面也可以换成其他指令，例如上一个训练中的口令，方法都是一样的。

脑力游戏

距离游戏

我们可以随意选择家里某个物品来做这个训练。以钥匙为例，我们待在某个位置不动，先用响片训练猫咪用爪子触碰近处的钥匙；逐步将钥匙放得越来越远，并变换位置。注意，要求都是猫咪走过去用爪子触碰钥匙，变换的只是距离和位置。最后，我们可以将钥匙换成其他物品。

进阶版安全毯

我们也可以拓展安全毯的训练。和前面的训练一样，我们固定在某个位置不动，然后将安全毯放得离我们越来越远，训练猫咪去安全毯上坐好。还可以将安全毯放在一个固定位置，猫咪坐好后，我们退后一步，猫咪安定坐着不动，马上按下响片并回到猫咪身边给奖励。重复练习后进阶为退后两步，逐步拉远距离，并变换不同的位置。最后训练到猫咪坐在安全毯上，你可以在家里四处任意走动。当然也可以用航空箱甚至小凳子来做这个训练。

第三节
室内敏捷运动

敏捷赛起源于马术障碍赛，后发展为狗狗的一种运动，狗在人类的指示下按顺序通过不同类型的障碍，例如跳杆、隧道、跷跷板等。其实，猫咪也极适合且需要这样的运动。敏捷赛涉及体适能训练的5个核心：敏捷性、平衡性、耐力、爆发力、反应速度，能调动猫咪强大的运动能力，还能锻炼猫咪的专注度、学习能力，起到丰富生活的作用。

2003年，薇琪·希尔兹和友人在美国新墨西哥州举办了一场猫敏捷比赛，这是目前已知最早的猫敏捷比赛；现在猫爱好者协会（CFA）和国际猫协会（TICA）都举办猫敏捷赛。如今的猫敏捷赛娱乐性质大过比赛性质，要求并没有那么高，参赛者可以使用逗猫棒甚至激光笔等任意引导物来引导猫咪完成比赛。作为一种游戏，我们当然也可以使用玩具来引导猫咪完成敏捷运动。

接下来我们主要介绍使用标的训练来进行敏捷运动的方法。

高度跳跃杆

首先我们将跳杆调整至最低，也就是猫咪能直接走过去的高度。猫咪在一侧，我们将标的杆放在另一侧，猫咪过来后触碰到小球，我们按下响片给予奖励。重复练习，让猫咪了解这个游戏规则。

进阶就是不断地提高跳杆的高度。

距离跳跃杆

第一步和高度跳跃杆是一样的，所以我们可以在完成前者后进行这个训练。进阶的方法是拉长距离，从增加第二根跳跃杆开始增加难度。

隧道

钻隧道有两种训练方法。第一种方法是唤回，如果用标的训练教过猫咪唤回，那我们站在隧道的另一侧唤回猫咪即可。同样，如果用敲击地面的方式训练了唤回，那么我们站在隧道另一侧敲击地面唤回猫咪即可。

第二种方法是我们和猫咪站在隧道的同一侧，手里握着一颗较大的零食，注意是握住不是捏住，从隧道口的这头扔到另一头去，重复这个练习。然后，我们不握食物，但依然做出扔的动作，猫咪有了前一步的基础，看到手势也会跑过隧道，这个时候我们要立刻去另一头给予猫咪奖励。

你可以开发更多种类型的敏捷项目，例如跳跃其他障碍物、过平衡木等。单独完成每一项的训练后再慢慢将它们组合起来，从1开始，逐渐训练到1+1，再到1+1+1。

最后，我们完全可以将家里的环境当作赛场，将家具等都当成训练工具。

不像野外猫咪因狩猎而需要动脑，猫咪在室内极度缺乏心智刺激，所以在这项训练中，内容其实并不是那么重要，真正重要的是使用正确的方式和猫咪玩起来。以上也只是介绍了部分互动游戏，大家完全可以使用前文教的方法，开动脑筋来创造更多有趣的游戏，例如训练猫咪索要拥抱、靠在我们身上接受抚摸等。我们与猫咪的互动关系也不完全是建立在食物上，而是可以落在每一次的互动上，互动类型越丰富，你们之间的关联就越强。

CHAPTER 8

关于惩罚的建议

老话说不打不成才，甚至到了今天，在孩子的教育中，体罚似乎都是很难避免的现象。对宠物就更不要说了，网络上教主人拍头、打屁股、弹鼻头惩罚小动物的内容层出不穷。但是，你有没有想过打骂这种方法是对的吗？有用吗？

可能大部分人的答案是，不对但是有用。这是错误的，打骂不对且没有用。对猫咪来说，惩罚首先涉及动物福利问题。国际认可的动物福利五大原则最早由英国农场动物福利委员会提出，而后逐渐为各类动物组织所认可，例如世界动物卫生组织的《陆生动物卫生法典》，世界动物保护协会的《世界动物福利宣言》都收录了这些原则。具体如下：

免于饥饿或口渴；

免于不适；

免于疼痛、伤害或疾病；

表达正常行为的自由；

免于恐惧和痛苦。

第一节
惩罚的误区

我们先从科学上来讲一讲为什么体罚没有用。首先明确一个概念，惩罚不等于体罚。在动物训练、行为理论里，“惩罚”一词译自英文punishment，更准确的解释应该是“不良结果”，包含了体罚以及其他类型的不良结果，比如食物没有了、得不到互动等。特别是在行为调整中，我们会使用停止互动的方式作为惩罚，但是不会用体罚，这是完全不同的概念。体罚指的是造成肉体伤害（比如弹鼻头、用报纸拍头等）和精神伤害（如大声恐吓等）的方式。我们不可能生活在一个没有不良结果的世界，但是我们可以去创造一个没有体罚的世界。

为什么说体罚的方式是无效的？首先，我们在“操作条件反射”部分就曾讲到，行为发生后，如果产生不好的结果，那么行为倾向于减少发生。体罚要起效果，也要符合0.25秒的要求，也就是说，如果行为发生后隔了一阵再去体罚猫咪，那么猫咪很难明白为什么。假如猫咪在白天打翻了花瓶，主人回来后大发雷霆狠狠拍了一下主动迎接主人下班的猫咪，这时猫咪学会的很可能是迎接主人是一件坏事，而不会理解早上摔坏的花瓶和自己有关。

其次，一次性的体罚不能解决问题。生活中，猫咪会干的“坏事”实际上都和内在增强有关系，比如乱尿——释放以获得生理上的放松，翻垃圾桶——找好吃、好玩的，做这些事本就会给它们带来“好的结果”，所以会增强这些行为。如果没有体罚到每一次，遗漏的一次就会得到增强，而且这个增强对猫咪而言就是意外奖励，这样反而会让它们更渴望做这件事。也正是这个原因，很多主人体罚猫咪，猫咪也还是会去做。如果这件事不存在内在奖励，那么只需要做到忽略就能让相应的行为逐渐消失。

再次，体罚的方式存在诸多问题。罚得轻了，没有效果，也就是说，体罚的作用低于内在增强的价值，很多猫咪还是倾向于去做的，况且并不是每次都会被抓到。下手重一点行不行？不行，你根本不知道哪个程度可能给猫咪造成生理和精神上的永久伤害，这种伤害可能引发本能的攻击行为，甚至造成创伤后应激障碍（PTSD）。总的来说，我们是无法准确给猫咪“量刑”的。

此外，所有体罚都是由人类来施加的，人类的在场实际上就成了一个必需要素，猫咪很快就能学会选择在主人不在的时候“干坏事”。这一点也呼应了前文所说，即主人无法每一次都及时准确地实施体罚。

大家再思考一个问题，体罚真的可能让猫咪准确地理解不应该再重复某一种行为吗？答案是极难。猫咪的行为都是复合的，有无数个前置条件，行为的必要条件变了，就可能产生不同的结果，这也是我们需要更换地方、时间、训练者来和猫咪练习的原因。举个例子，你教会猫咪握手了，但是这个时候猫咪学会的可能是在满足晚上、在卧室的床上、你在、有最爱的鸡胸肉这四个条件下握手，第二天换另一个人在客厅和猫咪握手，它很可能就不会了。泛化的作用实际上就是通过更换学习的背景条件来让猫咪明白，握手是没有其他条件的。

每一个行为背后都有着千万个原因，我们体罚猫咪只是因为它们表面的行为，但是驱动猫咪做出这种行为的原因并不一样，比如翻垃圾桶可能是因为无聊，也可能是因为饿了被香味吸引。如果不从内在驱动力的角度去解决问题，那么即使我们用体罚制止了我们认为错误的行为，内驱力也会促使猫咪转而做出其他行为，比如无聊时去玩其他东西搞破坏，饿了去翻其他食物。

每个人都很享受猫咪主动的蹭蹭、放松的姿态、踩奶和咕噜，但是一次体罚就可能将这一切亲密的互动都破坏了，之后再花十倍时间都很难弥补。

体罚有时候看起来有效，是因为它令猫咪感到恐惧和害怕，这是生物趋利避害的本能。猫咪是无法理解什么是“错误”的，绝大多数情况下仅仅是逃避威胁而已。

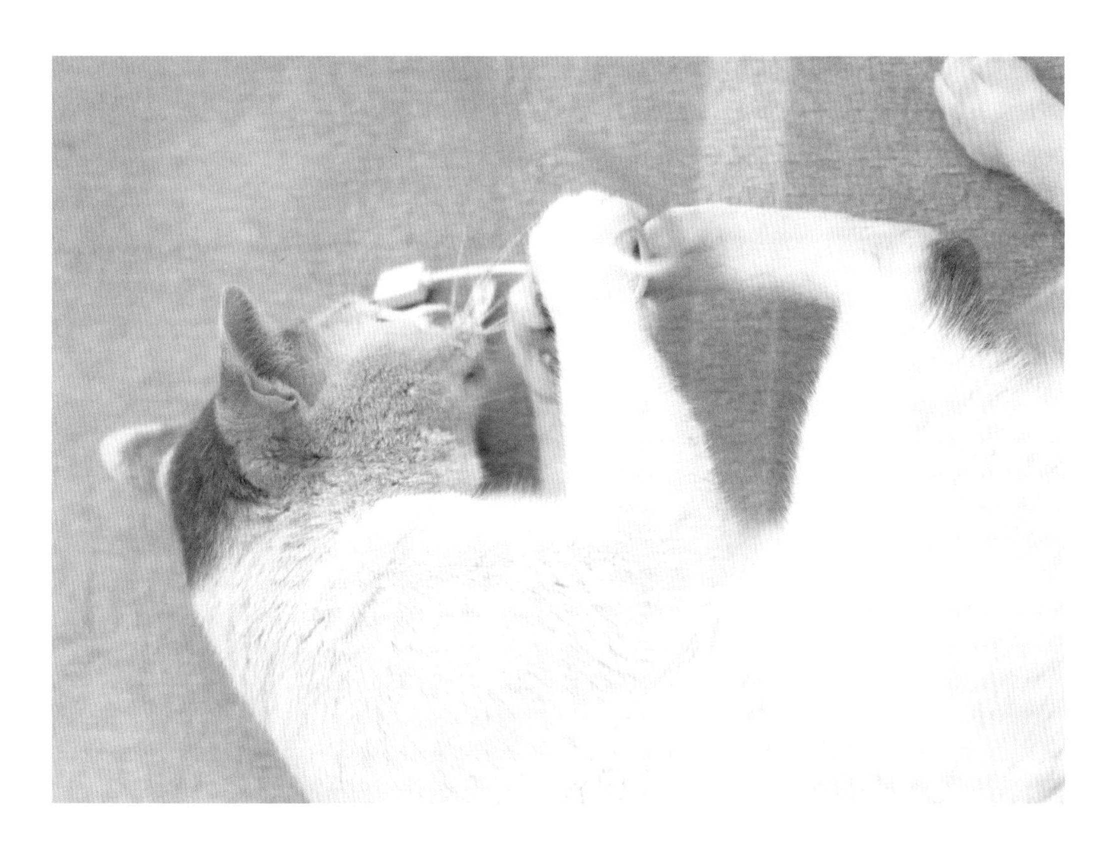

第二节
惩罚的正确方式

那么，我们在实际训练中会不会使用惩罚呢？也是会的。在使用操作条件反射的时候，如果目的是让一个行为多发生，那么我有两个方式：第一，给这个行为一个好的结果；第二，把不好的结果拿走，反向促进这个行为的发生。以狗的训练中使用P链（P链是落后的训练工具，不建议使用）为例，在训练随行时，如果狗偏离了“正确”位置，训练者就会通过突然猛拉P链来体罚狗，狗为了逃避体罚就会减少偏离位置的行为，只能“保持”在正确的位置上。但这是一种建立在恐惧上的训练方式，所以我们基本上不使用（特殊情况下，专业训练师会使用，但也不包含体罚的方式）。

当我们希望一个行为减少甚至不要发生时，也有两个方法：第一，行为发生，给出一个不好的结果，行为就会倾向于不发生；第二，把好的结果拿走，这个行为也会倾向于减少甚至不发生。以上两种都是惩罚的方法，我们只会使用不包含体罚的方法。例如，猫咪想要互动，一直喵喵叫，你采取直接离开的行为，那么“你离开了，没有互动了”其实就是一个不好的结果，猫咪的喵喵叫就会减少。注意，这里猫咪是因为想要互动才喵喵叫，想要互动是其内驱力，所以一定要在我们可接受的范围内给猫咪一个获得互动的渠道，例如“不喵喵叫了”“乖乖趴着等待”就会得到互动，猫咪的好习惯就会开始养成。行为问题是很复杂的，要综合考虑猫咪行为背后的需求等因素，不是简单地加大处罚就能解决。前几章提到的早期行为主义的错误就在于此，只看到表面的行为，而未考虑物种特性、天性、个体需求。

这时，你应该会有个疑问，那么猫咪犯错的时候怎么办呢？我们不妨先换个思路来看待这个问题：为什么要让猫咪犯错。动物远远不如人类复杂，无论是在行为、动机、记忆、认知还是思考等方面，小猫咪要的其实都不多，我们讲过的需求六芒星——安全感、资源、社交互动、狩猎、探索、作息，再加上一点适应现代城市生活的训

练，已经占据猫咪生活99%的时间了。这样的情况下，它们哪还有精力“干坏事”呢？对小猫咪来说，根本没有对错的概念，也就不可能存在“故意”去做什么，所有行为都和需求有关系，绝大部分问题都是它们为满足需求自行寻找的渠道（部分是疾病导致）令主人无法接受而已。例如，猫咪需要磨爪，如果主人没有提供合适的磨爪工具，那么它们很自然地就会去找皮沙发，这属于正常行为表达。因此，与其放任猫咪发展这些坏行为、坏习惯，不如我们从猫咪到家的第一天开始就安排好它们的生活，提供一个既符合它们天性，又能令我们接受的方式来满足其所有需求，从而避免行为问题的出现。

处理行为问题最容易的方式就是不要让它发生，否则花10天养成的坏习惯可能就需要1个月来调整了。我们尊重猫咪的天性、个性，在此基础之上，好行为、好性格都是可以培养的。猫咪日常作息良好、吃得饱玩得够、蹭蹭我们、在猫窝里安定休息等好行为都能得到奖励，这样又怎么会产生行为问题呢？

回到最开始的问题，猫咪真的犯错了怎么办？

我们要立刻制止错误行为，例如猫咪扑咬你，那么和它做一个物理隔离，离开房间，关上门，让它冷静5分钟。如果猫咪在被子上乱尿，那么就清理好被子，关上房门，避免猫咪再进入这个房间。这是第一点，即要让猫咪无法重复练习其错误的行为。第二点，要找到原因，比如身体是不是出了问题，生活质量是不是出了问题等。绝大部分行为问题都与二者有关，换句话说，一只身体健康、生活质量高的猫咪，在99%的情况下不会有行为问题。如果还是无法调整猫咪的问题，那就要寻求专业人士的帮助。

CHAPTER 9

猫咪的社会化

“社会化”一词最早来自对儿童的教育和行为研究，最简单的理解是：孩子成为社会中人的过程。社会化意味着一个人生活在一个社会群体中，需要对其施加的限制和生活模式。或者，我们再简单一点来理解，即在儿童的敏感期，让他们去学习未来在社会和群体中所需的生活模式、社交技巧、行为模式等。人类儿童的社会化包含了自我认知、道德规范、社会规范、文化认知等复杂内容，小猫咪的社会化同样也涉及多种内容。

第一节
奶猫的社会化

在自然状态下，小猫咪在社会化过程中需要学习与同类互动，包括交流沟通、寻找配偶、避免打斗等；要学习狩猎，包括认识猎物、掌握狩猎技巧等；还要学习和环境互动，例如辨别天敌、躲避危险等。猫咪在自然状态下的社会化一部分是来自与母亲以及同窝或群体内其他猫咪的互动，另一部分则来自生活环境。对一只并非作为伴侣动物饲养的猫咪来说，自然状态下的社会化基本是足够它生存下去的；但对一只进入室内的伴侣动物来说，“自然发生”的那些远远不够，它们未来要经历的生活并不“自然”。换一个角度来说，社会化取决于猫咪未来的生活环境、生活方式，作为伴侣动物的猫咪（以及狗）需要社会化，就是因为它们天然所接受的“教育”和作为“伴侣动物”的身份并不相符，不相符就会产生矛盾，进而引发行为问题和压力。即便强如人类这样有着漫长的社会化敏感期和学习能力的物种，长大后都会遇到大量问题，更何况要在现代城市中生活的猫咪呢。比如，伴侣动物都需要外出就医，即使不会生病也要体检、打疫苗，这就要求它们学习外出和接受陌生人的控制性操作。出生35天内未接触人类的小猫，在40 ~ 50天开始出现躲避害怕人类的行为，这样的小猫长大以后就是我们说的“社会化不足”的猫咪，很容易害怕外出和陌生人。

一定有人会有疑问，小时候的社会化和长大后的训练有什么区别呢？社会化期的所有学习需要开始于敏感期，这是猫咪一生中最重要的窗口期，在这个阶段学到的事情会在猫咪的记忆中留下强烈的印记，无论好坏。

敏感期像一个窗口，只开放短短的一段时间。卡尔逊和特纳经由一系列的实验确定，这段时间通常只有 2 ~ 7 周。有些专家会将敏感期延长至 9 周甚至更久，除了不同实验结论略有不同，我们在“驯化”一节也曾提到，驯化程序加长了对象动物的敏感期。

敏感期的猫咪更像是一张白纸，对新鲜事物、陌生人、新环境的接受度都更高，更愿意去探索、互动，也更容易从一定程度的压力下恢复过来。敏感期丰富而正面地接触各种事物和状况，特别是猫咪经常遇到的所谓压力源，例如外出、坐车、就医、儿童、狗、吸尘器等，意味着成年后的猫咪有能力依据过去这些愉快的经验来面对新的状况。一旦过了这个时期，猫咪已经有了一定程度的生活经验，就会根据过去的经验来应对新情况。如果它之前没有见过陌生人，那么出现惊吓反应甚至躲避都很常见。也正是从这个角度来说，过了敏感期，我们不再有社会化训练这种提法，而是说针对性的脱敏了。

此外，也一定会有人问：是否在敏感期做好了训练，就万事大吉了？答案是否定的。社会化训练必须在敏感期开始，但并不一定在敏感期结束，而是可以长期持续甚至贯穿一生的。社会化的训练像是一种从模拟到实践的过程，在敏感期开始模拟练习，逐步过渡到进入真实环境去实践，同时学习过的东西需要不断练习，否则就会慢慢消退。例如，在敏感期训练阶段，猫咪能淡定外出，但是中间长期没有外出，那么之后再外出时猫咪就会有害怕的表现。尽管如此，比起那些在敏感期缺失社会化训练的猫咪来说，经过社会化训练的猫咪要重新“捡起”外出技能还是快很多。

第二节
社会化训练的原则和建议

如果你有机会养一只尚在敏感期的小奶猫，请务必立即开始社会化训练，这是你能给予它最好的礼物。训练的核心原则是保证所有的接触、互动都是良性的、正面的、积极的，训练的一大重点是结果可控，因为惊吓可能会对小猫咪造成永久性的创伤。那些寄希望于小猫咪自己就能适应的训练都是在冒险。

养成良好作息是一切训练的基础。在小奶猫阶段，活动范围要限制在小一点的空间内，例如单独的房间。房间内按照需求布置好环境，摆放猫砂盆、水碗、航空箱，设置攀爬跳跃的区域等。为避免猫咪养成坏习惯，平时要注意做好环境管理，也就是不要在此空间中留下任何不允许猫咪玩耍的东西，常见的如垃圾桶、纸巾、电线等。

建议每天让奶猫与人类接触 40 分钟以上，包括抚摸、互动训练、适应等，但是不包含逗猫棒游戏时间。让猫尽量多地接触各种年龄、体态的人，男人、女人、老人、小孩；高大的、小巧的；穿宽大衣服的、戴着帽子的等，至少 6 个人。

带领并监管小猫咪认识家里的环境和物品，例如不同材质的地面，瓷砖、木地板、地毯等。监管的作用在于确保过程是正面积极的，例如在地毯上玩逗猫棒，探索时给予零食奖励等。对于某些特殊物品，例如吸尘器，可调低档位，从远处开始让小猫咪习惯声音（同时使用零食奖励，具体参照第五章、第六章）。

这个阶段的逗猫棒互动极其重要，小猫咪需要学习识别什么是猎物，充分且满足的狩猎游戏将极大地降低小猫咪将人类的手脚或其他物品当作猎物的可能。就医、美容、外出等其他训练都需要在这个阶段开始，具体参照第六章。

考虑到社会化的窗口期很短，猫咪的情况又各有不同，所以并不存在完美、普适的社会化训练计划，而是应该根据猫咪未来的生活来进行规划。例如，没有养狗计划的家庭可以不做针对狗的社会化训练（要找到淡定面对猫咪的狗也很难）；面对陌生人时比较谨慎的猫咪，可以有针对性地多接触陌生人；对声音敏感的猫咪，可以通过训练多适应不同类型的声音。

奶猫社会化期的一个重点在于玩耍。这个时期的玩耍除了促进身体机能发育，还有促进未来学习狩猎和社交技能的作用。玩耍主要分为三种类型：第一种，对无生命物的模拟狩猎，在户外生活的小猫会去玩石头、草等，在室内生活的猫咪则需要我们提供玩具（收起所有不能给它们玩的东西）；第二种是自我模拟狩猎，小猫会假装有一个猎物在前方，模拟各种扑咬、追击的行为；第三种是高频率地和同窝小伙伴玩耍，如果是独生子女，则猫妈妈会承担起一部分责任。小猫通过和同伴的玩耍学习沟通技巧，例如下口重了，对方就会跑开停止互动，小猫由此学会控制和避免冲突升级。社交玩耍期远远长于敏感期，伴随着整个社会化过程。2个月大的猫咪到新主人家以后，如果没有充足的狩猎游戏（如玩逗猫棒），之后就可能产生大量行为问题。

第三节

不同时期的社会化训练

抚触

每天抱起小猫并抚摸其身体不同部位，模拟未来的就医美容处理，保持短时多次的频率，尽量多地让不同类型的人来进行这个训练。从出生开始至少维持到4月龄，后期可配合其他训练，例如就医等。

社交游戏

同窝小猫咪之间开始更多互动，这时提供适合的环境很重要，布置一个较低矮，适合攀爬、跳跃、躲藏的空间。

出生　3周　4周　5周

自主排泄

将猫咪放在有限制的空间内（不是笼子，而是单独的房间等），设置好合适的环境（猫砂和猫砂盆）。在小猫咪睡醒、进食后、运动后等时间点，将它引导至猫砂盆处。开始引入逗猫棒互动，注意避免用手脚逗弄猫咪。

捕猎行为

猫咪可以撕咬猎物后，可开始尝试喂固体食物（最好是生骨肉，参考第十一章），并使用逗猫棒来引导狩猎；猫咪会出现挥爪子、跟随等行为。此时猫咪开始会磨爪了，所以还要提供合适的磨爪工具。该阶段的猫咪已能够独立完成排泄行为，会自行寻找合适的材质排泄，所以要继续之前的大小便训练，并逐步给予更大的自由度。最早可以在这个阶段开始外出训练。

6周

玩耍物体和运动游戏

猫咪开始将无生命的物体当作猎物玩耍，也会进一步发展跑跳等运动技能。这个时候必须引入逗猫棒，让猫咪开始识别什么是猎物，学会将我们提供的羊毛球、羽毛这一类物品认作猎物。一样要避免用手脚逗弄猫咪。另外，应在保障安全的前提下进一步丰富环境，因为该阶段猫咪的嗅觉和视觉等能力都在发展，也会出现更多的探索行为。

6至7周

成猫运动模式

小猫咪的运动模式在该阶段越来越接近成年猫，所以主人使用逗猫棒的技术要不断提高，也就是要猫咪开始面对越来越难捕捉的猎物。环境需要扩大，资源与空间布置也要更复杂，例如开辟高处空间。可以开始进行定时定量进食训练，猫妈妈哺乳则作为补充。

9至14周

社交游戏高峰

猫咪更多地参与打斗游戏。此时需要注意观察，如果出现过火行为，例如一只猫咪被打得嗷嗷叫，就需要干预。需要提供更多的一对一逗猫棒玩耍游戏等。开始引入更多相关训练，具体可参考第五章、第六章、第七章。

第四节
社会化不是万能的

社会化不是万能的，一只猫咪的成长受限于多方面的影响因素。除了社会化，遗传也起了非常重要的作用，例如小猫咪母亲甚至外婆辈的营养摄入（特别是怀孕期间）、所经受的压力、小猫咪父亲的胆量等。我们前面说敏感期的小猫咪是一张白纸，这只是相对而言，其实每张白纸也各有不同。在第一章中，我们已经了解过，猫咪是半驯化动物且人类几乎没有针对其行为、性格进行选育，结果就是，尽管有一些线索可以帮助我们，但挑选小猫咪就像开盲盒，我们能控制的就是我们给予它们的生活方式：社会化、训练、丰富生活等。

最后，讲两个概念，习惯化和敏感化。举个例子，小时候我从城郊搬到城里时，由于房间窗户正对马路，我需要面对的一件事就是每天不断地听到喇叭声。慢慢地，我可能会习惯这件事，喇叭声再密再响，我都睡得着；但是，我也有可能无法习惯，因此变得敏感，一听到喇叭声就头疼，开始失眠。面对同一个事件，产生的这两种结果就是习惯化和敏感化。二者还有一个很大的不同，就是我习惯了喇叭声不代表我能习惯其他噪声；但如果我对喇叭声很敏感，那么很容易就会变得对其他噪声也难以忍受。这其实也是生物演化出来的一种保护机制：一样东西安全，不代表类似的东西都安全；一样东西可怕，那么类似的东西很可能都是可怕的。

现实生活中，很多人常常会觉得猫咪害怕的东西，让它习惯就好了：害怕吹风机，多吹就好了；害怕人，多见见就好了；害怕吸尘器，多听听就好了；害怕外出，多出去就好了。甚至许多人给猫咪做社会化训练就是直接带到户外去做所谓的“适应”，这样的结果通常都是猫咪越来越害怕。猫咪对某种陌生事物是习惯还是敏感，是很难判断的事情。我们有很好的方式去训练猫咪适应，但冒险尝试的结果通常都很糟糕。

CHAPTER 10

猫咪的情绪与沟通

语言是人类特有的能力，也是我们认识世界的方式，学习语言的过程即是构建世界的过程：花是红色的，春天会开红色的花，蜜蜂会来采花蜜，酿出好吃的蜂蜜。对人类来说，语言的本质是传递信息，这些信息不只涉及此时此刻，还要叙述过去、描绘未来。与此不同的是，动物的“语言”主要集中在对当下环境情景的反馈与互动，即情绪和沟通。

第一节 如何理解猫咪的情绪与沟通

我们在“家猫的生理特征与感官”章节中讲到了猫咪的五种感官，分别是视觉、听觉、嗅觉、触觉、味觉；家猫依赖这五种感官能力去感知世界，建立对周边环境的认知，它们就是猫咪接收信息的方式。

不同物种感官能力的侧重点不同，各有强弱，这就导致不同物种感知世界的方式不一样。猫咪的“语言”首先是对外界信息的反馈和应对。这里其实包含两重作用和含义，第一是接收到信息以后的反馈，可以理解为情绪表达。我看到一条蛇，吓得屏住呼吸，这种状态就是一种害怕的情绪表达。猫咪看到一条蛇，弓起背奓毛，也是一种情绪状态：紧张。第二是应对，如前文所介绍，情绪就是根据过去的学习经验对当下的环境状况做出的一种预期。我看见一条蛇，根据过去的学习经验，我知道蛇很可怕、有毒、会攻击人，所以我进入害怕的情绪状态。那为什么又是应对呢？那是因为这种状态实际上激活了部分脑区的神经系统，例如恐惧就与边缘系统的皮质下中枢杏仁核有关系。你感受害怕的情绪，这种情绪状态代表着你对当下状况的判断和预期，即同时在激活你相应的行为机制，屏住呼吸实际上就是一种逃跑准备，这就是“预期”得出的应对方式。

因此，我们在生活中看到猫咪的身体语言时，实际上首先应该认识到这是其内在情绪状态的外在行为展现。在这里，我们有必要进一步阐明情绪的本质。举个例子来说，杏仁核过去一直被误认为是恐惧中心，但实际上科学界从未这样定义过杏仁核，这个误区的产生或是因为实验中发现当杏仁核被破坏后，猴子会变得更“乖巧”。问题在于，杏仁核被破坏只是消除了动物面对威胁时的部分行为反应而已，不代表它没有恐惧情绪。

当我们感知到威胁时，恐惧是对此状况预期下的应对结果，而不是威胁引发了恐惧感才接着引发反应行为。在侦测到威胁后，杏仁核会发出信号去改变多个脑区的信息处理程序，例如会促进或抑制肾上腺素、乙酰胆碱、多巴胺、血清素等化学物质的分泌；这些化学物质会让身体提前做好应对威胁的准备，进入身体的高激活状态，常见的表现有：心跳加速、肌肉紧绷、呼吸急促等。接着，注意力系统会进一步搜寻环境中的知觉信息，匹配对比记忆中的经验。所以情绪也和海马体高度相关，一旦和记忆中的某个“恐惧感模块”配对成功，就会相应地采取有成功经验的应对方式，即最优生存模式；或者我们换个角度来理解，恐惧情绪其实是注意力（感知力）、知觉、记忆、生理激活的综合体。综上，所有的情绪本质上是源于生理的感受进一步在经典条件反射的作用下关联起越来越多的情景，这是一种后天学习：知道蛇有毒会攻击人，所以在看见蛇的时候产生的预期，即是我们所感知的害怕情绪，外在表现就可能是发抖、呼吸加快等一系列行为。

理解情绪的构建和表达，正是我们去认知猫咪身体语言的重要意义。透过身体语言去了解猫咪当下的状态，我们才会选择正确的方式去帮助猫咪。训练的意义也在于此：不断地构建正面的情绪情境，消解负面情绪情境，这其实就是在塑造猫咪乐观的生活态度，从而让猫咪更从容地应对压力，毕竟零压力的生活环境是不存在的。

标准化沟通

情绪状态的应对也逐步发展出沟通语言的作用。除了食物链上下环节的动物，自然界中的物种总是倾向于避免冲突，所以即便物种不同，某些情绪状态所展现出的姿态、行为也会成为“标准化”的语言。注意，这类身体语言更多地出自本能，而不是主观控制。例如，猫咪看见一条蛇，弓背奓毛略侧身的状态表明它情绪紧张，这种身体姿态也是一种应对攻击的准备；同时，这样一个“符号化”的姿态实际也是在传达增加距离的信息，因为侧身、弓背、奓毛都是为了让自己显得更大、更具有威胁性，这在许多物种中都很常见。

在人类身上，由于“语言”的强大发展，我们对“身体语言”的阅读能力越来越弱。相比由于主观而可造假的“语言”，基于本能的身体语言是很诚实的。但是这种身体语言并不是有效的沟通语言，由于情绪是通过情景构建而来的，而每个人的生活经验极其不同，这就导致了同样的状况下每个人的情绪状态是不同的、可能做出不一样的行为表达。同样地，我们在分辨猫咪的身体语言时，首先应该从中认识其情绪状态，而不是将它当成具有沟通功能的语言。

符号化沟通

这里就引出我们要讲到的第二类“语言”——“符号化”的沟通语言。与“标准化”语言被动展现不同的是，“符号化”的沟通语言是基于主观发出的。例如，即便语言不通，人类世界也有通用的身体语言：握手表示友好、点头表示是、摇头表示不是等，这主要是基于群体内沟通、避免冲突的需求，逐步发展出来的。

与狗相比，猫咪作为独居动物在沟通语言上其实是比较匮乏的。从社会结构来说，猫咪倾向于独居。这种生活方式与其生活的环境有关系，

简单来说就是组成团体并不占优势。猫咪开始有群体生活，原因与选择独居是一样的：在人类因素介入下，群体生活方式更具优势。猫咪的群体形式并不紧密，除了守护领地（严格来说群体猫咪守护领地时也并不是合作，而是同时抵御外敌）等部分有群体优势的情况，它们并不会像狗那样在各个方面通力合作。语言在群体中的作用在于减少冲突、增加合作；在这样的情况下，低社会性的猫咪并没有“动力”去充分发展沟通语言。它们在各种活动上很少合作，社交上也保持着短时接触的模式，需求有限，沟通语言的发展也有限。猫咪社交增进情感的方式有竖尾、互相打理毛发、碰鼻子等，而应对冲突状态的语言就真的极度匮乏了。一旦两只猫咪进入冲突状态，就很难有效化解，因为没有足够的“沟通语言”用于传递和平信号。在自然状态下，猫咪本身就避免面对面的接触，当两只猫咪相遇时，它们通常会在相隔很远的地方坐下，等待对方的下一步行动，一般来说这是最稳妥的方式。局势发展到面对面竞争时，猫咪就很难有效退出了，即便是逃跑都会引发对方的追逐。和示弱行为语言极其丰富的狗相比，这一点尤为明显。

非接触性沟通

气味

第三类是非接触性沟通，主要包含两种，第一是气味沟通。气味有长时间留存、随时间变淡的特点，也就是说这样的信息具有时间性。对人类来说，气味沟通其实是比较陌生的，因为嗅觉本身不是人类的主要感官。猫咪的嗅觉器官远比人类的发达，能闻到的气味也多过我们。气味对猫咪而言就像名片，是重要的沟通工具，只是在狩猎时，它们对气味探测的依赖度不如狗那么高。

气味沟通主要服务于两个目标，第一是寻找配偶，这一点我们在介绍犁鼻器时也讲过。作为独居动物，猫咪寻找配偶最主要的方式就是四处留下气味名片，所以我们常见到发情期的母猫将气味蹭到各处或做出喷尿行为，公猫性成熟之后四处喷尿的行为也与此有关。虽然未绝育的公猫是喷尿的主力军，但是母猫喷尿也不在少数。喷尿行为在绝育之后仍可能发生，公猫的比例是10%，母猫则是4%。

喷洒出来的尿液特别难闻，这是因为肾脏中的一种羧酸酯酶水解产生猫氨酸，这种含硫的挥发性化合物是猫咪特有的信息素，难闻的气味就是猫氨酸及其携带的微生物作用的结果。猫氨酸和饮食中摄入的高蛋白有关，因为猫氨酸由半胱氨酸和蛋氨酸合成，二者都来源于猫咪饮食中猎物的肌肉部分。换句话说，越是高蛋白饮食的公猫，喷尿的气味越难闻，这也代表着它具有更强的捕猎能力，从而为它增加择偶机会。需要强调的是，这是猫咪的正常生理现象，并不能因此认为高蛋白饮食会引发喷尿做标记问题；本质上还是性需求导致的，杜绝此类问题的最重要方式即是绝育。相关研究表明，绝育公猫的猫氨酸排泄量只有未绝育公猫的三分之一到四分之一。

猫咪通常选择三类地方喷洒尿液做标记，一是领地的边缘，例如进出的道路、门口、窗户边等垂直面；二是领地中的显眼处，例如客厅中央的沙发垂直边；三是与室内猫咪所处的特定环境有关，所以有可能会选择在新出现的物品上喷洒尿液。

气味沟通的第二个目标，是满足领地的分时分享需要。猫咪的领地通常不会是完全独享的，当两只猫咪在相互重叠的领地区域内面对面的时候，因为缺乏有效的沟通语言，就很难化解冲突场面。为了避免冲突，气味沟通就成了最有效的延时沟通手段。视觉标记很显眼，但是很难传递时间信息，猫咪无法从一道爪印中去判断多久以前另一只猫咪来过，后者的状态如何。但是肉垫留下的气味则具有这样的效果，随着时间流逝气味发生变化，信息就有了时间概念，这就是延时沟通。我们知道猫咪的安全感与领地高度相关，所以当我们将猫咪带去一片新区域时（当然前提是猫咪经过良好训练不会害怕外出），猫咪除了搜索目光所及之处，做的第一件事就是去查探四周重要的标志物上的气味，确定这个区域的情况，例如多久以前有一只怎样的猫咪曾到过这里。

当然，气味的作用远不止于此，猫咪身上不同部位的不同气味都有独特的作用。例如，猫咪在喷洒尿液时，除了猫氨酸，还有一种特殊分泌物随之排出，就是肛门腺液。肛门腺位于肛周，食肉目动物肛门腺分泌物所发出的气味是重要的化学信号，主要提供有关性别、繁殖状态和个体识别等信息。日常中我们也会见到猫咪互相闻臀部的行为，这其实也是一种通过嗅闻肛门腺来获取并识别对方信息的方式。此外，大家比较熟知的人工合成费洛蒙类产品，就是模拟猫咪面部腺体所产生的信息素。目前人类已经识别出5种不同类型的面部费洛蒙成分，以F1至F5命名。不同费洛蒙的具体作用机制尚不明确，目前已知F3是作为领地标记使用，F4则用于社交互动。这两种类型都有人工合成的费洛蒙产品，也会用作行为调整的辅助手段，但务必在专业训练师指导下使用。

声音

第二类非接触性的沟通方式是声音。声音的特点就是可远距离传播，但安全性和指向性较差，所以一般只出现在两个场景下，一是寻找配偶，常见的就是母猫的“发春”；二是小猫对母猫的呼唤。只有这两个情况下沟通的需求重要性、即时性大过不安全的可能性，所以猫咪通常是很少叫的。

作为室内伴侣动物的猫咪，则将小时候用于和母猫交流的声音沟通技巧巧妙地保留下来，用来和人类沟通。有科学家认为这是一种“后天学习”，所谓后天学习指的就是将原本不是这个意思的行为（包含叫声、动作等）用于其他表达。这也是我们要说的第四种沟通方式：后天学习。

后天学习

后天学习的沟通语言多种多样，最普遍的是将“喵喵叫”和需求结合，这本身是猫咪幼年期和猫妈妈之间互动的延伸。但是在不同环境下，猫咪还能在和主人的互动过程中学会更多独特的表达，这其实是一种“训练”。简单来说，就是猫咪意外做了某件事，发现某个行为得到的结果是它希望得到的，那么这就会无形中强化这个行为。举个例子，当猫咪用爪子拍了一下食碗，你误以为它饿了就放入一些食物，有时候只要几次甚至一次，猫咪就很有可能关联起“拍拍食碗”和“有食物”，所以下次猫咪想吃东西的时候就会主动去拍拍食碗，向你表达：我饿了！换个角度来说，这也是我们说训练就是沟通的原因，与其让猫咪意外学会某些你不一定能接受的表达，不如我们主动来建立起“好的有效的沟通”。

第二节
察觉猫咪的信息

接下来我们就具体地从气味、声音和身体语言三个类型来帮助大家识别猫咪的沟通语言。

气味类沟通

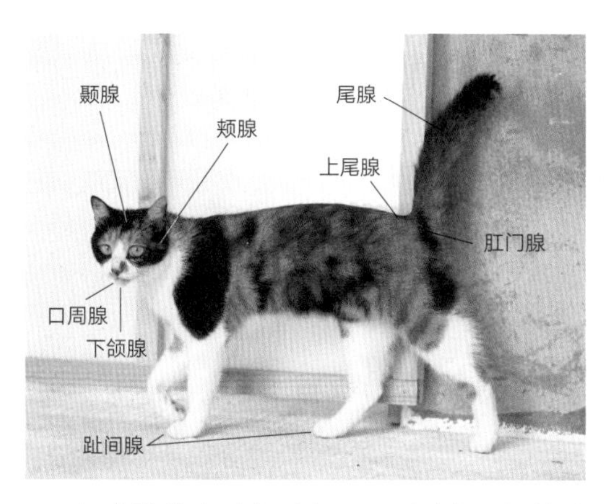

气味类的沟通主要出于以下需求：性的需求、标记领地、社交互动。除了尿液（及肛门腺液），我们人类无法嗅到猫咪所释放的绝大部分气味标记。从沟通表达上来说，喷洒尿液的典型动作是以后退的姿态将臀部对向垂直面，竖直尾巴喷洒尿液，伴随尾巴和身体的颤抖。尿液呈喷射状，一般量很小，并且猫咪不会有掩埋的动作。其他猫咪闻到尿味后会深入地探索，出现我们在嗅觉感官中提到的裂唇反应。

尿液以外，其他我们闻不到的气味标记主要是猫咪腺体所释放的气味。首先是猫咪肉垫的指间腺，猫咪磨爪时自然同时留下气味标记。其次，猫咪紧张时也会像我们一样冒汗，当然并不像我们一样全身都有汗腺，它们只会在足底冒汗，同时伴有趾间腺分泌，这种“紧张的气味”也会被其他猫咪嗅闻到。所以，有些猫咪被强制塞进航空箱带去医院时，就会在航空箱里留下“紧张的气味”，下次再闻到的话就更不愿意进入航空箱。宠物医院里充斥着大量猫咪留下的“紧张的气味”，所以猫一旦进入这个空间嗅闻到，就很容易变得更紧张害怕。

第二类腺体气味来自面部的颞腺、颊腺、下颌腺、口周腺，以及尾巴区域的尾腺。猫咪会在标记领地、视觉展示、与同类冲突、发情期以及进行社交互动时，用这些皮肤腺体的位置去磨蹭以留下气味。

磨蹭的对象一般是两类。第一类通常是在空间突出位置的物体，例如客厅中间的沙发。猫咪会用整个身体的侧面，从头部开始一直到尾巴来蹭一遍沙发的边缘。再如茶几餐桌，猫咪也会用类似的方式，或者用头部皮肤腺体所在位置来使劲磨蹭，留下气味。某些猫咪还会特别钟情于新鲜物品和陌生人，主人刚拿回来的东西都要去磨蹭一遍气味。熟悉的气味对猫咪来说是安全感的来源之一，特别是在刚出生的前两周。离开气味熟悉的巢穴会让小奶猫极为不安，回到巢穴才能安睡。

第二类磨蹭的对象是在社交互动时遇到的个体，除了人类，还有其他猫狗等。当然，磨蹭的基础是猫咪与该对象有良好互动关系，这种磨蹭有气味融合的作用，例如面部信息素 F3 就会在这样的互动中留在对方身上。在第四章中，我们教大家和猫咪互动的方式就和此有关系。猫咪会使用皮肤腺体部位来蹭你，抚摸这些部位也会促进例如 F3 信息素的分泌，这些和友好互动关系有关的气味留在你身上越多，猫咪对你的信任感越强。反过来，如果你总是强行抱猫咪，强制剪指甲等，那些“紧张的气味”就会留在你身上，猫咪可能就会在你一伸手甚至一靠近时就跑掉。

声音类沟通

严格来说，声音并不单独作为沟通方式存在。猫咪在发出某种声音的同时，从面部到身体姿态都会同时展现符合这个声音的信号。例如，哈气时身体是紧张的，也许伴随飞机耳、尾巴左右甩动等动作。将声音作为一类沟通单列出来，是因为声音是一种更明确的信号；另外对人类来说，语音也是我们更熟悉的表达方式。特别是对主人来说，识别猫咪的沟通和情绪表达是很困难的事情，在许多情况下我们需要更快速方便地去识别。例如无论其他身体信号如何，至少我们可以明确知道，嚎叫是一种负面的情绪表达。

尽管如此，我们还是应该认识到，沟通与情绪表达是极其复杂的，声音的表达也是多种多样的。例如咕噜声并不一定就代表着开心，“哈气”这样的负面表达也可能被学习为另一种含义。此外，一种声音可能会有很典型的表达，但是具体个体的表达则差异极大，不同的猫咪，由于遗传、生长环境、互动方式的不同，会形成极其多样且独特的声音表达。例如，网络上大量猫咪说“人类语言”（“老吴老吴”“好哦好哦”“来哦来哦”等）的视频其实都是猫咪焦虑状态下的嚎叫，只是听起来接近人类语音。又如，米尔德里德·莫尔克描述的16种声音模式中，就有3种是她自己养的猫咪独特的叫声。再如，由于人类选育的原因，某些品种的猫咪（如东方系）比其他品种更喜欢用声音来表达。

从目的来说，我们将猫咪的声音沟通分为四类：小奶猫和猫妈妈的沟通、性的需求、面对潜在的威胁，以及其他特殊状况。

第一类是在奶猫阶段，声音是奶猫和猫妈妈的重要交流方式。在《比较和生理心理学》杂志上发表的一份研究中，针对8只母猫和它们的奶猫的观察表明，小奶猫的叫声会影响母猫的母性行为，即靠近小猫、改变哺乳姿态、引起照顾等。小奶猫的叫声，至少在其出生后30天内，对猫妈妈有着强烈的影响。这个情况其实很好理解，这些都是获取更多照顾的方式，和我们说的“会哭的孩子有奶喝”一样。有趣的是，人类婴儿的啼哭通常有点恼人，猫咪的叫声却不会引人反感。同样，发表在这本杂志的另一份猫咪发声测试研究发现，家猫的喵喵叫和非洲野猫的叫声相比有了明显的声学改变，显示出更高的频率模式，在人类感知测试中获得了更高的愉悦度评分。换句话说，猫咪不仅将小时候和猫妈妈沟通的声音用到了人类身上，还变得更加悦耳，这也是驯化作用下的幼态延续体现之一。

这种喵喵叫本质上就是在表达需求，其典型形式就是近似“喵”的发音，但是在不同状况下有着多样的音调变化。肚子饿时，可能会稍微拖长音，大家可以试着想象下饿了的时候说“饿~”，用这样的音调去发“喵”就对了。某些情况下猫咪比较着急，就会加快发声频率。例如，主人刚回家还没开门，但猫咪听见了，它就可能以较快频率的“喵”来呼唤主人。此外，这种“喵”的叫声还可能出现发音或者语调的变化，例如喜乐就会使用类似“啊”的发音来回应我的唤回。

除了“喵”，许多声音从幼猫阶段即存在于它们和猫妈妈的沟通中，成年后则会在社交中使用。首先是咕噜声（purring），这可能是猫咪最奇妙的声音了。咕噜声并不是喉咙发出的，而是和声门有关。在喉部肌肉和膈肌的交替作用下，喉部产生空气运动，空气压力聚积后通过声门释放，这种交替开放和关闭产生了独特的咕噜声。我们可以将手放在猫咪胸前的位置来感受这种震颤，其频率是呼吸的10倍，有着很独特的振动范围：25 ~ 30Hz，这是猫咪能发出的最低频的声音。咕噜声通常会被视为猫咪满足、开心的体现，但是实际上咕噜声的作用要复杂得多。

出生2天的小奶猫就可以发出咕噜声，主要用来召唤猫妈妈照顾它，本质上这是一种引发照顾的行为。因此，首先猫咪当然是在开心舒服时呼噜。例如踩奶时会发出咕噜声，在蹭其他猫咪或者人类时也会发出咕噜声来增进互动，表达愉悦。其次，这种引发照顾可以进一步引申为请求，请求抚摸、关注和食物等。这种请求的呼噜声是复合的，加入了高频的哭腔，听起来更急促。请求也可能发生在负面状况下，这一点是最容易被忽略的。很多主人以为咕噜了就是喜欢被抱。特别是布偶猫，被强制抱住时也会发出咕噜声，这并不是因为舒服，而是想表达“放开我”。最后，

咕噜声还作为一种自然愈合机制存在。研究表明，咕噜声这种低频低强度的声音有疗愈作用，有助于促进骨骼生长、骨折愈合、缓解疼痛（猫咪发出咕噜声时会促进释放内啡肽，内啡肽作为天然镇痛剂可帮助猫咪在愈合过程中减少疼痛）、肌腱和肌肉力量和修复、提高关节灵活度、减少肿胀、缓解呼吸困难或呼吸不畅。当我们在抚摸猫咪听到咕噜声的时候有很治愈的感觉，不仅来自心理感受，而且有真实的生理作用。

嗯哼声（chirping）很像是从鼻子发出的，声音近似于拉长的"嗯"声。这本来是猫妈妈呼唤小奶猫的声音，成年后则多发生于互动关系好的猫咪之间，也可能作用于人类，作为爱意的表达以及发起互动，例如想要摸摸。

颤音（trilling），是一种嘴巴闭合发出的高音调的颤音，听起来介于喵喵叫和咕噜声之间。颤音在小奶猫阶段有打招呼、促进社交接触的作用，在成年后则延续为和关系亲近的猫咪以及人类打招呼、邀请社交互动的方式。颤音在发情的母猫身上也很常见，因为本质上它是一种社交互动的邀请。

第二类是和性的需求有关系的声音。因为声音可远程传播，所以猫咪能通过叫声来吸引异性。这种声音一般会在夜晚发出，家养的母猫会对着户外发出响亮、刺耳、拉长的嚎叫，公猫也会对此做出类似的回应。这种叫声听起来带着哭腔，容易和焦虑、处于长期压力下的猫咪发出的嚎叫弄混，所以我们还需要综合猫咪的其他情况来判断，例如身体语言、是否绝育、发情的情况、生活状况、环境等。

第三类是面对威胁时发出的声音，本质是为了威慑对方，增加距离。首先是防御状态下，大家最熟悉的哈气（hissing）。这种声音近似于用力吸气用喉咙发出拉长的"呵"音，猫咪会张大嘴，露出犬齿，依据不同的状况还会呈现出不同的身体姿态，例如身体回缩、飞机耳等。其次是进攻状态下的第一种声音——咆哮（growling）。需要说明的是，虽然直译为咆哮，但是有别于狮子老虎的怒吼式咆哮，猫咪的咆哮音调低沉，一般在100 ~ 225Hz，近似于我们生气时紧闭嘴巴用喉咙发出的声音。攻击状态下的第二种声音是嚎叫（howling），这种声音类似于大声地嘶吼、尖锐地喊出来的“喵”。猫咪哈气但威慑的对象并不后退时，猫咪就很可能在哈气之后嚎叫。发生打斗及威胁升级时，面对着压力源，猫咪也会不断嚎叫。有健康问题也会引发嚎叫，类似于我们疼痛时的哀号。第三种是低吼（snarling），这种声音类似于生气时鼻子的喷气声。相较于嚎叫，低吼作为警告的升级更具有攻击性，通常意味着即将亮出武器。最后是啐唾声（spitting），这种声音很小，近似于吐痰声，会伴随警告性的攻击出现，即将非触碰式的出击作为威慑升级手段，意图驱赶威胁。

第四类是特殊状况下的发声。其中第一种是和狩猎高度相关的咔嗒声（chattering）。咔嗒声通常出现在猫咪发现高处有鸟类猎物时，其他少数情况下也会有，但是都和猎物、狩猎行为高度相关。发声方式为嘴巴较大地打开后，嘴角后拉，发出一种不规律的类似于震颤的声音。目前猜测，猫咪发出这种声音的原因有几种：因为发现猎物而兴奋；因为猎物触不可及而挫折；还有某些动物行为学家认为这是猫咪在狩猎前的预演，活动嘴巴，练习咬合；也有人认为这是对猎物的一种模仿，比如根据研究人员在亚马孙雨林里记录到的狩猎场景，一只野猫通过模仿花斑绒猴幼崽的声音来吸引附近的成年绒猴，随后将其捕杀。从我的观察来看，我更倾向于认为这是一种面对猎物时多重感官刺激下的兴奋，不仅仅是视觉的，因为有些猫咪甚至在睡梦中也能发现猎物（例如通过声音、胡须等），发出咔嗒声。总的来说，咔嗒声目前看来和负面情绪没有关系，绝大多数情况下和狩猎行为相关，所以多和猫咪玩逗猫棒就好了。

第二种比较特殊的是嗥叫（yowling）。嗥叫在多种非常情况下都会发生：发情的时候；有健康状况的时候，例如关节炎等慢性疼痛；有长期压力的情况下，例如生活极度无聊，家里新增了猫咪等；狩猎捕获猎物后。猫咪刚到一个陌生环境时，也可能通过高声的嗥叫来传递信息，避免附近的猫咪靠近，这一点很容易和新环境下的焦虑混淆，关键区别在于，传递信息的声音只会在刚开始探索新环境的时候出现。总的来说，嗥叫在多种情况下都会出现，更需要结合背景、环境等综合评估。

第三节
破译猫咪的身体语言

接下来，我们主要通过身体语言来识别猫咪的情绪。无论是情绪状态、沟通表达还是意图，都可能涉及猫咪全身的各个部位。首先，我们需要了解以下几个部分：

头部：耳朵、眉毛、眼睛、瞳孔、鼻子、嘴巴、舌头、胡须以及头（相对于身体）的位置。

身体：前后肢的位置、背部、整体身体的姿态和位置。

尾巴：位置（和身体的相对位置）、运动、状态。

整体：姿态、动态方向等。

将以上各个身体部位以及可能的声音信号结合起来，我们就可以尝试识别猫咪的情绪和沟通表达。单一的信号可以作为明确的线索，但不能作为唯一的识别信号，例如，甩尾巴并不一定是生气的时候才出现，狩猎兴奋的时候也会有；我们后面还会学习到，甩尾巴可以识别为激烈情绪的线索。先找到最明确的信号，再结合其他信息逐步补充完整，方能得出结论。

其次，我们在识别猫咪的情绪和沟通信息时，不应该只是像看照片一样局限在一个瞬间的画面，因为这样包含的信息是有限的；而应该将情绪和沟通放在一个动态的连续的画面中去观察，包括猫咪与环境互动时发生的改变。例如，突然的声响可能会吓到猫咪，只截取这一瞬间，我们可能会看到飞机耳、瞳孔放大、肌肉紧张，整个身体呈紧绷状态。但我们无法判断猫咪对此的应对，因为也许它迅速地恢复了，转为放松的状态，也许它吓得立刻躲起来。

简单地讲，需要观察一个时间片段才能更准确地了解猫咪的情绪状态。但是对一般主人来说，在短时间内去阅读每一个身体动态的细节是很难的事情，所以下面我提炼出一些典型的“身体信号组合”，帮助大家快速识别。

身体信号组合

我们已经知道，身体语言是当下情绪状态的外在行为表现，即身体为了应对当下状况做的准备。这种“身体准备”可以分为三类：放松状态、紧绷的状态、二者叠加的矛盾状态。

放松状态，即舒服、有安全感的状态。这个状态下，交感神经是松弛的，血清素升高，可能环境中的刺激都是让猫咪感到安全且能放松下来的，例如躺在柔软的垫子上晒太阳；也可能和猫咪将要进行的行为有关，例如准备休息了，打理毛发慢慢让自己放松下来。放松状态的前提当然是有个较为安全的环境。

紧张的状态，其实有两个极端，即害怕和兴奋，将它们放在一起是因为本质上这两种状态下，猫咪的身体都处于激活状态。

在猫咪面对一个事物的时候，如果情绪预期是害怕，就会激发起战或逃的反应。逃跑是绝大部分动物的首选，在自然界避免冲突是最佳生存手段，当然这种方式可能是直接发生的，也可能是在发出一定程度的威胁，例如哈气、咆哮无效后的反应。但是在某些预期状态下，即就过去的学习经验而言，尝试逃跑是无效的，被逼到无路可退的情况下，猫咪很可能选择战斗。比如之前被强制剪指甲，但是咬了人类一口会被放开，那么猫咪以后就可能选择直接战斗。所以，说一只猫具有攻击性是不公平的，决定攻击的最主要因素在于猫咪处于何种情境，而一切行动的本质都是求生。

有一种例外情况是，猫咪在面对害怕的事物时，选择关闭一切感官，将自己“冰冻”起来。最常见的就是很多主人会说自己家的猫是“窝里横”，在家无法剪指甲，在宠物店就可以任意摆布，而其实这种“乖”并不是放松与适应，而是面对巨大压力时逃无可逃、无从选择的恐惧反应。

另一种激活状态是兴奋，它会产生和害怕状态下激活身体的类似反应：心跳加速、呼吸急促、血压升高、肌肉紧绷。例如，在猫咪看到猎物后，猎物的声音、形象、动态都会形成强力的感官刺激激活猫咪的兴奋状态，接着就会进入我们在狩猎的章节描述过的情景。

总的来说，紧张、害怕、恐惧、焦虑等情绪就是不同程度的“害怕”；相反，开心、愉悦、兴奋、激动等情绪则是不同程度的“兴奋”。

还有一种则是矛盾的状态，即紧绷中害怕和兴奋同时存在。例如在面对陌生事物的时候，猫咪可能既带着好奇的兴奋想要探索，又因为陌生而略显紧张。这个状态下，我们能在猫咪身上看

到典型的矛盾的身体语言，例如头部和整个身体向前探，四肢却死死地钉在原地。

我们用两张图来帮助大家形象地了解猫咪身体语言的变化：

第一张是身体姿态的变化，我们能看到，A_0B_0是中性状态，A_3B_3则是紧绷状态，A_0B_3是防御性状态，A_3B_0则是攻击性状态。从A_0B_0到A_3B_0，猫咪越来越具有攻击性，从A_0B_0到A_0B_3则呈现防御性，而从A_0B_0到A_3B_3猫咪逐步变为紧绷的状态。

第二张图是面部的表情信号，A_0B_0是中性状态，A_0B_2是防御性状态，A_2B_0是攻击性状态，A_2B_2是紧绷状态。所以从A_0B_0到A_2B_0是猫咪越来越具有攻击性，从A_0B_0到A_0B_2是因为害怕而防御性提升，从A_0B_0到A_2B_2则是紧绷的状态变化。

以上这些状态都会出现，但不应该过度。狩猎的时候猫咪就应该是兴奋的，休息的时候就应该是放松的，偶有害怕也不会过度反应，且能迅速恢复正常。有问题的是，狩猎时不兴奋的猫咪，在生活中可能不会玩逗猫棒，也不爱活动；无法放松下来的猫咪，受到一点刺激就会兴奋，生活中可能一惊一乍、经常半夜“跑酷”，伏击扑咬手脚。猫咪受到轻微刺激就非常害怕或持续地处于某种状态，比如一听到敲门声或者有陌生人来就长时间躲在床底下，都是有问题的行为。因为神经就好像肌肉，不使用会萎缩，过度或长时间持续使用则会造成紧张的问题。

虽然我们很难感受猫咪所感知的世界，但代入它们的情绪状态和感觉其实并不难。猫咪会害怕陌生人，人类也一样会产生社交恐惧，会为即将开始的重要演讲而紧张，还没上台就呼吸急促、冒汗、想上厕所，事前准备得再充分，上台后也语无伦次。又如，明天就是婚礼了，你很激动，前一晚也许就睡不着觉，不断想着婚礼上要准备的种种细节、要说的话，这其实就是兴奋和紧张的矛盾体。

快速学习猫咪身体语言

这一节，我们会选取一些典型的身体语言信号组合提炼成“画面”，帮助大家快速识别猫咪的情绪状态和沟通。当然每一幅画面都不是绝对的，因为现实情况很复杂，所以我们需要在一个时间段内整体地来看待身体语言信号。另外，情绪是很难量化的，通常我们只能说，相对而言侧躺会比坐姿会更放松，或借助一些测试来判断，比如猫咪过于害怕或过于兴奋的时候，对爱吃的食物也是无动于衷的。

说明：以下照片表现的是情绪的某一个状态，情绪状态和环境因素高度相关，本身也是动态的，有强弱程度之分，故而图片仅作参考。

中性

首先，我们需要了解的是中性状态，它是对比判断其他状态的基准。先看头部：耳朵伸向斜前方，没有压平或转动。眼睛没有瞪大，瞳孔符合光照条件（一般光线下呈杏仁状）。胡须呈现放松的状态，没有向前或向后，也没有爆开。面部肌肉是放松的，没有因肌肉紧张而产生明显线条。再看身体：站姿、坐姿等都是正常的，身体和四肢姿态比较平衡，无明显的肌肉紧张。最后看尾巴：如果是坐姿或趴着，尾巴可能是放松地伸在地上，不会环绕身体；站姿时，尾巴则呈现柔软的U型，无大幅度的激烈甩动。除了处于静止状态，运动时尾巴的速度和方向都较为平稳。

放松

想象一下自己放松的时候是怎样的：呼吸平缓，肌肉变得松弛；所以一般来说越放松，整个身体姿态“摊”得越彻底。猫咪的姿态从坐到趴到侧躺再到仰面，这就是越来越放松的信号。四肢和尾巴也一样，会呈现延伸状。面部也会松弛下来，典型的是半眯眼，也就是大家在网络上常能见到的所谓猫咪“鄙视”的眼神。在介绍感官的章节时我们也提到过，放松状态下猫咪是远视眼，所以会呈现一种迷离、失焦的眼神。另外，单纯放松状态下猫咪不会有声音的表达。最后，放松状态下的猫咪很可能会露出肚皮，但是这并不意味着邀请你来抚摸，腹部作为身体最“脆弱”的部位反而容易激发防御机制：尖牙和利爪并用，抓咬蹬踹。

友好打招呼

竖起尾巴是猫咪在远处表示友好的典型姿态，通常另一只猫咪也会以此回应。注意，此时尾巴是柔和地竖立起来，而不是如一根棍子一样竖直僵硬，二者有本质不同。靠近以后，猫咪会互相碰鼻子，可能社交就此结束，也可能用互相蹭的模式来沟通，同时伴随一些发起互动的颤音。猫咪们进而会用身上皮肤腺体的位置来磨蹭对方分享气味，此时能看到尾巴柔和地摆动，或许还能看到一只猫咪低下头来邀请对方来梳理自己的毛发，这便进入了互相打理毛发的阶段。梳理毛发时通常也会伴有咕噜声，梳毛很大概率上是相互进行的，并不存在地位高低（猫咪之间没有地位之说）下的某种形式化程序。缓慢地眨眼睛也普遍被视为一种示好的方式。猫咪会对人类使用这种友好的互动形式，行为模式非常相近，但是通常会把舔毛替换为磨蹭人类，伴随着踩奶、咕噜声等。

踩奶

比较独特就是踩奶了。踩奶是一种幼态延续行为，目前的研究中未发现踩奶和幼年期的经历存在某种必然关联。踩奶的对象一般是柔软的材质或主人。踩奶的方式其实有很多，最典型的就是和幼年期喝奶时一样，张开爪子有节奏地推动再收回，同时伴随咕噜声。还有一种行为我们也归为踩奶，它很像是盛装舞步中马儿的动作，有节奏地伸长前肢再收起，猫咪也可能在侧躺时将前肢伸在半空完成这个动作。这种动作常见于猫咪欢迎主人回家时，同时伴随绕腿走、磨蹭主人、尾巴柔软地摆动等。

请勿打搅

这个姿势最典型的特征在于尾巴：猫咪呈现蹲坐姿态时，尾巴围绕身子一圈，意为需要私人空间，请勿打搅。身体姿态和面部表情可能呈现中性或者略带紧张的状态。尾巴蜷紧的程度则从另一个方面代表了猫咪的紧张程度。当猫咪呈现这一状态时，记得不要打搅它就好了。这个姿态非常类似于人类将双臂在胸前交叉的动作，总的来说是拒绝社交和互动，进一步细化则与整体姿态有关，可能是略害怕、略紧张等情绪交叠。

紧张

紧张情绪首先会让猫咪打开感官，即我们之前说的接受更多信息。从头部开始，猫咪会竖起耳朵并向两侧转动，甚至单只耳朵转动，因为此时它对周边的声音信息更敏感。眼睛瞪大，瞳孔略微放大，胡须可能呈略微爆开的状态。进一步可能出现身体姿态的变化：肌肉和肢体姿态变得紧张，可能从躺趴的姿态迅速变换为更适合逃跑的蹲坐姿或站姿，尾巴也可能开始从根部甩动。

害怕

在猫咪害怕的状态下，我们能看到它意图收缩、让自己变小被忽略的身体语言。这种收缩首先体现在整体姿态上，肌肉紧绷，通常呈现蜷缩的蹲姿，但是四足站立，以便下一步逃跑。身体可能还会为了远离威胁而倾斜，尾巴藏在身体下。就面部来说，眼睛和瞳孔都急剧地放大，呈现惊恐的眼神；面部肌肉紧张，能看出明显的线条；胡须后压，耳朵呈现飞机耳、往两侧下压的状态。猫咪害怕焦虑时，有一个非常明确但容易被误会的行为，就是狗喘，多见于带猫咪外出、就医的时候。

恐惧

猫咪由害怕发展到极度恐惧，上述身体语言会进一步极端化：耳朵往后压平，呈更极端的飞机耳——从正面甚至看不到耳朵；脸部肌肉极其紧张，可以看到眉间、脸颊处明显的线条；眼睛瞪大，瞳孔放大甚至整个变成圆形；整个身体紧紧缩成一团，可能伴随焦虑的嚎叫。这种因害怕而呈现出的防御性姿态并不意味着不会引发攻击，猫咪有可能先用前爪快速攻击，同时发出哱唾声。

惊吓和兴奋

将这两种情绪放在一起解析，是因为它们都会让猫咪呈现最典型的形象：万圣节猫。猫咪会侧着身子、扭过脖子、浑身毛发竖立、尾巴像一根棍子一样直直向上、踮脚、弓背。区别在于，害怕的猫咪很有可能僵硬地保持这个姿态，而兴奋的猫则多呈现动态，例如侧身踮着脚“跑酷”，一般出现在两只小猫互相追逐打闹时。还有一种是长期缺乏感官刺激和狩猎活动的猫咪，它们很容易因很细微的刺激（如人类的走动甚至想象中的猎物）而被激发出“跑酷”状态。最后，这个状态在4月龄以前的小猫身上，也是一种邀请玩耍的姿态。

挫折

还有一种最不为人知的猫咪情绪——挫折，常被我们误会为吃醋了、生气了、不开心了，其实这些描述都不够准确。挫折意为猫咪有某些需求、想要做某件事时，却被阻拦而无法实现的冲突。挫折感的行为展现更为宽泛，可以理解为一种广义上的压力表现，例如焦虑地叫，不停踱步，甩动尾巴等，但最严重的是引发攻击行为。例如，面前有两只猫咪，我们拿着零食只给一只喂，另一只很想吃，但是一直吃不到，这时后者就很可能产生挫折感，急得喵喵叫，绕圈上前抢，严重的可能会用爪子击打另一只猫。

* 图为因害怕狗而受惊吓的猫咪，意图通过这样的身体姿态让自己显得更大来吓退狗狗。

替代行为

替代行为，是猫咪在感受到压力后的转移替代行为，也是正常都会有的行为。例如，猫咪和我们一样困了会打哈欠，但是在压力状况下也会做出这个行为。这一点其实和我们很像，想象一下你很反感父母催婚，当你被父母唠叨这件事的时候，也很有可能打哈欠、四处看、抓抓头、摸摸鼻子等，这些都是和当下场景完全无关的行为。

猫咪典型的替代行为有：哈欠；舔鼻子——吃饱后一般是舔嘴唇，但是压力状况下一般是舔鼻部；舔毛，和整理全身毛发不同，压力下一般只会持续地舔特定部位，例如前爪、后腿、尾巴；挠痒，一般是抓挠头和耳朵。以上两点常见于焦虑的猫咪，随着压力的增加，可能逐步发展为刻板行为或强迫症，即皮肤检查不出任何问题，但是猫咪会持续舔抓这些部位，造成破损。另外，四处嗅闻、转头看向别处也属于替代行为，但需要结合整体背景来判断。

除了以上这些组合画面，我们还需要观察猫咪的动态，这又分为几个方面：猫咪注视的方向很可能代表它下一步的意图，例如想逃离的方向；猫咪在时间片段里的行为改变，例如在你抚摸时从坐姿变为躺着，这是它享受抚摸的明显信号；猫咪的整体动态，例如绕着另一只猫咪走，可能意味着双方的关系并不友好；可能的环境因素，例如突然的闯入者等。

此外，长期的生活状态本身也会对猫咪的“长相”产生长期影响。最典型的就是苦相，眉头紧锁会让人的面相显得很忧愁，这在猫咪身上也会发生。如果猫咪身处中性环境（普遍意义上），却仍然展现出负面的情绪状态，那很有可能是长期的压力造成的（部分需要排除健康问题）。换句话说，这些身体语言的画面也能用来从一个角度来评估猫咪的生活状态。

以上只是部分较典型的情绪场景状态，实际的案例中会有更多细微的区别、变化。总的来说，身体语言和表达非常复杂，每只猫咪的状态、学习经验、环境等各不相同，因此我们看到的行为也千变万化。小猫咪无法用语言来表达，铲屎官就需要更加细致地去观察它们通过各种方式传达出来的信息，这样才能更好地了解猫咪。

第四节
解读猫咪的压力

猫咪福利，是一个和猫咪压力紧密相关的概念。根据邓肯和弗莱泽的定义，广义上可以从三个角度来看待动物福利的问题。第一是从生理上来看，评估猫咪是否健康，这是传统上兽医的角度。第二是评估猫咪是否能表达天性行为。第三是将动物看待为有感知、情感和情绪状态的个体，例如会开心、恐惧或焦虑，那么动物的精神状态就决定了其福利水平。这三个角度一方面代表着动物福利认知的进步，另一方面也构成了现代动物福利的基础。

1. 生理健康。为了保障猫咪的生理健康，首先，需要提供充足的水、符合营养需求的食物等一切生理的基础所需。其次，需要保障猫咪在遭受病痛时有机会获得医疗救治。

2. 天性表达。我们在第一章中回顾了猫咪的演化和驯化史，详细描述了五种感官，目的就是为了了解我们眼前的“小萌兽”到底有怎样的需求。这些就是它们的天性，例如我们知道即便提供了充足的食物，猫咪依然需要狩猎。

3. 精神健康。通常我们只是从人类的角度思考猫咪的需求，这往往会陷入只有我们认为是“好”的陷阱，结果常常吃力不讨好。而从猫咪的精神健康角度出发，则能获知猫咪的切身需求。比方说，猫咪需要磨爪，但仅提供了磨爪工具就可以了吗？猫咪的遗传因素、社会化过程，以及它对整个空间环境的认知等都决定了你需要提供适合这只猫咪的磨爪工具。将猫咪视为有情感和认知的个体，是我们与猫咪建立互动关系的基础。而这正是这本书我想要传达的核心：用懂猫的方式来爱猫。

以上三点是互相影响和补充的。这很好理解，因为生活本来就是一个环环相扣的整体，生理上的病痛常常会带来精神压力，继而影响天性行为的表达，例如停止狩猎。反过来，如果猫咪长期处于害怕、焦虑的状态，也可能出现健康问题，如最常见的泌尿系统疾病，并且进一步发展出乱尿等行为问题。导致猫咪处于害怕、焦虑状况的原因可能是环境资源的匮乏或者与人类的不良互动等。

聪明的你看到这里一定明白我们讨论福利的用意：猫咪的福利与我们的利益息息相关，如果我们希望和作为伴侣动物陪伴我们的猫咪和谐相处，建立起深入且动人的互动关系，那么这背后的核心就是去保障猫咪的福利。常常有人问我，猫咪不乖怎么办？跳出头痛医头，脚痛医脚的思维，其实那些困扰猫咪主人的问题，绝大部分都是猫咪的福利状况不佳才产生的。扑咬人的手脚、半夜“跑酷”、早上叫早、挑食、害怕陌生人、不亲近人等问题，背后都有着同一个解决方法：提升猫咪的生活福利，也就是认识猫咪的天性，满足猫咪的生活需求，通过训练帮助猫咪适应现代生活的变化，以及建立良好的社交沟通。

如何评估猫咪的福利状态呢？人类可以用语言表达自己的情绪和感受，但动物无法向人类言语，这时行为和生理上的压力指标就成了我们评估猫咪福利状况的有效工具。

猫咪的压力状态

首先，我们需要明确什么是压力。压力（stress）指的是对猫咪行为和福利造成长期负面影响的事件或情况。比如，一阵大风将窗户吹开，发出很大的声音，这通常会把猫咪吓到。假如猫咪能很快地回来查看，发现并没有什么大不了的状况，以后也不会害怕这个区域，生活没有因此而变化，那么这个事件对猫咪来说就不构成压力，因为它能够快速恢复且没有出现长期的负面影响。但如果猫咪被吓跑了，躲进床底下几个小时，以后路过这里时会变得小心翼翼，甚至再也不敢走近这个位置，那么这个事件就是一个压力事件。

面对压力，猫咪会产生压力反应。在压力反应期间，自主神经系统输出增加交感神经活动，减少副交感神经活动。交感神经活动启动了与“战或逃”反应有关的变化，如心率和呼吸加快、重要器官的血管加剧扩张、胃肠道和生殖器官活动减少，这些都为身体的活动做好准备。此外，交感神经活动刺激肾上腺髓质和大脑皮层下区域释放肾上腺素和去甲肾上腺素。这两种激素在短期内起到提高心率、血压和认知能力的作用。肾上腺素刺激糖酵解，以提供血液中的葡萄糖为身体供能；去甲肾上腺素则是中枢神经系统（CNS）内重要的神经递质，连接着边缘系统与脑干和前脑，在压力反应的启动和识别方面不可或缺。神经内分泌反应的另一个分支是通过下丘脑介导的，这导致肾上腺皮质释放皮质醇，身体中几乎每个细胞都有皮质醇受体，这意味着它对新陈代谢过程有广泛的影响。皮质醇对大脑也有直接影响，刺激行为反应的启动或抑制。

我们在讨论压力时需要认识到，压力是必然存在的，压力反应也是猫咪正常的反应，来自其高度适应性的机制，是对适应环境变化的反馈。那么，既然压力反应是正常的，为何压力又会造成问题呢？那是因为压力反应的目的是适应环境变化。例如家里新来了一只狗，而猫咪害怕狗，产生的压力反应是逃跑，远离狗到一个让它感到安全的地方，这个时候适应机制起效。但如果家里的环境没有办法让猫咪真的逃到一个远离狗且令它安全的地方，那么此时这种适应机制实际上是无效的，猫咪就可能长期处于压力状态下。猫咪随时需要准备逃跑，身体也就随时处于激活紧绷的状态，这是对身体和精神的双重折磨。

如果无法调整恢复，而长期处于压力之中，皮质醇这样的压力荷尔蒙负反馈系统就会失效，导致不断产生皮质醇，从而对身体系统造成负面影响。因此，压力与许多疾病都有密切的关系。

首先，长期升高的皮质醇会阻止胰岛素的正常工作，导致细胞产生胰岛素抵抗，这会引起血糖水平升高，破坏供能的平衡，因此大脑会一直收到饥饿信号，造成吃得过多甚至暴饮暴食。另外，皮质醇还会导致肌肉组织中的蛋白质分解，结果就是不但变胖，还是虚胖。

皮质醇是黄体酮的前体，因为身体必须持续产生皮质醇，所以会关闭黄体酮的产生，黄体酮的缺乏不仅和性行为相关，本身也有助于胆固醇水平的维持，保护心血管系统，增加对胰岛素的敏感性，并对甲状腺功能有影响。

压力和皮质醇升高，会消耗体内的镁元素，增加肌肉的张力，导致肌肉长期处于紧绷状态，无法放松。

高水平的皮质醇状态还会影响消化功能，破坏消化酶，影响胃酸的产生，让胃难以消化食物，进而引发腹泻、便秘、呕吐等问题。同时皮质醇的免疫系统抑制作用还会导致肠道菌群和酵母菌过度生长，从而引发肠道敏感、慢性肠炎等。另外，皮质醇还会影响大脑和消化系统的神经之间的神经通路。

通常睡眠时，皮质醇是低量状态，在压力反应下升高后会唤醒激活生物体，过高的皮质醇和肾上腺素也会提高感官和身体的敏感性和警觉性，导致难以进入深度睡眠甚至难以入睡，频繁醒来。原本皮质醇过量已经破坏了甲状腺功能，再缺乏良好睡眠，生物体就会出现疲劳状态。

皮质醇过高会影响海马体，导致记忆受损，大脑萎缩，注意力和认知能力下降。

皮质醇水平升高还会导致皮肤的油脂分泌增加，进而导致皮肤问题。

对于长期处于压力状态下的猫咪，我们首先能从其生理状态上看出端倪。它可能会有皮肤问题，比如过度掉毛。免疫系统也有问题，患上传染性腹膜炎、上呼吸道感染等疾病的可能性增加。泌尿系统也会出现问题，可能有膀胱炎、下尿路感染、结石，以及与绝育相关的并发症。胃肠道方面，会出现间歇性或长期腹泻，呕吐或食欲减退等。对生殖系统的影响主要体现在母猫身上，长期压力会扰乱垂体和卵巢功能，甚至引发流产等。

行为和精神方面，猫咪则可能出现排泄在猫砂盆外、乱抓沙发等家具、乱咬、异食、过度地叫还有过度舔毛等重复行为，严重的话则有强迫症、自残行为，以及攻击行为。

压力的行为评估

过去，人们通过测量血液、尿液和粪便中的皮质醇来确定动物的压力程度，皮质醇也因此被称为“压力荷尔蒙”。这种方法有很大的局限性，虽然血液中的皮质醇水平是最即时、准确的指标，但由于采血本身就可能导致猫咪应激，因此反而会干扰结果。在实际操作中，一般用尿液来测量，但是由于尿液通过肾脏过滤聚集在膀胱中，所以只能反映过去4 ~ 8小时的压力状况。另外，皮质醇虽然在动物福利观察中很有参考价值，但是由于缺乏大量数据建立的基准水平作为参考，个体动物除了压力，还会受昼夜节律、性行为、社会活动和气候等影响，且我们无法随时采血化验来监测皮质醇在动物体内的变化，所以它对个体的压力水平测量来说应用有限，特别是对一般主人而言。当然除此之外，还有肾上腺素荷尔蒙测试、促黄体激素释放测试等压力指标检测，不过它们也一样有局限性。

那么，是不是没有办法评估动物的压力状况呢？在行为主义盛行的年代，行为主义者将可观察的外在行为视为研究的唯一和一切，这显然有着极大的局限性，因为看起来相同的行为后背可能是完全不一样的机制在起作用。随着基因科学、神经解剖学等学科的发展，我们开始了解行为背后的生物和神经机制，通过大量的研究和观察对比，现在我们可以将行为视为动态的、表达性的身体语言，进而评估动物的压力和生活福利状况。

评分	身体姿态	眼睛	瞳孔	耳朵	胡须	
① 完全放松	四脚朝天	闭/半闭着眼睛 或者缓慢眨眼	正常 （相对于光线）	正常	正常或向后 （睡眠、休息时）	
② 比较放松	露出腹部侧躺 坐着、站着 或者平衡地走动	半闭着、睁开 或者正常睁大 （例如游戏时）	正常 （相对于光线）	正常或微微朝向 正前方竖起	正常 可能略微朝前 或朝后	
③ 略微紧张	侧躺、坐着、站着 或者平衡地走动	正常睁开	正常 （相对于光线）	正常或微微朝向 正前方竖起 或者前后转动	正常 或略微朝前 或朝后 能看到嘴唇略微 用力鼓起	
④ 紧张	侧躺、翻滚、坐着 站或走动时伴随着 后腿略有压低	睁得很大 或者压低眼皮	正常 或放大一些 （相对于光线）	朝向正前方或 后方竖起 或者前后转动	正常 或略微朝前或朝后 能看到嘴唇 用力鼓起	
⑤ 害怕	侧躺、坐着、站 或走动时伴随着 后腿略有压低	睁得非常大	放大很多 （相对于光线）	飞机耳	正常 或朝前或朝后	
⑥ 非常害怕	侧躺或蜷缩起来 四肢呈现蹲姿 走动时 身体贴近地面 呈现匍匐状 可能会发抖	用力地完全睁大	完全打开	飞机耳 （往后压得更低）	完全朝后	
⑦ 恐惧	蜷缩起来 四肢呈蹲姿发抖	完全用力地睁大	完全打开 占满整只眼睛	飞机耳 往后压到贴着脑袋	完全朝后	

头部位置	四肢	尾巴	叫声	肚皮	活跃性
头枕在身体 同一平面上	放松伸展	放松伸展 或略微弯曲	无 咕噜声	朝上 或缓慢翻滚	睡眠或 休息状态
靠在某个平面上 或高于身体 有转头动作	弯曲 后腿可能呈现伸展	放松伸展 或略微弯曲 活动时尾巴竖立 或放松向下	无	朝上或者不暴露 缓慢或以正常速度 翻滚	睡觉、休息 警觉、活跃 或者玩耍
高于身体 有转头动作	弯曲 站立的时候 四肢平衡站立	向后略微弯曲 可能伴随着抽动 活动时竖立或 紧张向下并伴随抽动	无或者喵喵叫	不暴露 正常翻滚	休息、探索活动
略高于身体 几乎没有转头动作	弯曲 或站立时后腿弯曲 前腿直立	贴近身体 活动时紧张地朝下 或弯曲向下 贴近身体 可能伴随着抽动	紧张地喵喵叫 或者无	不暴露 正常翻滚	警觉或探索 准备逃跑 也可能呈现局促地 休息状
和身体在一个 平面上 很少动或者不动	弯曲 或者四肢都弯曲 贴近地面 呈蹲伏状	紧紧贴近身体 或弯曲向前 贴近身体	紧张地喵喵叫 嚎叫、咆哮 或者无	不暴露 正常或快速翻滚	警觉，试图逃跑
靠近地面 不动	弯曲 或者四肢都弯曲 贴近地面 呈蹲伏状	紧紧贴近身体 或弯曲向前 贴近身体	紧张地喵喵叫 嚎叫、咆哮哈气 或者无	不暴露 快速翻滚	不动，警觉状态 或者焦虑地徘徊
低于身体 不动	弯曲 或者四肢都弯曲 贴近地面 呈蹲伏状	靠近身体 有可能夹在 两条后腿之间	紧张地喵喵叫 嚎叫、咆哮哈气 或者无	不暴露 快速翻滚	不动，警觉状态

* 七级压力评分机制示意图

专业人员在对猫咪进行压力评估时，通常还要考虑其疼痛情况。疼痛是常被我们忽略的压力之一，处于食物链中端的猫咪也极其擅长隐藏身上的伤痛。多种疼痛都和疾病相关，这就会让我们在猫咪伤病的早期忽略很多信息。疼痛也是引发行为问题的重要因素之一，许多突然的、莫名的行为改变和行为问题都与此有关。除了肉眼可见的伤口、骨折，常见的疼痛诱因还有：膀胱炎、尿路感染、结石、肾脏疾病、腹泻、便秘、关节炎等，这些都需要考虑疼痛管理。所以，专业的猫行为咨询师在进行行为评估时可能用到疼痛评估表。

需要说明的是，一方面，要准确高效地使用评分表需要经过严格的训练；另一方面，评分表只作为压力以及疼痛评估的一部分，专业人员还需要进一步评估猫咪的整体生活质量、针对个体设计评估等。对主人而言，这两份评分表仅作参考，如果发现猫咪出现异常行为，还是要及时咨询专业人士。

疼痛评分	行为模式	对触诊的反应	身体紧张度
①	休息的时候是舒服、放松的状态，对周边环境也有好奇	不在意任何触诊	很低
②	疼痛的信号可能很微弱，特别是如果在医院会被许多因素掩盖，在家中安全的环境下更易识别 在家中最明显的信号是生活作息、互动等活动的改变，例如不愿意互动，对狩猎失去兴趣，更警觉，等等	触诊或者靠近疼痛部位，有可能有攻击行为或者想要逃跑 如果关系良好，避开疼痛区域，也可能接受抚摸	轻微至中等：需要介入或重新评估疼痛管理方式
③	持续的哀号、嚎叫、咆哮或哈气，即使是在没人的时候 可能会持续地咬或者舔舐伤口 一般不会主动移动或活动，会选择在安全处窝着	即便是不痛的触诊也会引发咆哮或是哈气。这里需要考虑异常性疼痛，即对触摸甚至还未触碰就已经异常敏感	中等：需要介入或重新评估疼痛管理方式
④	蜷缩俯卧着 对周围环境无反应、无意识，很难从疼痛中分心 对照顾有反应，即便是很怕人的野猫都有可能变得可以忍受接触抚摸	可能没有任何反应，可能是因为肢体僵硬避免因为移动引发疼痛 也可能引发高级别的攻击行为	中等至严重：需要介入或重新评估疼痛管理方式

猫咪的压力管理——“压力银行”

压力管理，涉及提高应对压力的能力和减少压力两个方面。我们首先需要引入一个概念，即“压力银行”。生活中的压力事件都可以比作需要我们花钱的地方，有日常的开销，比如房租、生活用品、人情往来等，也有意外的开销，比如医疗、意外损失等。对猫咪来说也是一样，它们需要面对生活里的日常压力事件，比如遇见陌生人、定期的健康检查等，也可能遇到一些意外的状况，比如生病。去适应这些压力事件就类似于支付费用，用来支付的“钱”就是对压力的“适应度”。所以，我们需要做的就好像一个家庭的财务管理，开源节流。

开源，指的是增加收入。第一个方式就是找一份稳定的高收入工作，这是收入的最大基础。对应到猫身上，就是让它们在一个能满足天性需求的环境生活，这就是猫咪的“稳定工作”，即最大一部分的“收入”来源。第二个方式是“挣外快”。对应到猫咪身上，就是我们在训练章节里介绍的通过训练来提升沟通和互动关系。这些训练会帮助猫咪在保障基本生活质量的前提下，进一步适应和掌控环境，从而提升安全感。第三个方式，有了更多余钱，我们就可以投资理财。同样地，当猫咪积累了一定的“适应度”，投资目标就变成在经过训练的前提下外出探索更大的环境。安全的探索会帮助猫咪打开更大的世界，获得额外的收益。

节流，即我们可以尽量少花一点不必要的钱。放在猫咪身上，就是尽量降低需要面对的压力。方法就是通过社会化、脱敏等方式减少猫咪对陌生事物的恐惧。比如，通过环境设置、社会化、训练等方法让猫咪不再害怕陌生人，这就好像砍掉了这一部分的日常支出。此外，对于某些不得不面对的压力，比如就医、定期体检、打疫苗等，可以提前做好航空箱训练等适应工作，这样在真实面对这些场景时，猫咪就不会那么害怕了。

在压力银行的概念下，我们可以将行为问题理解为入不敷出，就好像没有稳定工作的人却要面对日常和意外的各种支出。与其等到问题出现，才发现自己根本没有为猫咪存下那么多“钱”，不如从此刻开始好好地为猫咪做一做压力的“财务管理”。

CHAPTER 11

“猫如其食”

“We are what we eat.”英国营养学家维克多·林德拉尔的这句名言形容人类是“人如其食”，其实放在猫咪身上也是一样的。经历数百万年的演化，无论从感官能力，还是骨骼肌肉等方面来看，家猫都是顶级的猎食者，也是专门性的食肉动物。

第一节
猫咪为什么要吃肉？

所谓“专门性食肉动物”，是指需要从动物肉食和组织中获取营养的动物。食肉是由猫咪的先天生理结构以及对营养需求的代谢适应性决定的。食肉目动物的犬齿大而尖锐，上颌最后一个前臼齿和下颌第一个臼齿被称为“食肉齿”，具有这一类特征的动物被归为食肉目动物。但食肉目不等于只吃肉，食肉目动物中有相当一部分具有杂食性，例如犬科、熊科的许多动物，熊猫甚至“退化”到以竹子为食，当然反过来食草动物有机会也会吃肉。决定猫咪成为专门性食肉动物的，除了高超的捕猎技巧和能力，最重要的是它独特的生理机能：营养需求、代谢能力、消化系统等。

营养需求

众所周知，猫咪需要牛磺酸。它对神经、生殖和免疫系统的正常功能至关重要，缺乏牛磺酸会导致猫咪出现生长发育迟缓、中央视网膜变性、扩张性心肌病等症状。猫咪很难通过蛋氨酸和胱氨酸来合成牛磺酸，而牛磺酸只存在于动物肌肉中。类似情况还有对精氨酸的缺乏敏感等。

除了牛磺酸，猫咪需要的其他许多氨基酸和维生素都无法自己合成，需要从摄入的肉类中获取：1.维生素A能够维持视力、骨骼和肌肉生长，由于其脂溶性，所以只存在于肝脏中。人类可以通过β-胡萝卜素来合成维生素A，而猫咪则缺乏相关的肠道酶无法分解胡萝卜素；2.维生素D对人类来说，可以通过照射阳光来合成，而猫咪皮肤中只有低浓度的维生素D合成前体，所以晒太阳对猫咪而言作用很小，一样需要从猎物中获取。3.花生四烯酸是猫咪必需的脂肪酸，缺乏会导致血小板聚集不足等，而花生四烯酸的唯一食物来源依然是动物肉源。4.维生素B群也是猫咪需要的重要营养元素，包括B1（硫胺素）、B2（核黄素）、B3（烟酰胺）、B6（盐酸吡哆醇）、B12（钴胺素）等。由于其水溶性（储存在肝脏中的钴胺素除外），需要持续的饮食来

源并且同样都在动物肉食中含量很高，例如猫咪无法将色氨酸转化为烟酰胺。

至于碳水化合物，猫咪不是不能消化；相反，猫咪有能力消化食物中的淀粉（熟食），演化并没有让猫咪失去从碳水化合物中获取能量的能力。但是猫咪的肝葡萄糖激酶系统活性非常低，胰腺和小肠中有限的淀粉酶活性让其对高淀粉不耐受。家猫的胰淀粉酶水平只有狗的5%，因此淀粉类的饮食与猫咪的肥胖、糖尿病有关。猫对血糖的利用也与人类不同，猫咪通过糖异生来满足血糖需求，首先使用的是蛋白质而不是分解碳水化合物。另外，碳水化合物对饮食的消化率有负面影响，会降低蛋白质的消化率，碳水化合物消化不完全可能引起粪便pH值降低、结肠中微生物发酵增加等。

代谢

猫咪的代谢是适应于高蛋白质饮食的，并且对蛋白质有着超高需求。如果饮食中的蛋白质无法满足其能量需求，猫咪就会开始分解肌肉和器官组织，而肌肉对于身体健康的意义不言而喻。

消化系统

猫咪的牙齿是针对狩猎进行的演化。犬齿是用于杀死猎物的，犬齿中的感受器能够准确定位猎物脊柱中的缝隙，上下交错切割，杀死猎物；门齿则可以处理、撕扯猎物，当然还可以用来去除将要脱落的指甲、梳理毛发等。在演化过程中，猫咪臼齿不断退化，只剩下4颗臼齿，因为猫咪不需要像食草动物一样摄入大量食物纤维，臼齿用于将肉剪成小块吞下。

为了适应专门性肉食饮食，猫咪的肠道非常短，能够极其高效地消化猎物。猫咪的肠子长度是其体长的4倍，狗是6倍，猪则是14倍。猫咪的盲肠和结肠都退化了，这限制了大肠中菌群发酵消化淀粉和纤维的能力。

第二节
营养与能量

营养需求

所有物种都需要均衡的营养来保证生长、维持身体健康运转。最基本的营养物质有六大类：水、碳水化合物、蛋白质、脂肪、矿物质和维生素。需要注意的是，虽然我们单独描述每一种营养物质的作用，但这并不代表在猫咪的身体中营养物质是单独起作用的。不同营养物质之间相互作用，才能保持有机体的正常运转。

水

水是一种重要且必需的营养物质。失去几乎所有脂肪和一半蛋白质，动物仍然可以存活，但是只要失去10%的身体水分就可能死亡。水的作用至关重要：它作为溶剂促进细胞反应，并充当营养物质和细胞代谢最终产物的运输媒介。肾脏排出废物需要大量水，水既是有毒代谢物的溶剂，又是载体介质。在消化系统中，水解是重要的一环，胃肠道的消化酶也是以溶液形式分泌的，这种介质有利于食物与消化酶的相互作用。水还能促进温度调节，除了我们都知道的排汗，由于水的比热容较高，还可以吸收代谢反应产生的热量，从而调节体温。

水在机体的正常运转中还有很多功能，在此不一一列举。猫咪通常有三个渠道获取水分：食物、代谢和自主饮水。相关研究表明，在合理的进食量前提下，食物中的含水量达到67%以上即可以达到身体的水平衡，所以对猫咪而言，食物中的水分是其最主要的水分来源。代谢水则来自体内包含能量的营养物质（如脂肪和蛋白质）氧化过程中产生的水，但是代谢水的比例只占每日水摄入的5% ~ 10%。自主饮水是指自愿喝水，这和温度、饮食类型、运动消耗、哺乳期等有关。

家猫是沙漠动物吗？

过去，人们对猫不爱喝水的印象首先来自猫是沙漠动物这种看法，这是一个错误的认知。因为猫的祖先来自1100万年前亚洲森林中的假猫（*Pseudaelurus*），现代家猫则来自中东的新月沃地。尽管中东的某些地区现在已经是沙漠了，但是在1.2万年前的新石器时代，这里是人类农业文明的发源地，所以家猫并不来自沙漠。这种看法也和猫独特的尿液浓缩能力有关。安德森的研究显示，虽然猫的尿液浓缩能力比狗高25%，但是和美利奴羊差不多，与真正的沙漠动物比，只有后者的一半多一点。贝加特的研究也证实了这一点，该研究的结论证明尿液浓缩能力与生活环境有关系，猫并不是沙漠动物，所以尿液浓缩能力达不到在沙漠生活的程度也理所当然。

无论是吃干粮还是罐头，理论上猫都是可以达到水平衡的。但是注意，猫咪是否摄入足够的水与食物的成分和摄入量有关，即饮食中的PRSL影响了水的摄入。PRSL即潜在的肾脏溶质负荷，是指从饮食来源获取的溶质没有被转移到新组织的合成中，也没有通过非肾脏途径流失，而是需要通过尿液排出。也就是说，摄入的PRSL必须通过泌尿系统排出。为了实现营养平衡，猫咪就会去摄入所需的相应水分，以便PRSL随着尿液排出体外。再简单一点说，就是摄入的食物需要搭配一定的水量，猫咪自然就会主动摄入适量的水。

蛋白质含量高的饮食，PRSL也会高，所以高蛋白饮食自然带来总摄水量的增加。实际中，高蛋白饮食一般都是湿粮，本身的含水量就已足够。如果吃的是高碳水、低蛋白的食物，通常就是（本身含水量极低的）干粮，那么总水量摄入和喝水量都会比较少。所以饮食均衡优质的猫咪，自然会有足够的水分摄入，无论是从食物本

身中吸收，还是主动去喝水；而低劣的饮食不仅本身含水量不足，还给了猫咪身体错误的信号：不渴。对猫咪来说，合理的水摄入量很重要，但是问题的本质并不出自“沙漠动物”或是“渴的感觉较低”，而出自饮食。

我们通常说的饮水量包含饮食内全部水分的摄入。你能从各种渠道看到的建议量或许为从每公斤体重30毫升到60毫升不等，其实这与猫咪的饮食、天气、运动量等高度相关。例如一只体重5千克、以生骨肉为主食的猫咪，每日从饮食中摄入的水分就已经有140 ~ 175毫升了，而如果只吃干粮的话，这个量最多只有十几毫升。所以，饮水量的问题实际上是饮食的问题，解决饮水少就需要从调整饮食入手，灌水、骗水都无法解决问题。水也不是喝越多越好，过多摄入水分，多饮多尿就是肾脏问题的临床表现。

碳水化合物

猫咪的饮食中不存在已知的碳水化合物需求，此处不再赘述。

蛋白质

蛋白质不仅是毛发、皮肤、指甲、肌腱、韧带和软骨的主要结构成分，而且大部分的身体机能运行也都依赖蛋白质，如肌球蛋白和肌动蛋白等收缩蛋白参与调节肌肉动作。催化体内基本代谢反应的各种酶都属于蛋白质分子；体内参与调节生物机制的激素也由蛋白质组成，例如糖尿病相关的胰岛素；维持身体对疾病抵抗力的抗体也都是大蛋白分子构成的。

猫咪的蛋白质需求极高。有研究对比高蛋白含量和低蛋白含量饮食下猫咪的转氨酶活动，结果发现几乎没有变化，这表明转氨酶活动会调节身体代谢蛋白质的速度。另一项研究显示，猫咪无法根据饮食中的蛋白质量来调整对其的利用能力，在蛋白质供应不足的情况下，猫咪依然继续使用蛋白质来生产能量，维持其他代谢途径的进行，例如尿素循环，因此会开始分解肌肉和其他组织。

蛋白质的主要成分是氨基酸，分为必需氨基酸和非必需氨基酸。必需氨基酸指的是物种无法合成而只能从食物中摄取的氨基酸。每个物种的必需氨基酸有所不同，猫咪有11种必需氨基酸：精氨酸、组氨酸、异亮氨酸、亮氨酸、赖氨酸、蛋氨酸、苯基丙氨酸、牛磺酸、苏氨酸、色氨酸、缬氨酸。它们都需要猫咪从动物蛋白中获取，被称为完全蛋白质。这是因为植物蛋白无法提供所有必需氨基酸，例如牛磺酸；此外，从生物利用度的角度来说，动物蛋白比植物蛋白更容易为猫咪的身体所利用。以精氨酸为例，虽然猫咪能够自身合成一些精氨酸，但是极其有限。猫咪使用精氨酸来将氨转化为尿素排出体外，缺乏精氨酸会导致腹泻、呕吐、体重减轻和共济失调，还会引起尿酸症、高氨血症和神经系统症状，甚至导致癫痫发作和死亡。所以，猫咪必须从肉食中获取足量精氨酸，其主要来源就是肌肉组织和鸡蛋。绝大多数动物的必需氨基酸只有除精氨酸和牛磺酸以外的9种，猫咪则需要11种，这是猫咪对动物蛋白质高需求的原因之一。

早期从氮平衡角度对猫咪的蛋白质需求进行的研究认为，猫咪维持氮平衡大约需要1.5g/kg体重的蛋白质摄入，因此包括美国饲料管理协会（AAFCO）在内，很多机构给出的标准是：一只健康成年猫咪每日蛋白质需求为3.5 ~ 4.5g/kg，而NRC的标准则为3g/kg。但猫可以适应低蛋白的摄入，同时消耗肌肉和组织以保持氮平衡，所以显然这不是一个维持猫咪健康身体的蛋白质摄入标准。2013年，针对24只成年绝育公猫的研究对比氮平衡和维持肌肉所需的蛋白质需求后发现，猫咪每日的蛋白质最低需求为5.2g/kg。一只5千克的猫咪一天的蛋白质需求至少为26克，以兔肉为例至少是100克，注意这是最低需求。

脂肪

脂肪是重要的能量供应和储存来源，也是所有营养物质中能量最集中的一种。对比来说，蛋白质的供能（GE）为5.65kcal/g，碳水化合物为4.15kcal/g，脂肪则高达9.4kcal/g。脂肪的消化率也更高。高脂肪（但不超过25%）的饮食对猫咪的血脂和胆固醇不造成影响。有研究显示，25% ~ 40%的超高脂肪含量饮食适口性更好，但很可能引发肥胖或高血脂等疾病。除此之外，脂肪还有防止热量散失、代谢、运输营养物质等功能。

脂肪提供了猫咪所需的必需脂肪酸（EFA），并作为一种载体使脂溶性维生素得到吸收。猫咪无法将植物中的必需脂肪酸转化为所需的衍生物，例如，许多动物可以从玉米油、豆油等油脂中摄入亚油酸，并合成亚麻酸和花生四烯酸，而猫咪无法转化，需要直接吃肉来获取这些物质。缺乏必需脂肪酸会导致严重的问题，特别是皮肤干燥、毛发干燥、掉毛、瘙痒、皮炎等皮肤问题。

维生素

维生素虽然是有机分子，但是不能作为能量或结构性化合物使用，而是在生物体的代谢过程中，作为酶、酶的前体或辅酶来发挥作用。维生素分为脂溶性维生素（维生素A、D、E、K）和水溶性维生素（维生素C和B群）。猫咪对维生素有着特殊的需求，比如对抗氧化剂维生素E的需求量实际上取决于饮食中多不饱和脂肪酸（PUFAs）以及脂肪酸在加工储存过程中发生过氧化的程度。

维生素不足会产生不良反应；需要特别说明的是，维生素过量也会造成问题，例如维生素B过量会参与牙吸收的发展，维生素A过量会导致中毒等。

矿物质

矿物质属于无机元素，对猫咪身体的代谢过程非常重要，包括激活酶催化的反应，提供骨骼支持，神经传输和肌肉收缩，参与营养利用和氧气运输。作为运输蛋白和激素的组成部分，矿物质还在维持水和电解质平衡方面发挥着重要作用。矿物质元素之间存在相互关系，在吸收、代谢时，某些矿物质摄入不足或过量都会影响身体对其他矿物质的利用。

矿物质主要分为两类，一类是在体内大量存在的常量元素，例如钙、磷、镁、钠、钾等。另一类则是微量元素，例如碘、锰、锌等。常量元素中的钙和磷是形成和维持骨骼所必需的，还参与了广泛的代谢反应。钙磷比通常作为评估饮食和营养的重要指标，因为它们的代谢与体内的稳态机制是密切相关的，通常建议的钙磷比标准在1.1 ∶ 1左右。一般来说，动物来源的蛋白质含磷量很高，含钙量却很低；所以，如果喂养高比例纯肉食饮食而未添加适量的钙，就很容易出现问题，即营养性继发性甲状腺旁腺功能亢进。低钙高磷的饮食会导致钙吸收不足和低钙血症，血钙水平的降低刺激了甲状旁腺激素。长期升高的甲状腺旁腺激素会帮助恢复血钙水平，但同时也导致骨质疏松和骨量损失。

微量元素主要影响蛋白质、核酸等的代谢。例如锌与蛋白质合成有关，缺锌通常和生长期动物的发育迟缓有关，还可能引起厌食、免疫系统功能紊乱和皮肤病等。

维生素	维生素不足引发的问题	来源
A	生长发育不良、无法繁殖、 上皮细胞完整性丧失、皮肤病等	鱼肝油、牛奶、肝脏、蛋黄
D	佝偻病、骨质疏松症、 营养性继发性甲状旁腺机能亢进等	肝脏、某些鱼类、蛋黄、阳光（极其有限）
E	无法繁殖、全身性脂肪组织炎等	牛肝、三文鱼
K	出血、凝血问题等	肝脏、某些鱼类
B1:硫胺素	瘫痪、抽搐、食欲不振等	肉类
B2:核黄素	中枢神经功能紊乱、皮肤病等	牛奶、内脏组织
B3:烟酰胺	皮肤疾病、消化系统疾病等	肉类
B5:泛酸钙	厌食症、体重下降、生长发育不良、脱发等	肝脏、肾脏、乳制品
B6:吡哆醇	贫血、瘫痪、体重下降等	内脏组织、鱼
B8:生物素	皮肤病等	鸡蛋、肝脏、牛奶
B9:叶酸	贫血、白细胞减少症等	肝脏、肾脏
B12:钴胺素	贫血、生长迟缓等	肉类、鱼类、禽类

能量需求

能量不属于营养物质，但是猫咪的生长发育、维持身体、运动、繁殖等都需要能量供给，饮食中有50% ~ 80%的干物质（DM）用于满足能量需求。鉴于能量对新陈代谢、体温调节、运动等活动有重要的作用，能量需求是饮食应该满足的另一个关键；能量需求满足了，营养物质就可以用于其他代谢功能。

需要说明的是，体型才是判断猫咪胖瘦的指标，即便在同体重下，不同的体型也有肥胖的可能。其次，我们通常将食物的总能量扣除粪便和尿液损失，最终能提供给身体组织的能量值称为可代谢能（ME），所以关于能量的摄入建议公式如下，我们以一只5千克的猫咪为例：

偏瘦体型：

$100 \times (5kg)^{0.67} = 293kcal$ 每日摄入量

年轻的猫咪：

$60 \times (5kg)^{1} = 300kcal$ 每日摄入量

过胖的猫咪：

$130 \times (5kg)^{0.40} = 247kcal$ 每日摄入量

老年的猫咪：

$45 \times (5kg)^{1} = 225kcal$ 每日摄入量

以上是研究得出的能量估算公式，算出的结果只是一个建议量，实际上猫咪的能量需求由一个复杂的系统来调节，受到内部的生理机制和外部环境的影响。内部因素包括胃的情况、血浆的浓度变化、特定营养物质、激素和肽的变化以及食物带来的视觉、听觉和嗅觉等生理刺激。外部因素则有食物的可获得性、进食的时间和次数、食物的组成和适口性。再进一步分析，天气、季节、运动量等都会影响猫咪对食物的需求，例如受节律反射系统影响，通常猫咪在秋天的进食量是一年之中最高的时期。

第三节
商业食品

商业食品的历史并不悠久。由于饲养的状态不同，猫咪过去的食物来源以捕猎为主，家庭的残羹作为补充。最早的宠物食品以罐头为主，由各种副产品加工而成，被认为“不配”进入人类食品超市，主要在动物饲料店售卖。商业干粮出现在1860年，是饼干形式的狗粮，但是由于成本、工艺、宠物的角色地位、时代背景等原因并未大规模流行。一直到第二次世界大战，由于肉类配给制度和金属的短缺，才转而生产和销售更大比例的干粮。二战结束后，罐头供应上升，又逐渐成了主流。到了20世纪50年代，宠物食品品牌普瑞纳发明了现代干粮的挤压和膨化工艺，加上喷涂增味剂，提升了商业干粮的消化率和适口性，干粮自此才逐步成为宠物食品的主流。近年来，随着工艺进步和猫咪营养学知识的更新，针对特定生命阶段、生理状态和疾病，不同类型、不同制造工艺的食品类型出现，猫咪的食品越来越丰富、健康。接下来，我们将介绍几种主流宠物食品的特点及优缺点。

干粮

干粮的含水量在6% ~ 10%，以挤压膨化工艺为主的干粮是市场上比例最高的主粮类型。干粮的最大优点就是方便，买回来之后不需要处理，直接给猫咪吃就可以了。但缺点也同样明显：含水量过低。猫咪的主要水分摄入都需要从食物中获取，自主进水远远无法补充接近60%的饮水量。

淀粉成分问题。由于干粮使用挤压膨化工艺，淀粉是必须用到的成分之一。虽然猫咪能够高效消化熟化后的淀粉，但是不代表对猫咪来说这是必需的营养物质，摄入过多会造成肥胖、糖尿病等。另外，干粮中的很大一部分蛋白质来源不是合适部位或类型的动物蛋白，而是植物蛋白或副产品。我们在上文中提到，猫咪需要的是来自肉食的完全蛋白质，许多营养成分无法从植物蛋白中获得。

加工工艺问题。深度加工的一大问题就是营养成分的流失，例如在200摄氏度的高温下，维生素、牛磺酸都很容易流失。有些厂商会通过后期添加的形式来补充，但食物的摄入并不是单一营养成分起作用的。虽然从配方来说，商业食品理论上尽可能去匹配平衡了猫咪的营养成分需求，但是每一种营养成分都不是单独起作用的，一种食物也不会只有单一的营养物质。例如维生素E，干粮中的添加物主要是从植物中提取的D-α-生育酚，但实际上，在新鲜肉食中它是由8种分子组成的，组合摄入会有更好的效果。

热量摄入过高问题。与之相关的一个重要因素是饱腹感，即激素和神经系统信号从胃肠道反馈到大脑。摄入食物以后，食物会导致胃部膨胀，刺激胃肠道激素的释放——例如胆囊收缩素，发出饱腹感信号。食物进入胃部和远端小肠的部分也会刺激迷走神经，将饱腹感的信号传递给大脑，只有胃膨胀到一定程度才可能抑制进食。饱腹感的另一个机制来自回肠制动，营养物质进入小肠远端，导致胃排空延迟和肠道运动减少，从而促进饱腹感并抑制食物摄取，因此回肠制动是食物摄入控制中重要的机制。除此之外，瘦素和胰岛素等激素会长时间影响饱腹感和食物摄入。长期慢性压力下，焦虑的猫很容易出现厌食或者暴饮暴食等进食问题。通常来说，同等体积及饱腹感下，干粮的能量密度是极高的，很容易造成过量热量摄入。

动物福利问题。饮食不仅仅保障猫咪有能量和营养物质支持身体的运转，也和其正常的天性表达有关系，是动物福利的重要部分。除了捕猎行为，处理猎物、撕咬猎物、切割吞下猎物等过程都是猫咪的正常生理和行为机制，与其激素和神经中枢系统相关。简单来理解这个问题，就好比虽然各种营养补充剂就能够让我们活下去，但是三餐饮食不仅仅是生存，还关乎生活的满足感和幸福感。

罐头

罐头是最早出现的宠物商业食品。在含水量上，显然罐头是符合标准的；主食罐的含水量通常在75% ~ 80%。与干粮相比，罐头的蛋白质比例更高，碳水化合物含量更低，总体能量密度也更适中，总的来说是更适合猫咪的食物。但依然有几个问题需要注意：第一，水分过多。第二，罐头使用卡拉胶等增稠和乳化，虽然卡拉胶对身体的影响还不明确，但是选择罐头时不含胶是最好的，或确保其含量不超过1%。第三，配方中的原料来源问题，例如动物蛋白是来自优质的肉源还是下脚料，肉的种类以1 ~ 2种为好，最好不要选择添加了谷物果蔬的罐头。第四，相对而言，这种细碎的食物更容易造成牙菌斑、牙结石等口腔问题。

冻干

冻干即冷冻干燥食品的简称，使用的是一种新出现的食品工艺，将食物原料冷冻后置于真空中脱水，然后密封包装，食用时复水即可。和干粮一样，冻干也是通过脱水来实现比较稳定的长期保存，但相比干粮，它有几个优点。首先，冻干通过低温干燥去除水分，这可以确保蛋白质变性等裂化反应最小化，水分含量一般为1% ~ 4%，这样能保存得更好更久，变质反应较少，也能保留更多的营养物质。其次，干粮类食品由于熟化加工等原因无法复水，冻干食品则能在复水后保持较高的质量。

但缺点也依然存在，例如冷冻干燥技术无法去除某些抵抗力较强的微生物和病原体，在冻干复水后它们容易再次繁殖。因此在选择冻干食品时一定要注意查看是否有辐照杀菌工艺。另外，冻干食品的成本极高，工艺难度也比较大，有能力生产合格冻干主食产品的厂商并不多。

第四节
生骨肉饮食

生骨肉，指的是一种饮食方式，即我们给猫咪的食物符合其生理机制和自然状态下进食的食物形式和营养成分。纵观猫咪的演化、驯化史及其生理上的特点和需求，生骨肉是现下最适合的选择。从前文中描述的猫咪消化、代谢、营养需求等特性，我们能够很合理地推断出生骨肉的优点。生骨肉饮食可以提供丰富的肉食，其中含有超高的蛋白质比例、零碳水化合物、完全动物来源的组合营养、适合的含水量，以及对牙齿和进食行为相关感官和身体机能的正确使用，好处显而易见。

生骨肉饮食的优缺点

更好的消化率。相比干粮中不得不添加淀粉让猫咪消化率降低，生骨肉这种以动物肉类为主的饮食可以提供高蛋白，猫咪可以高效地吸收肉食中的营养物质，从而获得更强健的肌肉和运动活力。

减肥（或者保持适合体型）。没错，吃肉不仅不会胖还能减肥。研究显示，提高蛋白质的摄入能够有效减少身体脂肪，保持瘦体重的质量。瘦体重也被称为“去脂体重”（fat-free body），即除脂肪以外身体其他成分的重量，肌肉是其中的主要部分。瘦体重作为蛋白质储备库，有支持蛋白质的周转、提升能量消耗和促进免疫蛋白合成等重要作用。简单来说就是，不仅瘦了，还是健康地瘦了。

牙齿健康。首先要明确一点，牙齿健康的核心是刷牙，这是任何其他方式都无法代替的，但是饮食的确会产生影响，对猫咪而言，有效使用牙齿，例如利用臼齿来剪切肉块，这种撕扯、切割肌肉骨骼的动作实际上是天然的刷牙模式。而猫咪食用干粮和罐头时，完全可以不使用牙齿。此外，由于食物的形态，干粮很容易散成渣，罐头也都很细碎，容易附着在牙齿表面形成牙菌斑。

更加健康顺滑的毛发。生骨肉饮食以完全动物来源的肉食组成，能够给猫咪提供必需脂肪酸，例如不饱和脂肪酸Omega-6和Omega-3，这些都有助于健康的皮肤和毛发，减少掉毛。

适合的含水量。正常的肉食含水量在65% ~ 75%，只要进食量正常，猫咪便足以从食物中获取所需水分，这也是猫咪水分摄入的天然模式。靠各种罐头骗猫咪喝水的方式治标不治本，因为猫咪自主饮水有限，更香浓的汤汁很容易造成猫咪喝饱了水不愿意吃饭。但是水分摄入是无法带来饱腹感的，猫咪很容易迅速地又饿了。这对整个生活作息来说就是恶性循环。

减少排便量和粪便气味。吃干粮为主的猫咪，由于肠道内没有合适的菌群去消化淀粉等，粪便气味是极其难以忍受的。但是生骨肉饮食，猫咪高效的消化会减少粪便量和气味。以肉食为主的话，猫咪的尿液是偏酸性的，只要pH值保持在6.6以下就不会产生鸟粪石结石，如果肉食摄入不足而淀粉过高，就很容易让尿液呈碱性。

有利于行为健康和福利。生骨肉饮食不仅是吃什么，而是遵循更贴近自然的饮食。吃真正的肉食是猫咪表达天性的行为，不只是吞下干粮补充营养而已，这可以让猫咪获得极大的满足感。再进一步说，吃什么实际上贯穿了猫咪生活的最主要部分，狩猎后处理食物、吃下食物，这就是猫咪的“工作”，所以生骨肉饮食的背后反映的是定时定量、充足的狩猎游戏以及环境丰富的生活方式。

当然，生骨肉饮食的缺点同样存在，例如主人前期要学习大量的知识；又如生骨肉需要花费一定时间去处理，而不是像商业食品一样即买即用。我们选择生骨肉是要将商业食品中不可避免的问题规避掉，将那些可控的风险掌握在自己手中，为此，我们需要确保肉的质量、来源、种类、部位，肉食保存和处理的方式等，从而规避风险。

要知道，大多数主人担心的寄生虫、细菌等风险在商业食品中比比皆是，例如沙门氏菌感染、黄曲霉素等，并且在问题积累爆发之前，我们都很难了解状况以及维权。何况相较于生骨肉，商业食品的原料采购、预处理、制作、包装、运输、保存、售卖等涉及无数个环节，任何一个环节都可能出问题。2008年5月16日，美国疾控中心即报告了2006 ~ 2007年美国多个州爆发和宠物干粮有关的沙门氏菌感染事件，问题来源于宾夕法尼亚州埃弗森宠物食品工厂的设施和原料污染。此次事件共涉及19个州79例病例，最终召回约23109吨涉及109个品牌的产品，这还不是全部受污染产品。生骨肉饮食则简单得多，在正确处理的前提下，各种风险的可能性其实是最低的。以沙门氏菌举例来说，只要购买符合规定的品牌冻肉，以及按照肉食安全处理办法去处理即可有效规避，加上猫咪本身应对细菌的防御能力较强；反之人类则肠道较长，食物通过的时间大约32 ~ 48小时，更容易受到侵害。

生骨肉饮食操作指南

前置训练	想要开始生骨肉饮食，首先一定要改变任意取食的习惯，养成定时定量喂食的作息习惯，配合饭前的逗猫棒互动，具体参考第四章中“猫咪的需求与生活质量”一节。
购买渠道	尽量购买全程冷链的品牌冻肉，肉品需带动物免疫检疫标识。注意肉类的种类和来源，勿购买散养、野生、私自宰杀等肉源。
肉类选择	常规肉类有禽类、兔、牛羊肉，以及部分鱼类，如秋刀鱼。其次，无菌鼠、鹌鹑、鸵鸟、鸸鹋等特殊禽类也可使用，只要有3 ~ 5种不同类型的蛋白质来源即可。
储存条件	家用冰箱或冷柜，温度-24 ~ -18摄氏度。
解冻方法	冷藏解冻，或密封包装后隔水（温度不可过高）快速解冻。
工具准备	工具准备：剪刀、电子秤、量勺（如需添加某些补充剂）、可密封保鲜袋。
安全处理规则	独立空间操作，清洁好台面，不要摆放人用的餐具等物品避免污染，处理前后及时洗手，清理刀具、剪刀、台面等。
生骨肉营养比例	完整猎物模式的生骨肉喂食方式（Prey Model Raw-PMR）是在一段时间内（通常为一周），以进食一整个“猎物”为目标，完成饮食配比。一般遵守 83/7/5/5原则，即83%的肉、脂肪、肌腱、心脏组织，7%的可食用骨头、5%的肝脏和5%的其他器官，例如肾脏、胰腺等。这个方法是在模拟猫咪正常猎物组成，从这个角度来说，不必每餐都按照每个营养需求去完美配比，只要在一段时间内实现均衡，每顿以动物的某个部分喂食即可。
喂食量	以成猫体重（以克计算）的3% ~ 5%作为一天的喂食总量，2 ~ 8月龄的幼猫则按照8% ~ 10%的最高比例逐步递减至成猫比例。例如，一只5千克的猫咪一天的进食量在150 ~ 250克之间，当然要根据猫咪的情况、天气、环境等情况调整。也可以按83/7/5/5的比例计算一周中各部位需求的量。
完整的喂食方法	1.化冻后的肉可以隔温水复热到35摄氏度左右，这是最适合猫咪食物的温度。 2.将食物剪成适合猫咪当下进食能力的大小，我们的目标当然是猫咪能自己处理整块的食物，但这是一个长期的过程。 3.一般进食时间为5 ~ 10分钟，视食物类型而定，如啃完一整根兔腿可能需要十几分钟，而一块牛肉只需要1分钟。注意：食物不可长时间放置，避免滋生细菌。

完整猎物模式喂食（PMR）喂食参考

均衡饮食	健康零食
在一周中丰富肉食种类 83%—肉 7%—骨骼 10%—内脏（一般的肝脏）	脱水禽类心脏 冻干肉或肝脏

这些算肉类	这些算内脏
肌肉	肝脏
心脏	肾脏
肺部	脾脏
（牛羊）肚	脑部
（鸡鸭）胗	胰脏

每周骨骼

一周三次喂食鸡翅，剪开翅根和翅中，翅中和翅尖直接吃，翅根去骨当肉食吃。当然也可以直接买分开的翅尖、翅中。

粪便辅助判断	补充剂：可选
硬且白＝骨骼吃太多 软且湿＝骨骼吃太少 湿且臭＝内脏吃太多	鱼油/磷虾油 益生菌 动物胰脏冻干

完整猎物模式（PMR）喂食食谱示例

	上午	下午	最后一餐
周一	牛肉	鸡翅	鸡肉块
周二	牛肉	胗和肝	鸡边腿
周三	牛心	鸡肉	鸡胸
周四	猪肉	鸡胸和肾脏	火鸡腿
周五	牛心	胗和肝	鸡边腿
周六	牛肉	鸡翅	鸡肉块
周日	猪肉	鸡胸和肾脏	火鸡腿

每周摄入量（克/只）		每月摄入量（千克/只）	
142	心脏（分三次吃）	0.57	心脏
57	肝脏（两次）	0.23	肝脏
57	胗（两次）	0.23	胗
57	肾脏（两次）	0.23	肾脏
114	鸡、鸭胸等胸脯肉（三次）	0.42	胸脯肉/肉排
95	牛肉（两次）	0.38	牛肉
95	猪肉（两次）	0.38	猪肉
95	鸡翅（两次）	0.38	鸡翅
114	翅膀（两次）	0.45	翅膀
70	鸡排（一次）	0.28	胸脯肉/肉排
77	火鸡腿（两次）	0.3	火鸡腿
77	鸡边腿（两次）	0.3	鸡边腿
1094		4.2	
148克/只/天是一只猫咪最低进食量			

* 完整猎物模式喂食的食谱示例，作为参考可酌情替换，例如除了鸡翅，还可以选择鸡排、兔排、鹌鹑等。出于食物丰富的原则，每隔一段时间（一般一个月）都会更替食谱内的食物类型。资料来源于 www.catcentric.org，已获授权，根据国内情况略有删减修改，例如将英制单位换为公制。

关于生骨肉饮食的常见问题

如何从干粮/罐头转换到生骨肉饮食？

想要开始生骨肉饮食，首先一定要改变任意取食的习惯，养成定时定量喂食的作息，配合饭前的逗猫棒互动（饭前足够的运动对于提升食欲极其重要），具体参考第四章中“猫咪的需求与生活质量”章节。从干粮转换到罐头再到生骨肉，是一个相对简单的方式，当然你也可以直接从干粮转化为生骨肉。首先，以喂食零食的形式来测试猫咪对生骨肉和不同肉食的接受度。其次，猫咪进食的首要刺激是气味，所以一开始可以剪一小块肉放在猫咪会吃的食物当中，然后逐步降低原有食物的比例，提高生骨肉的比例。也可以尝试在生骨肉上撒一些猫咪会吃的食物，例如捏碎的冻干、少量的罐头等。部分猫咪只要气味对了接受起来就很容易，最后再慢慢减少这种“浇头”即可。另外，从小块碎肉、肌肉组织入手对猫咪来说更容易接受，待它能够接受生骨肉后再逐步过渡到带有骨头的肉类。最后，一定要有耐心，给猫咪多尝试的机会，从开始吃生骨肉到能够自己处理整块的食物是一个不短的过程，切勿操之过急。

我需要添加补充剂吗？

看情况。如果你的猫咪还在适应阶段，全部以生骨肉为饮食，但无法吃满足营养所需的全部肉类或骨骼，那么这个时候是需要添加补充剂的。例如不吃骨骼的猫咪需要添加蛋壳粉来作为钙质补充。如果你提供的食物均衡营养，补充剂并不是必需的。

如何教会猫咪吃骨头？

首先，不要喂熟的骨头，易碎且难以消化，误食可能会造成严重的状况并需要手术。生的骨头猫咪很容易消化，虽然一样有一定概率造成问题，但是核心是教会猫咪如何正确处理食物。其次，猫咪需要能够自己完成撕扯、切割大块肌肉组织的动作。从容易处理的较小的骨头开始尝试，例如鸡翅尖、鸽子、鹌鹑，甚至小鹌鹑都是较适合的选择，后期再逐步扩大至其他种类，例如鸡腿、兔腿等。可以在带骨肉上撒一点冻干（爱吃的东西）吸引猫咪。最后，切记密切关注进食过程，在猫咪学习啃咬的阶段，请勿放下食物就离开，有任何状况都需要及时处理。总之和转换生骨肉一样，在保持食物吸引力的前提下，需要的是耐心以及逐步提升难度。

偶尔一顿生骨肉会有问题吗？

不会有什么问题，实际上我建议在能力范围内提供最好的生骨肉饮食，并且要充分考虑猫咪的整体生活。例如，首先，把时间花在定时定量喂食上，奠定规律作息的基础。其次，食物完全可以多样化，出于各种原因以干粮为主，但是在训练时提供肉食作为奖励也完全可以，比如猫咪主动进入航空箱后奖励一根兔腿。当然，确实有可能出现以干粮为主食的猫咪并不能适应偶尔一顿生骨肉饮食的情况，这和长期养成的消化能力、肠道菌群等有关系。

担心细菌和寄生虫怎么办？

猫咪由于演化的结果，天然就对细菌有着高效的防御力。唾液酶会攻击细菌和其他病原体，梳毛时就能发挥效果；胃酸中含有盐酸和消化酶，进入小肠后则有来自肝脏的抗菌剂，胰腺还会分泌酶和碳酸氢盐，分解细菌的细胞壁；进入大肠后则有专门针对肉类的菌群。猫咪肠道较短，肉食消化效率高，只要12小时左右，食物即可通过消化系统。猫咪完全有能力应对生骨肉这样的饮食方式，加上我们在购买、肉源、运输、储存和处理上遵循安全处理规则，无须过分担心细菌问题。

其次则是寄生虫，从以下几个方面考虑，我们可以规避且无须过于担心此类问题。第一，被寄生虫感染的肉其实一眼可见。第二，规避某些易感染的肉类，例如猪易感染绦虫，淡水鱼的寄生虫也较多，一般不生食。第三，正常冰箱-18到-24摄氏度的低温足以让弓形虫的包囊死亡。第四，最重要的是，从正规渠道购买带有检疫免疫标识的品牌冻肉，即可避免绝大多数寄生虫感染风险。实际上，寄生虫感染风险更多来自不洁的环境，例如散养猫捕食啮齿动物等。

为什么喂生食而不是熟食？

因为生食是更适合吃的食物。如上文所述，首先，我们不需要通过加热来规避细菌和寄生虫风险；其次，烹饪加热会导致营养成分流失，改变营养物质的结构和成分，降低生物利用度；骨头煮熟后会碎裂不适合进食，且难以消化。最后，对主人来说将肉食做熟更烦琐，猫咪完全是适应且接受生食的。

猫咪多大可以开始生骨肉饮食？

理论上4 ~ 5周大的小奶猫即开始对猫妈妈的食物感兴趣，这个时候牙齿也发育得能撕咬肉食了，所以4 ~ 5周大时可以尝试生骨肉饮食。生骨肉饮食是更贴近猫咪自然的饮食方式，所以越早开始接受得越容易。此外，小猫的饮食偏好受猫妈妈影响，并且猫妈妈在怀孕期间的饮食实际已经影响了小猫的偏好。小块的食物适合进食，但使用大块的食物让小奶猫练习撕扯剪切食物也是可以的，这个时候母乳还是其主要营养来源，不用太担心营养不均衡的问题。

为什么不建议购买分装好的生骨肉？

生骨肉饮食本质上除了规避商业食品制造工艺带来的问题，也是为了规避其他例如肉源、处理、配比、运输等过程中会产生的风险。分装好的生骨肉比起商业食品在这些环节上的风险更大，例如沙门氏菌更多地存在于切口处，分装、打碎、混合各种肉的过程就极大地增加这个隐患；加上国内尚没有相关法律法规监管，不可控的因素更多。

以上只是针对生骨肉饮食做了简单的介绍，给大家提供一个新的视角和思考，从猫咪的生活福利和需求角度来认识应该提供什么样的饮食。营养、饮食都是复杂的问题，涉及猫咪个体的情况和喂食过程前后的诸多细节，大家在开始尝试生骨肉饮食之前还需要做好功课，切不可贸然开始，造成不良后果。要知道，饮食和营养造成的负面影响并不会在短时间内迅速出现，等真的出现时可能已经很严重了。

第五节
猫咪的行为与饮食

饮食≠营养

饮食关乎营养，但不仅仅是营养，而是关乎多种因素综合作用下的生活质量问题，例如猫咪本身的状态、饮食因素、进食行为、环境因素、狩猎活动、作息和节律等，每个环节都会互相影响和作用。

举个例子来说，关于猫咪每天应该吃多少的问题，常用的估算能量需求K（Wkg）$^{0.75}$= 千卡/日，其中0.75是瑞士动物学家马克思·科雷贝尔于20世纪30年代推导出的动物通过表面积散热的方式。最初他认为功率是0.66，后来生物学家杰弗里·韦斯特、布赖恩·恩奎斯特和詹姆斯·布朗通过推断血管的分形结构得出0.75的结果。后来，这个公式发展得越来越复杂，针对绝育、性别、肥胖风险、生长发育等因素进行调整。所以实际上，能量需求估算得出的并不是一个精确的数字，因为这个公式的综合方差是50%，所以得出的是一个范围。也就是说，如果一只猫咪计算出来一天的能量需求是200千卡，那么实际范围应该是100 ~ 400千卡。

换个角度来说，既然落在这个区间里都是合理的，那么决定吃多少的其实应该是符合猫咪天性和需求的生活方式。如果我们无法给猫咪提供有质量的生活，在吃多少这个问题上就常演变出厌食、挑食、营养不良、免疫系统低下、疾病易感或另一个极端——肥胖问题。原因在于狩猎、吃饭、舔毛、睡觉都是猫咪最基本的生活规律，

缺失一个环节就会引发连锁的问题。例如，由于狩猎与进食在神经通路上极强的关联性，如果没有适合的狩猎活动，猫咪就很难有食欲，长此以往猫咪就有了慢性压力。另一个极端则是缺少活动造成的压力导致激素变化，进而影响了饱腹感的调节机制，造成过量饮食。很少且没有规律的狩猎活动、任意取食，匮乏的环境等，其实是养猫时最常见的问题，从这个角度而言，提供的饮食再好，都只是事倍功半。

第二个例子，肥胖，这几乎是现代伴侣动物猫咪普遍的问题之一。除去某些疾病导致的问题，肥胖当然和饮食相关。但仅仅更换饮食是不够的，狩猎活动不充分、环境匮乏单调、缺少感官刺激、生活中各种压力导致的激素变化等因素综合造成了肥胖的问题。所以本质上，除了更换更健康适合的饮食，还需要去调整生活方式：定时定量、规律作息、狩猎活动充足、生活和环境丰富化、进行各种降低压力的训练等。

当然，营养和行为的关联还有很多。例如长期低蛋白饮食导致肌肉流失，就很有可能造成猫咪没有足够的肌肉支撑身体，进而引发关节炎，而关节炎实际上是造成乱尿、攻击行为等诸多行为问题的原因之一。再如，和干粮饮食高度相关的泌尿系统疾病，也是最常见的导致乱尿的原因之一。猫咪的生活是一个整体，将每个因素放到整个生活中去看待，不纠结于某一个点，在能力范围内尽可能提供好的饮食的同时，也要关注其他环节。

猫咪体型评估

关于猫咪的肥胖问题，接下来介绍一下肥胖的评估方法。肥胖不仅与体重有关，更重要的是与体型和肌肉量相关。

第一个评估方法是对身材的评估，依据下图对比评估猫咪的身材，主要借助对肚子和腰身的触摸评估脂肪厚度、骨骼触感、肌肉质量等。这个身体评分法一般分为9分或5分，5/9或3/5为最适中的身材。但是注意，猫咪是有原始袋的，所以通常而言正常身材的猫咪（室内猫）其实都是有一点点小肚子的。

第二个评估方式实用性更强，即以我们去触摸猫咪肋骨部分对比正常身材人类的手掌部位来评分。如果是像握紧拳头后的拳头骨部分，即能明显摸到肋骨，则为偏瘦。如果是像张开手掌后的拳头骨部分，即能摸到肋骨但骨肉分明，则是理想身材。如果是像掌心靠近手指的部分，即基本摸不到骨头，而是明显的肉，则为偏胖。如果是像摊开的手掌虎口下的部分，则为肥胖状态。

严格来说，对猫咪体重身型的评估还需要考虑到品种、年龄等，例如东方系的猫咪天生身材较修长，在身形评估上要考虑到长毛的影响。另外，肌肉评估也是体型评估很重要的一个方面，鉴于猫咪有皮毛遮挡，同样的身材是肌肉还是肥肉差异极大。猫咪最容易流失的肌肉是肩胛骨后的背肌部分，可以轻轻捏起测试其厚度。

体型评估是行为评估里很重要的一个环节，过胖和过瘦的身材都可能是潜在生理疾病的线索。例如，肥胖再叠加年龄、生活方式等因素，很可能引发关节炎等问题，而关节疼痛常导致猫咪乱拉乱尿、无原因的攻击等行为问题出现。

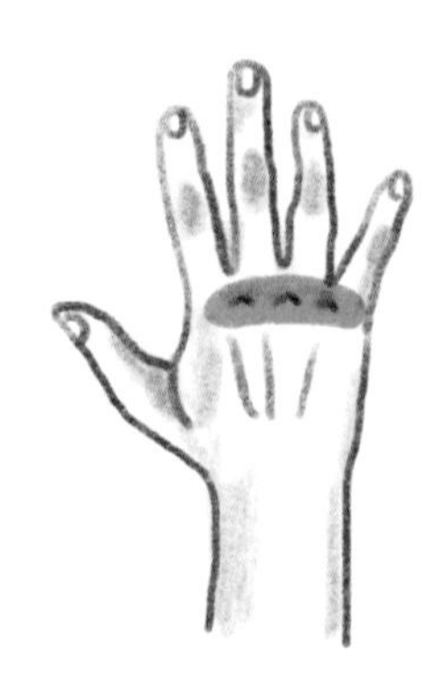
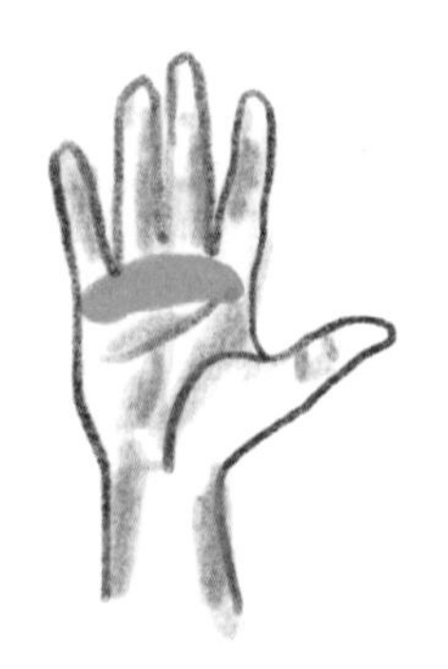
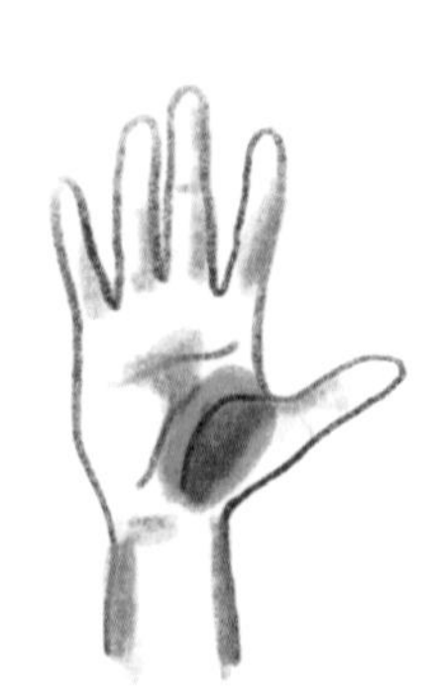

CHAPTER 12

猫咪行为问题快问快答

与猫咪行为相关的问题主要分为“问题行为”和“行为问题”两大类。这些问题的产生，往往与猫咪的生活需要得不到满足有关。尝试从猫咪的角度去理解，求助专业人士，改善猫咪的生活质量并加强相应训练，都能帮助我们轻松、有效地解决行为问题。

第一节
如何开始“铲屎”生涯？

作为猫行为咨询师，我们处理与猫行为相关的问题。严谨来说，这些问题可分为两种类型。

第一类叫问题行为（Problem Behavior），更确切地说是“造成问题的行为”。这些行为对猫咪来说是正常的，但给人类造成了问题。例如，猫咪的狩猎需求没有得到充分满足，于是扑咬人类的手脚。

第二类叫行为问题（Behavioral Problem），或者说“行为上出了问题”。这类问题有可能是生理原因造成的，例如关节炎导致乱尿；也有可能从问题行为发展而来，例如无聊发展下去就有可能产生刻板行为，进而恶化成强迫症，动物园里不断绕圈的动物就属于这种情况。行为上的问题其实很复杂，背后的原因可能是复合的，所以就日常来说，我们一般将一切给猫咪和人造成问题的行为都称为行为问题。

为什么会产生行为问题？第一个原因是猫咪的生活需求得不到满足。我们在第四章详细描述了涉及生活质量的需求六芒星（作息、资源、社交、狩猎、安全、探索），当猫咪某一方面的需求未被满足时就会产生问题，还可能会牵扯其他方面。第二个原因则与现代城市生活有关系，这种生活是猫咪不可能天然去适应的，比如室内生活、多猫家庭生活、外出、就医、美容等。如果我们没有做好幼猫的社会化训练和猫咪的各种适应训练，那么极容易产生问题。

遇到问题，寻求专业人士的帮助是首选。猫行为咨询师的工作就是帮助主人处理行为问题。其实，很大一部分问题都是可以预防或轻松解决的。既然产生问题的原因是生活质量不佳和缺乏对应的训练，那么做好这两点即可。

很多时候，我们会陷入头痛医头，脚痛医脚的陷阱，而我们看到的问题也许只是海面上的冰山，海平面之下才是真正的症结所在。因此，大家困扰于各式各样的行为问题时，不妨反过来想一想是否做到了上述两点。我建议大家将它作为一种自检方式，因为实际生活中遇到的猫咪行为问题90%与其有关。需要强调的是，自检的时候大家要切换一下视角，从猫咪的角度去理解这一切。

我可以笼养猫咪吗?

不可以。第一，无论是最基本的环境资源，还是狩猎等活动，笼子的大小完全无法满足猫咪的生活需求。第二，关笼子无法解决任何问题。很多人怕猫咪晚上“跑酷”、早上叫早才将它们关笼子，但是这种方式并没有解决猫咪的作息问题，也没有满足其活动需求，所以问题会演化成其他形式，例如猫咪在笼子里又闹又叫，或者放出来就开始“跑酷”等。

领养还是购买?

首先明确一点，这里“领养的猫咪”指的是原生的猫咪，即通常所说的“田园猫”。由于地理环境的不同，田园猫外形差异很大，例如北方的长毛、南方的短毛等。购买的猫咪则主要指品种猫。

若非对某一品种的猫咪有特殊偏好，我建议领养猫咪。第一，随着现代城市的发展，“猫咪在人类周边生活并负责抓老鼠”的设定基本已被摧毁，猫咪在城市的生存处境越来越艰难，出于爱心角度，建议领养。第二，对猫咪的品种繁殖在最近的150年间才出现，品种只有几十种，品种猫咪与田园猫的区别并没有那么大。田园猫类型多样，无论是毛色还是花纹等都很丰富，只要养得好，它们一样亭亭玉立。第三，相对而言，品种猫咪的性格特质更有迹可循，例如英短通常没有孟加拉猫活跃；田园猫的性格则更像“开盲盒”，例如许多猫咪天生胆大、适应能力强。当然，也有可能领养的猫咪很胆小，但这些都是可以调整的。最后一点，和狗一样，人工选择繁育的品种患有遗传疾病的风险更高。

品种猫性格更好吗?

答案是，不绝对。这主要有以下几个原因：第一，性格好的定义宽泛，每个人都有自己的标准。第二，虽然某些品种猫的确有比较独特的行为特质，但它们的繁育标准是以对外形的人工选择为基础的，所以性格或行为因素与品种并不强相关。第三，由于品种猫都是人工繁育的，所以它们从小就有机会接触到人类。这有助于其社会化训练，即适应人类以及人类的家庭环境。但是，社会化有复杂和严格的程序（详见第九章），例如和人接触的方式、时长，接触不同类型的人等，其效果取决于养育这只小猫长大的人类是如何做的。第四，猫咪作为半驯化动物，有丰富的可能性，有些收养的流浪猫意外地有着“很好的性格”，例如胆子大就是非常好的性格基础。

我应该给猫咪绝育吗？

总的来说，我们提倡给猫咪绝育。就公猫而言，不绝育的公猫由于雄性激素和环境刺激（发情母猫、多公猫环境）更容易产生行为问题，比如为争夺领地和资源而打斗、喷尿、想要外出（巡视游荡行为），而绝育能够极大地避免以上问题，并降低猫咪患睾丸癌和前列腺癌的风险。绝育还会显著改变第二性征，如缓解被称为种马尾的尾下腺过度分泌油脂。当然，绝育手术存在一定风险；不过，对身体健康的猫咪来说，由医疗技术合格的医生来操作，手术风险是极低的。绝育会改变猫咪的激素水平，导致其活力降低，这是猫咪绝育后肥胖的原因，但避免肥胖本质上还是要从饮食、环境和活动上入手。

对于母猫来说，不绝育也会导致许多行为问题，例如喷尿。持续的发情是受雌性激素控制的，对母猫来说交配行为是由痛苦驱动的。不交配会持续发情，很容易引发子宫蓄脓、感染、囊肿、乳腺肿瘤等问题。交配则需要承担生育风险，主人还要考虑小猫的去处：猫咪的生育能力比较强，不加以控制很容易造成小猫泛滥。母猫的手术风险略大于公猫，但是同样地，健康动物接受合格的医疗处置，风险是极低的。此外，有相关研究表明，绝育动物的寿命相对都延长了，在这点上公母猫是一致的。

许多人担心猫咪在绝育后性格出现变化，如不亲近人、不给抱，但性格和绝育本身并无关系。举例来说，公猫的绝育是摘除睾丸，影响的只有受雄性激素调节的行为，即性二态行为，而个性是先天遗传和后天环境作用下的结果，并不受此影响。许多猫在绝育后性情大变，一方面和绝育时间大多在青春期有关，这个阶段是猫的行为模式从幼年向成年转换的时期，所以只是刚巧赶上了这个变化；另一方面则是由未经训练而无法承受就医和绝育过程的压力导致的。

无论公猫母猫，建议的绝育时间都在6 ~ 8月龄，这一阶段的猫咪身体发育相对成熟，但通常还未出现成年性成熟猫咪的行为模式，如喷尿等。且对于2 ~ 4月龄到家的猫咪来说，绝育前有2 ~ 4个月来适应新家，接受就医外出等准备训练。这样一来，对猫咪来说，无论是身体上还是行为上都已经做好准备，手术完成后也能快速恢复。

我被猫咪抓咬了，需要打狂犬疫苗吗？

首先我们来了解一下关于狂犬病的基本知识：

1. 什么是狂犬病？狂犬病为什么如此可怕？

狂犬病，顾名思义，就是由狂犬病病毒引起的人畜共患病，它会使感染的哺乳动物患上严重的脑炎。对养宠物、接触宠物的人来说，它应该是最让人害怕的人畜共患病。这一方面是因为它的死亡率几乎为100%——截至2016年，只有14人在出现症状后借助密尔沃基疗法生存下来。当然，该疗法的效果仍然存在争议，所以狂犬病一旦发病，可以说是100%的致死率。另一方面则和狂犬病病毒的嗜神经性有关，病毒从伤口进入肌肉组织，再通过运动神经元进入外周神经，接着是中枢神经和脊髓，最终进入大脑、侵入脑干等，直至感染者死亡。发病时，患者会表现出非常恐怖的暴力行为、兴奋、恐水、部分肢体瘫痪、意识混乱、失去知觉等症状。不过，从另一个角度来说，只要我们了解狂犬病的传播感染机制，它就并不可怕，因为我们完全能通过科学的方法来避免感染。

2. 狂犬病有什么传播途径？

大部分狂犬病是被发病的动物咬伤所致，少数是被抓挠、伤口和黏膜被污染所致，极少数是因为移植了狂犬病患者的器官或组织导致的。

狂犬病传播有以下要素：

（1）只有发病动物才能传播病毒，潜伏期内的动物无法传播。被发病动物咬伤后，病毒在局部肌肉组织内复制，然后感染神经元，再是外周神经，这一阶段病毒只在神经组织内复制，不进入血液循环，所以没有传染性，称为潜伏期。强调一下，潜伏期不具备传染性！

（2）狂犬病毒在绝大多数情况下只通过发病动物的新鲜唾液传播，其他接触并不会造成感染，因此抓伤感染的风险通常低得多。狂犬病毒很可怕，但也很脆弱，不耐高温酸碱，在阳光暴晒下、在水中都无法长时间存活。狂犬病毒对脂溶剂如肥皂水、乙醇、过氧化氢、高锰酸钾等敏感，45% ~ 70%的乙醇、1%的肥皂水、5% ~ 7%的碘溶液都可以在一分钟内灭活病毒，我们通常也用它们来消毒伤口。

（3）必须造成伤口，即真皮层暴露或者接触已有的伤口才会传播。一个简单的判断方法是：在暴露后2小时内用酒精擦拭。如果擦拭时没有刺痛感，就说明真皮层没有暴露，没有感染风险。

3. 狂犬病的潜伏期有多久？

狂犬病潜伏期大多在2 ~ 3个月，不超过1年。世界卫生组织曾报道过一例极特殊的8年潜伏期案例，但这个案例也只是证据较为充分的推断案例。

了解了狂犬病的相关信息，我们就能知道如何科学判断、排除感染风险。

（1）没有破皮，即没有真皮层暴露，或者确定没有已有伤口接触，可排除感染风险。

（2）被抓咬超过一年即可排除感染风险。在潜伏期没有诊断方法，如果实在担心，那么只要完成3针或以上狂犬疫苗注射，就能确保无风险。

（3）抓咬人的动物小于1月龄。一方面狂犬病毒无法通过母婴传播，另一方面幼龄的猫狗不可能在发病动物嘴下存活，即使存活也会有明显的外伤。从这点来看，被奶猫奶狗抓咬也可以排除感染风险。

（4）对动物而言，2次及2次以上按时接种狂犬疫苗，也可以视为无风险。

（5）对人类而言，完成至少3针合格的狂犬疫苗注射后一周，或全程接种后一周检测抗体阳性，即可排除风险。根据研究显示，完成0-7-21天各一针免疫后，一年后再打一针加强针，在第10年都可以维持至少96%抗体阳性。此时再打一针加强针，14天后即可恢复到第一针加强针时的水平。实际上，全程接种完成后就会有免疫记忆，只要一针加强针就能刺激抗体大量出现，换句话来说只要完成全程接种，任何程度的暴露也只需要2针加强针即可（实际上1针效果完全足够），不需要注射免疫球蛋白。

狂犬疫苗的保护期分为绝对保护期、有效保护期和相对保护期。绝对保护期是全程接种后的3个月内或加强针后6个月内，这个阶段无论出现多严重的咬伤，都无需再接种疫苗。有效保护期为全程接种后的1年内或加强针后的3年内，这个阶段一般性暴露也不需要再接种疫苗。相对保护期则无限长，指的是只要是全程接种过，非咬伤的轻微暴露和间接暴露都不需要再打疫苗。

（6）十日观察法

如果能持续观察抓咬人的动物10天以上，即可使用此方法。十日观察法不要求抓咬人的动物或被抓咬者接种过疫苗，其原理是只有当病毒进入中枢神经以后才开始大量繁殖并进入唾液腺，此时被感染者才具有传染性。若病毒进入感染动物的中枢神经大量繁殖并引发脑脊髓炎，那么该动物3 ~ 5天必然会出现精神等方面的异常，10日即死亡。

在国内，十日观察法指的是被猫狗抓咬以后，马上开始接种程序。如果10日内动物依然健康，就可以停止接种了。但根据美国疾病预防控制中心的建议，如果被健康的家养狗、猫和雪貂抓咬，可以直接采取观察10天的方法，不必一开始就施打疫苗。这两种办法有区别的主要原因在于，中国尚属狂犬病疫区，狂犬病风险相对而言较高。除地区以外，还需要综合考虑伤口类型、暴露的严重程度、抓咬人动物的行为临床表现等。

4. 其他疑问

（1）一定会有人问，既然狂犬病死亡率为100%，为何不建议大家被抓咬后即开始施打疫苗，从而完全避免问题呢？

因为疫苗并不是100%安全的，疫苗引发严重副作用的案例并不少见。在科学判断的前提之下，许多的情况完全不需要注射疫苗，避免其他风险。

（2）被发病动物咬伤后，一定要在24小时内打疫苗吗？

当然是越早打越好，但并不是超过24小时疫苗就无效，只要还没有发病，接种就可能有效，接种完还未发病就肯定有效。

作为城市伴侣动物的猫狗，不散养且正常完成疫苗的免疫程序（即完成第一针后，每三年打一针加强针），它们感染狂犬病的风险是极低的。特别是城市室内猫咪，几乎就没有被传播的途径。除了科学判断避免过度注射疫苗，我们更应该将注意力放在它们的行为健康上。行为良好的猫狗理论上不应该给我们造成抓咬伤害。无论是游戏还是害怕等导致猫狗出现攻击行为，都应该及时进行行为调整。保证它们的福利健康，也是在保护我们自己！

关于猫咪打疫苗

1. 猫咪什么时候可以开始打疫苗?

建议8 ~ 9周大时开始打，不要早于6周。

2. 每针间隔多久?

一般间隔3 ~ 4周。比如注射三联疫苗，第8周时注射第一针，第12周时注射第二针，第三针则在第16周注射。

3. 什么时候打加强针? 需要每年打吗?

根据ABCD（欧洲猫疾病顾问委员会）的建议，第一针加强针在10 ~ 16月龄施打，之后每三年加强一次。AAHA/AAFP（美国动物医院协会/美国猫科动物从业者协会）的指南则考虑到，为减少母源抗体（MDA）的影响，初乳导致的易感窗口期可能持续到6个月，所以建议在小猫6个月大时打首针加强针，之后每三年打一次加强针即可。

4. 去哪里打疫苗?

大家一定要去正规的动物医院给猫咪打疫苗，疫苗的销售、保存、施打等都需要具备相应的资质、渠道，请勿去没有任何兽医相关资质的宠物店给猫咪打疫苗。

5. 需要打什么疫苗?

我们给猫咪打疫苗主要为预防猫鼻气管炎、嵌杯病毒病、泛白细胞减少症三种传染性疾病，也就是通常所说的猫疱疹（或猫鼻支）、猫杯状以及猫瘟，所以选择猫三联即可。建议选择经农业农村部审批、有兽药批号的猫用三联疫苗。

另外，疫苗一般分为灭活疫苗和减活疫苗，灭活疫苗的安全性较高，一般怀孕、过敏的猫咪都可以使用。不过要注意，这类特殊情况仍需咨询医生。减活疫苗，顾名思义是降低病毒毒性的疫苗，优点是刺激免疫反应，更接近自然感染的保护，免疫力产生速度更快，在没有MDA的情况下一剂疫苗就可以提供保护。但减活疫苗的确有可能诱发疾病，所以怀孕、身体状况不佳的猫咪不建议使用。

除猫三联外，对一般养猫家庭而言，其实不是很有必要注射其他疫苗了。例如针对猫白血病、猫艾滋病的疫苗，一方面通常鲜少有感染途径，另一方面此类疫苗目前并不成熟，因此都属于非核心疫苗。

6. 有必要打狂犬疫苗吗?

抛开法规（就我国来说，实际上并不要求家猫打狂犬疫苗），狂犬疫苗其实不是很有必要。作为室内伴侣动物的猫咪，如果没有被感染的渠道，也就是说没有被发病动物（最常见的就是狗）攻击的机会，就不可能感染狂犬病毒，更何况猫咪并不天生带有此种病毒。给完全在室内生活、不散养的猫咪打狂犬疫苗更多的是一种心理上的安慰。就疫苗的风险来看，我们并不推荐施打狂犬疫苗。当然，这也和生活地区、猫咪的生活方式以及当地法规等因素有关，大家可以自行选择。

7. 在哪个部位注射合适?

疫苗主要采用皮下注射方式，所以过去一般都是打在颈后。但20世纪90年代宾夕法尼亚大学的病理学家发现，猫注射部位纤维肉瘤（FISS）的增长和当时的强制狂犬疫苗接种法案有关；后续的一系列研究也显示，注射部位的纤维肉瘤和灭活疫苗的佐剂有关。例如2001年英国的一份官方报告显示，接受含有佐剂疫苗的猫发生FISS的可能性比接受非佐剂疫苗的猫高5倍。当然，诱发肉瘤的本质原因是慢性炎症，而含佐剂的疫苗注射只是其中之一。一项研究显示，在美国接种疫苗导致FISS的发病率为1万只接种猫中有0.3只发展出该病。

狂犬疫苗可以不打，但三联疫苗对猫咪意义

重大。因此，从1997年起，AAHA/AAFP发布的疫苗接种指南就建议在猫咪四肢末端和尾巴注射疫苗。采用这些注射部位可以确保即便日后猫咪出现肉瘤，也有机会采取必要的医疗手段——截肢——来延续生命。因为猫注射部位纤维肉瘤属于恶性皮肤肿瘤，通常建议采取完整切除手术，即切除的外周边缘至少为3厘米，最好是5厘米。不过，尾巴注射难度较大，四肢注射接受度更高。大家除了提前训练，不必过度追求注射部位的安全性。

8. 检测抗体是否有必要？

我们的确建议做抗体检测，但具体来说，抗体检测是为了检测核心疫苗的接种情况，所以建议在第一次完整接种完成后7 ~ 10天内测试即可，并不建议每年都做抗体检测。这是因为：（1）抗体滴度的高低并不代表猫咪对抗病毒的能力，接种成功意味着即便检测出来的滴度数值不高，面对病毒时猫咪体内的免疫应答也能重新激活抗体对抗病毒。（2）就猫泛白细胞减少症（即猫瘟）而言，抗体滴度和抵抗病毒能力是相关的，而疱疹病毒和杯状病毒的抗体滴度和未来保护力并不相关。（3）诸多相关试验已经验证，猫三联这类疫苗的保护效力可长达数年。

所以综合来说，我们的目的是在保护猫咪健康的前提下避免过度注射疫苗，采用更科学的免疫接种计划。抗体检测只是辅助手段，目前而言除了确认接种成功，抗体滴度与免疫保护的相关性、数值的解读应用的研究仍然不明确，无法作为判断是否需要接种疫苗的唯一标准。

9. 哪些训练可以帮助猫咪适应打疫苗？

有两类训练可以帮助猫咪适应打疫苗。

（1）航空箱训练

猫咪作为独居动物，安全感主要来源于它自己的领地，训练的作用即是让猫咪将航空箱识别为移动的安全庇护所，这样在外出时也能通过航空箱获得安全感。这不仅能降低压力，还能让猫咪在有安全感的前提下去探索更丰富的户外世界。当然，这里航空箱可以替换为猫包、推车等适于外出时使用的工具。

（2）握手训练

握手不但是有趣的游戏，还能帮助猫咪适应爪子被握住的情况。我们知道，作为高度特化的捕食者，猫咪的肉垫下遍布各种敏感的感受器，所以通常很讨厌爪子被触碰，更别说长时间握住了。通过握手训练，我们可以让“爪爪被握住”变成一个有趣的游戏，让猫咪不仅不反感，而且乐于和我们握手。同样，打针时也是一次和医生的握手游戏。

10. 考虑个体情况的疫苗接种计划

以上主要是针对室内生活猫咪的普遍建议；就个体而言，我们需要根据猫咪的年龄、健康状况、环境、历史和免疫缺陷等方面综合评估制定疫苗接种计划。例如：（1）多猫环境中，通常感染风险更高；（2）压力会破坏免疫系统，导致易感性增加；（3）理论上，无法到户外去的猫咪比能去户外的猫咪更容易感染猫瘟、杯状病毒，因为它们无法在自然中获得“自然免疫”。（当然这不是要大家散养猫，而是建议训练适应后遛猫。）

怀孕可以养猫吗?

怀孕当然可以养猫，只是有一些注意事项。大家最担心的肯定是弓形虫。恐惧源于未知，所以我们先来认识一下弓形虫。弓形虫是一种寄生虫，能够感染包括人类在内的许多动物；特殊之处在于，弓形虫只会在猫科动物中进行有性繁殖，所以猫是其最终宿主。免疫系统健康的成年人很少会因感染弓形虫而出现症状，但是怀孕期间感染则可能造成婴儿出生缺陷。以上是许多人认为怀孕后不能养猫的原因。不过，我们还需要从弓形虫的传播和感染途径来看待这个问题。

弓形虫一般通过生鲜食物、感染猫咪的粪便、母婴和血液传播。首先是母婴途径，弓形虫也是怀孕前的孕检项目之一，怀孕前做好筛查本来就是很必要的。其次是生鲜食物，这就需要从购买的渠道、食物的储存和处理方式（生熟案板分开、彻底煮熟、处理完及时洗手）等入手。实际上，数据显示，人类感染弓形虫的最大途径就是食物处理不当。给猫咪喂食生骨肉，一样要遵照严格的食物处理流程。最后，弓形虫在囊孢时期通过猫咪的粪便排出，环境适宜下1～5天才会分裂产生孢子，具有感染能力。猫咪不可能终生都在传播弓形虫，感染后的猫咪通过粪便传播弓形虫的时间约为10～20天，相关研究显示其免疫时间至少有6年以上。室内环境下，做好清洁卫生、食物安全，一般不太可能有那么多的感染途径。从这个角度来说，只要是由孕妇以外的人负责清理猫砂盆，每天清理两次，并定期更换猫砂、清洗猫砂盆，清洁时戴手套或事后及时洗手就可以避免感染。

我们再来简单谈谈人畜共患病。顾名思义，这是人和猫咪都可能有的疾病（包括传染病、细菌感染、病毒等），而不是猫咪天生会有再传染给人类的。常见的一是猫抓热，这是巴顿氏菌导致的发热和淋巴结肿大，类似于莱姆病的其他炎症性疾病，主要传播渠道是跳蚤的粪便、粪便污染猫咪的爪子等，人类被猫咪抓伤就有可能感染。二是一类寄生虫，如蛔虫、绦虫、钩虫、贾第虫感染。三是真菌类，如常见的猫癣主要就是由犬小孢子菌引起的。这种微生物起源于土壤，广泛存在于环境中。除癣孢子外，并发疾病、免疫系统、营养不良、压力等都可能导致更易感染真菌，这一点人和猫是一样的。我们不可能完全生活在无菌环境中，因此降低生活压力、提升体质和自身免疫力才是关键。就室内的猫咪来说，只要日常及时清理粪便、更换猫砂、清洗猫砂盆、清洁、消毒、驱虫就可以了。

最核心的还是保证猫咪的行为良好。没有良好的生活质量为保障，问题就会不断叠加。已经养猫的家庭，如果想要孩子，不妨先培养好猫咪的行为习惯，以免未来同时面对不适应的小猫咪和捣蛋的小孩双重“麻烦”。

猫咪需要化毛膏吗?

健康的猫咪不需要。化毛膏名为化毛，实际是用矿物油或植物油等进行润滑，帮助猫咪把舔食到腹中的毛发排出体外。健康的猫咪不需要使用化毛膏，舔入的毛发有利于粪便成形，类似于植物纤维对我们的作用。猫咪舔进去的大部分毛发都会随粪便排出，极少部分会呕吐出来，这属于正常现象。形成毛球症的原因有几个，如消化系统问题、压力等导致的过度舔毛、缺乏运动导致的肠道蠕动较差等。有毛球症相关问题的猫咪，应当根据医生的诊断接受治疗；如果猫咪因压力而过度舔毛，则需要进行行为调整。

第二节
我的猫咪“傲娇”吗？

为什么我的猫总是扑咬我？

如果猫咪出现攻击性的扑咬行为，请寻求专业人士的帮助。通常来说，扑咬有两个原因，一是幼年期的社会化不足，没有形成“猎物认知”，活动中的人类手脚在猫咪眼中就会变成特别适合的猎物；或者人类在猫咪幼年期曾用手脚逗弄它，导致后者形成错误的“猎物认知”。二是狩猎需求没有满足，猫咪只能自己来发展一些“适合的猎物”。对此，主要从调整猫咪的作息，以及很重要的——提供充分的、有质量的逗猫棒互动入手，帮助猫咪重新养成好的狩猎习惯。

猫咪为什么不爱玩逗猫棒？

原因有几个。第一，方法不得当。逗猫棒游戏的核心是狩猎，如果逗猫棒的运动不太像猎物，比如贴在猫咪面前一直甩，那么猫咪不玩是很正常的。同理，你使用的逗猫棒、逗猫棒头如果不像猎物的话，猫咪也会没有兴趣。第二，环境不适合。猫咪喜欢的是在复杂的、有很多躲藏空间的地方狩猎，所以很多猫在空旷的地方对猎物没有兴趣。第三，逗猫棒头不经常更换也会让猫咪失去兴趣，“喜新厌旧”是猫咪对猎物保持敏感的必要能力，老是抓一个猎物当然会无聊。此外，也可能是作息混乱的后果。当你想和猫咪玩的时候，猫咪其实想睡觉。绝育也会影响猫咪的活力，如果此时不坚持陪猫咪玩，那么长期下去，它的感官逐渐麻木，就会越来越不爱玩。最后，压力也会导致猫咪不爱玩逗猫棒。

为什么猫咪都不玩我买的玩具?

猫咪需要的是狩猎游戏，这只能通过人类控制逗猫棒模拟猎物来完成。市面上绝大多数玩具设计并不合理，最多只是提供感官刺激，所以一般只有奶猫会去玩这类玩具。奶猫玩耍一些无生命物，是在安全的前提下进行模拟狩猎，是面对真实猎物之前的练习。因此，猫咪需要的是三类玩具，一是由人类来控制的逗猫棒，二是可以放食物的益智玩具，三则是一些带有猫薄荷味道的玩具。

猫咪为什么不让人抱?

首先，抱并不是猫咪交流互动的方式，竖起尾巴，碰鼻子，蹭一蹭，互相舔一舔是猫咪的互动方式。其次，猫咪被抱起时并不舒适，它们有很强大的平衡系统，所以抱起猫咪的时候一定要托住猫咪的臀部。接受被抱建立在猫咪和主人良好互动关系的基础上，也是需要训练的。

为什么我的猫咪挑食?

挑食看似是饮食问题，实际上还是行为问题。通常来说，挑食的猫咪都是随意取食的，缺乏规律的狩猎游戏，也没有其他活动。这样的猫咪由于作息混乱、缺乏活动，本来胃口就较差，如果主人因此去更换更可口的食物，就很容易养成猫咪挑食的习惯。当然，不是不允许换食物，而是要提供合理、均衡的食物。问题出在生活质量上，而不是食物本身。

猫咪为什么不让剪指甲?

指甲是猫咪的重要“武器”，肉垫上有强大的触觉器官，所以猫咪对爪子是很在意的，被抓住脚掌、捏出爪子时也会有一定程度的不适感。这也是通过训练可以解决的。

第三节
我和猫咪是朋友吗？

猫咪为什么这么高冷？

由于猫咪有限的社会属性，它们并不需要发展出复杂多样的社会行为。猫咪不像人类或狗，有着极其丰富的社会情感和互动行为（包括身体语言和面部表情），它们的沟通方式本来就不是以身体语言为主，面部肌肉的数量和功能也不如狗。驯化作用改变了狗的面部肌肉结构，让它们发展出专门用于和人类交流的功能，最重要的就是抬起眉毛的肌肉。这也解释了为什么狗总是热情洋溢地回应我们，而猫咪则是一副“扑克脸”。并不是说猫咪真的高冷，实际上只是表达方式不同。认真观察就会发现，猫咪有许多表达爱意的独特方式。例如，有些猫咪喜欢趴在主人的腿上或者肚子上，有些猫咪喜欢待在主人身边，有些猫咪则喜欢舔舔主人。

为什么我的猫咪接受不了新猫？

猫咪本质上是独居动物，自然状态下的猫群体基本上以亲缘关系为主，也受环境、资源的影响。原住民猫咪能否接受新猫咪，与几个方面有关系：1.猫咪的社会化情况，是否有多猫生活经验；2.猫咪本身的生活质量是否合格；3.从隔离到见面的过程，双方是不是都留下了好印象；4.新猫到家以后，是否调整了环境与资源以保证足够两（多）只猫咪使用。

通常而言，我们要让两只猫咪和谐生活在一起要经过几个阶段。第一阶段是完全的物理隔离，让两只猫咪分别待在看不到对方的房间，这一阶段的主要目标是让它们首先有好的生活状态，即保证规律作息、狩猎活动、环境和资源等。从猫的群居模式来说，这样会让“原住民”比较容易接纳另一只猫。

第二阶段则从低限度的接触开始，通过各种方式建立起对彼此的好印象。注意三个细节，一是从气味这样的小接触开始，逐步进阶到视觉、近距离等。二是一定要配合奖励，这样才能建立起好印象。就天性而言，猫咪很难通过习惯即多接触来适应对方，双方认识的核心都是通过搭配奖励来建立好的印象。例如，闻到带有对方气味的袜子，同时有奖励；隔门见到对方，同时有奖励；对方离开，奖励也同时离开。此外，在视觉接触阶段，我们不会仅用栅栏门隔离让猫咪自己去接触，因为大概率会发生冲突。

第三阶段是见面，这一阶段的关键是教会猫咪忽略对方，从有监管的相处逐步进阶到放松监管。忽略对方的意思是，当我们逐步撤掉物理隔离之后，要让猫咪有事做，从而忽略对方的存在，例如分别和两只猫咪在一定距离外做互动训练。监管的意义在于避免发生冲突。记得，我们无法教会猫咪相亲相爱，和平相处的前提其实是学会忽略。

猫咪会感到孤独吗？

理论上，猫咪作为独居动物，是不会感到孤独的。室内生活的伴侣动物，最大的问题其实是无聊。室内环境缺少猫咪最需要的狩猎对象，无法狩猎导致的问题很多时候看起来像是因为“孤单”而产生的，如很多猫咪在主人在家时会好很多，因为人能为它们提供部分活动。猫咪独自在家时，主人除了为它们准备丰富的环境资源，还可以留下益智玩具作为无聊时的消遣和食物补充。

一定程度上来说，猫有可能产生分离焦虑症。问题出自这些猫咪与人类建立了高度绑定的依恋关系，所有活动都来源于这个人，所以一旦这个人离开了，就意味着失去安全感的基础，猫咪就会变得焦虑不安，过度地叫、食欲低下或厌食、呕吐、过度舔毛、乱尿等。目前针对猫咪分离焦虑症的研究仍有很大空白，真正被确诊为分离焦虑症的猫咪少之又少，绝大部分问题还是出在无聊。

有些人觉得猫咪自己在家孤单，所以会再养一只猫给它做伴。然而，这通常只会增加问题。首先，猫群体以亲缘关系为优先，两只猫组成互动关系良好的团体难度较高，为了两只猫共同生活，你在环境资源上也要投入更多。其次，就算是群体生活的猫咪，也遵循短时、多次的接触互动原则，成年猫咪不仅独自狩猎，独自休息的时间也比较长。最后，成年猫咪的互动多为碰鼻子、舔毛，很少会玩互动游戏，一般4 ~ 6个月以下的幼猫才会有大量的社交玩耍，即打斗游戏。

为什么猫咪一出门就很“㞞”？

猫咪的安全依恋主要建立在领地之上。一般来说，猫咪很少离开自己的领地，就算公猫有游荡行为，也是以逐步探索、标记的方式去拓展。猫咪在食物链中处于中间一环，它们狩猎，也被其他动物捕猎，所以相对于狗狗来说，它们会更敏感，也更胆小。如果未经训练就直接带猫外出，陌生的地方对猫咪来说是毫无安全感可言的，它们自然会显得很“㞞”。

猫咪和狗可以和谐相处吗？

当然可以。前提是猫咪的生活质量有保障，这样猫咪才会愿意社交。我们需要在空间上做好区隔，让猫咪有一个狗无法涉足的绝对安全空间。我们还要训练狗不追猫咪、听指令安静坐下等待。因为猫咪天然是“害怕”狗的，所以我们要让猫咪来主导这场社交，狗被动接受猫咪的“检阅”。在这三个条件下进行训练，才能让猫和狗和谐相处。当然，如果幼猫时期有针对狗进行社会化的话，猫咪接受狗会容易得多。

猫咪能听懂人说话吗?

猫咪无法理解人类的语言，但是可以理解人类的肢体语言，包括动作、动态、行为、情绪状态等。这与双方在长期生活中形成的互动模式有关，例如猫咪响应了你的呼唤，到你身边来，你也正确地给予了某种类型的奖励，比如抚摸，慢慢地它就学会了“唤回”。看起来它是理解了你叫它的语言，实际上是对你的身体语言做出响应，抚摸这个结果则强化了这种行为。

猫咪之间有地位高低之分吗?

这是错误的说法，猫咪之间不存在地位。无论是对猫咪的各种观察试验，还是从猫咪独居的角度或有限的社会生活角度来看，它们之间都不太可能存在地位区别。对人类来说，很容易带着先入为主的思维去看待其他物种，先是认为猫咪之间存在地位，进而将观察到的现象套入“地位说”。其实，猫咪之间的冲突大多是为争夺资源等，和地位毫无关系。在伴侣动物中，地位一说最早来于1975年齐门对圈养狼的观察研究，但那是圈养环境下的狼，不符合自然状态下狼群的正常行为。梅其在加拿大的埃尔斯米尔岛花了13个夏天研究狼群，观察到的行为和圈养狼完全不同，也未观察到任何和地位相关的行为。狼与现代家犬分化已经几万年了，这样的理论就算成立也无法套用，更别说跨物种放在家猫身上。

猫咪给我舔毛是因为它觉得地位比我高吗?

前面已经解释过，猫咪没有地位之说，舔或者说替对方整理毛发通常是互动关系良好的表现，是一种增进社会互动关系的方式。

第四节
小猫咪也有癖好

为什么我的猫咪只吃猫粮?

可能的原因有几个，一是猫粮（干粮）由于制造工艺等原因添加了诱食剂。如果不添加诱食剂，它对猫咪来说是没有吸引力的。长期进食这样的食物，很容易让猫咪只吃这类“香喷喷”的东西。二是猫咪在幼年期本该尝试各种类型的食物，多样化的食物才能带来均衡的营养。从小只吃猫粮的猫咪没有机会去尝试，长大后也很难去尝试其他类型的食物。三是和害怕胆小有关，这样的猫咪在面对新鲜事物时本能的反应是害怕，不愿意尝试其他类型的食物。

为什么猫咪喜欢钻床底?

我们在介绍需求的章节讲过，猫咪的安全感和领地高度绑定。如果环境设置不合理，安全的地方只有床底的话，那么结果就显而易见了，而这正是许多家庭的现状。当然，猫咪的确是相对敏感的，喜欢半封闭的狭小空间，但这并不意味着它们就一定选择床底。可以将家里的高处连接起来变成立体的上层空间，设置一些半封闭性质的小窝，例如放在衣柜顶上的航空箱。这样一来，猫咪不仅能安心休息，还能观察环境，自然就不需要去床底了。

为什么我的猫咪总会乱尿?

乱尿的原因非常多。第一种可能是在性成熟以后——但不是性成熟就会乱尿，形式为喷尿。第二种可能是生理问题导致的，比如关节炎、神经性疾病、泌尿系统疾病等造成的疼痛引发乱尿行为。因此，发现猫咪乱尿，第一件事就是做针对性的体检。第三种可能是压力导致的，例如多猫环境下的压力、长期生活无聊产生的压力等，压力不仅直接引发乱尿，还会造成很多疾病，例如自发性膀胱炎等。第四可能是社会化不足，幼年期没有养成良好的习惯导致的。此外，这也和猫砂盆、猫砂不合适有关，可能是猫砂盆太小了、位置不对、没有及时清理或更换。乱尿的问题相对复杂，建议寻求专业人士的帮助。

为什么猫咪不睡我买的猫窝，反而喜欢睡纸箱?

猫咪选择休息地点的首要标准是位置，而不是材质。从整体环境来说，高处、适合观察、一定的隐蔽性、有通路进退的地方就比较适合休息睡觉。可以选择草编的鸡窝、篮子状的窝、航空箱等，放在符合上述条件的位置，猫咪大概率会选择它们。纸箱比较受欢迎主要是符合有一定隐蔽性这一点。

为什么猫咪总喜欢吃塑料?

生活无聊、环境单调、资源匮乏的猫咪很容易发展出一些奇怪的“癖好”，和缺乏微量元素关系不大，就是无聊导致的。塑料会发出窸窸窣窣的声音，这对某些猫咪来说很有吸引力。

为什么我的猫咪总躲起来?

如果一个领地没有办法给猫咪安全感，那么它的第一选择肯定是躲藏起来。这与社会化有关，缺乏社会化的猫咪对未知的东西都会感到恐惧，一旦出现陌生人、陌生的声音等，就会躲起来。另一种情况是环境设置不合理，猫咪需要在核心的区域有安全庇护所，否则在安全感缺失的时候就很容易躲起来。压力也是一种重要因素，生活质量低、互动方式错误甚至疾病都是压力，让猫咪处于焦虑的状态，导致它选择躲藏。

为什么猫咪喜欢把脑袋伸进洞里?

这种行为和猫咪的狩猎有关系。从演化、感官、驯化等角度来说，猫咪是主要捕食啮齿动物的超级猎手。这样的猎手对小洞有着天然的探索欲望，所以我们常见到猫咪将爪子或者脑袋伸进洞里。

为什么我的猫咪总是不睡觉、“跑酷”？

因为猫咪的猎物啮齿动物基本上是在夜间活动的，猫咪演化出了一套在暗光环境下捕猎的感官系统，所以很多猫咪在晨昏时段会特别活跃。但猫咪的适应性是很强的，在不同的环境下，针对不同的猎物，并不都是在夜间狩猎。因此，我们完全可以调整它们的作息规律。还有一个原因是，很多猫咪生活太过无聊，白天几乎没有任何活动，就成了白天睡懒觉，晚上“蹦迪”的夜猫子。

猫咪需要吃猫草吗？

我们一般把猫咪会吃的草类称为“猫草”。猫草的种类非常多，如常见的小麦草等。从营养上来说，猫咪并不需要进食植物，也不需要植物纤维来帮助粪便成形。研究者观察了猫咪日常吃草行为，也未发现吃草和过去认为的想要催吐有强相关。关于猫咪为什么会吃草，其实并没有一个很确切的说法，较新的研究推测这可能与猫咪的驱虫需求有关系。

不过，养猫家庭种一些猫草还是很必要的。一方面，猫咪如有需要，可以自行取食；另一方面，则作为环境丰容，起到丰富气味的作用。我不太推荐小麦草这种一季即枯的草种，可以选择长叶的麦冬。另外，建议大家种植一些对猫咪来说安全无毒的植物作为丰富气味的方式，例如向日葵、香草类（迷迭香、薄荷）、荆芥（猫薄荷）等。

第五节
愚蠢的“铲屎官”

舔猫咪可以增进感情吗?

互相舔毛是建立在关系良好之上的，所以你首先要和猫咪有好的互动关系才行。你需要做的是从满足猫咪的生活需求出发，保证良好的生活质量；从训练的角度，和猫咪建立起好的互动关系。舔毛完全可以用抚摸、梳毛来代替，猫和人是完全不一样的物种，没有必要完全模仿。

为什么猫咪总是“手欠”？

这又是一个无聊导致的问题。猫咪是独居猎手，它的生活围绕着狩猎，包括探索、跟踪、奔跑、扑击等一系列活动。一旦缺乏活动，猫咪就会自己找东西玩，例如玩笔、口红这样会滚动、适合追逐的东西，把它们推下地显然是“模拟狩猎”的第一步。猫咪显得“手欠”，一方面和它们会大量使用前肢有关系；另一方面由于猫咪在驯化上保持了完整的狩猎能力，所以它为了模拟狩猎会做各种动作，使用各种方式。我们不会觉得狗手欠，一是狗很少将爪子用于奔跑以外的用途，二是狗无聊发展出的问题和品种关联较大，例如金毛猎犬无聊了会找东西啃。

猫咪会吃醋吗?

目前所知的研究中，猫咪没有办法学习如比较、吃醋、妒忌等复杂的情绪和思维。这种情况一般出现在多猫家庭中，是因争抢食物或其他资源而出现的。例如喂食的时候，一只猫咪一直没有吃到食物，就可能产生挫折感（详见第十章），而挫折感会引发攻击行为，看起来像是因吃醋而攻击另一只猫咪。

猫咪会记仇吗？会报复吗?

猫咪无法理解人类的仇恨与报复。举个例子，猫咪在被子上尿尿，你下班回来发现，大发雷霆，打了它。猫咪之后都躲着你走，但隔了几天，它又在被子上尿尿了。这看起来像是一个记仇报复的故事，但实际情况是，你打了猫咪，对猫咪来说你就是威胁，所以躲着你走就理所当然。但它乱尿的问题并没有解决，也许是身体原因，也许是猫砂盆不适合。总之，揍一顿解决不了问题，反而会带来更大的问题，结果就是猫咪在压力和焦虑下变本加厉地乱尿。猫咪没有那么复杂的思维和情感去谋划复仇这件事，大部分都属于铲屎官“脑补”过度。

人类亲自示范使用猫砂盆有用吗?

几乎没用。首先，猫咪的确有观察学习的能力，但是一般是不会跨物种的。其次，的确有某些研究发现猫咪有跨物种的模仿能力，但是研究只涉及一些非常简单的动作，具体的机制还不清楚。从生理和行为机制上来说，排泄行为十分复杂，跨物种模仿的可能性极低。

还有一些“铲屎官”会用抓住猫咪的爪子刨猫砂等方式来教猫咪使用猫砂盆，这也是不对的。这种方式只会让敏感的猫咪觉得不舒服，而无法理解你需要它使用猫砂盆这件事。简单来说，只要猫砂盆符合猫咪的需求，猫咪也没有外在的压力和身体问题，那么只要它知道猫砂盆的位置，正常都会使用，不需要特地教这件事。

给猫咪绝育需要“演戏”吗？

当然不需要，猫咪的思维无法理解你的“演技”。绝育会引发问题，是因为猫咪对就医环境和操作不适应。如果猫咪未经过任何训练，那么绝育的整个过程必然会带来压力，超出猫咪的可承受范围，自然会引发问题。许多人认为，只要不是由自己带去的就没事，就像我们因为某些事情压力很大、很烦躁的时候，很可能就是看谁都不顺眼的。只要压力存在，就很可能引发问题，所以与其花力气演戏，不如提前做好训练，避免问题出现。

猫咪天生怕水吗？为什么不爱洗澡但是会玩水？

严格来说，猫咪不是怕水，而是不喜欢全身被打湿，所以很多猫咪都会玩水。第一，正如并非所有品种的狗都爱水一样，并不是所有猫都怕水，许多猫咪能学会游泳，土耳其梵猫、孟加拉猫都是很爱水的。第二,一定程度来说，这和猫咪生活的环境有关，许多幼年期有水边生活经验的猫咪会适应得多。第三，猫咪不在水里狩猎，没有这方面的演化需求。第四，将全身毛发弄湿会刺激猫咪身体敏感的感觉接收器，对猫咪来说是很不舒服的，猫咪需要花大量时间整理毛发，保持毛发干燥、温暖。

我奶奶养的猫咪吃剩饭剩菜，一样过得很好呀。

“过得很好”的定义是很宽泛的，所以我们要从几个角度来说明这个问题。首先，吃什么东西只是生活质量的一个维度，生活是由很多维度组成的，不可能事事满分才叫好。其次，吃剩饭剩菜的猫咪通常是自由活动的猫咪，就如我们在农场猫的部分提到的，这类猫咪的部分食物来源依然是啮齿动物，人类提供的食物一般只作为稳定的补充。第三，相比许多室内猫咪生活在匮乏单调的环境里，能自由活动的猫咪生活丰富得多，它们有机会去展现天性，自然“过得很好”。当然这里并不是推荐大家散养猫咪，自由活动的猫咪需要面对更多未知的风险。

北极贝/皮磊
旺达
黑格尔
王文静

一万二
北极星
北极熊
哟呦
喜乐

致谢

一定要大大感谢在工作和生活上支持我的喜乐妈、鹿鸣崽和家人们，没有你们的支持和帮助，我无法在这个看起来有点玩闹的事业上坚持到今天。

还要感谢我的猫猫狗狗——喜乐、呦呦、黑格尔、万二、旺达、磊磊、北极星、北极熊、王文静、小满、鸭鸭，以及我遇见的所有猫猫。你们在治愈着今天的我，抚慰着过去的我，希望你们快乐健康。

感谢所有在本书出版过程中给我提供帮助的编辑、主人和朋友们，你们的意见让这本书更加完整。

最后，感谢一下我自己，努力实现了曾经的一个愿望，希望这本书可以帮到更多的铲屎官和猫猫，你们值得更快乐的生活。

图书在版编目（CIP）数据

用懂猫的方式爱猫 / 喜乐爸著. -- 北京：台海出版社，2024.4

ISBN 978-7-5168-3812-9

Ⅰ. ①用… Ⅱ. ①喜… Ⅲ. ①猫－驯养 Ⅳ. ①S829.3

中国国家版本馆CIP数据核字(2024)第040622号

用懂猫的方式爱猫

著　　者：喜乐爸

出 版 人：薛　原　　封面设计：郑思迪
责任编辑：赵旭雯　李　媚　　版式设计：木咚木咚

出版发行：台海出版社
地　　址：北京市东城区景山东街20号　邮政编码：100009
电　　话：010-64041652（发行，邮购）
传　　真：010-84045799（总编室）
网　　址：www.taimeng.org.cn/thcbs/default.htm
E－mail：thcbs@126.com

经　　销：全国各地新华书店
印　　刷：北京尚唐印刷包装有限公司
本书如有破损、缺页、装订错误，请与本社联系调换

开　　本：787毫米×1092毫米　1/16
字　　数：420千字　　印　　张：18
版　　次：2024年4月第1版　　印　　次：2024年4月第1次印刷
书　　号：ISBN 978-7-5168-3812-9

定　　价：98.00元